航空类专业职业教育系列教材

飞机电气系统

杨　静　李文攀　主　编

西北工业大学出版社

西安

【内容简介】 本书阐述了飞机电气系统中关于飞机电器和航空电机的基本理论。本书内容主要分三篇：上篇电工基础包括两章，分别是电学基础和电磁学基础，介绍了后续课程中需要用到的电学和电磁学的一些概念和基本理论，是后续课程的理论基础；中篇飞机电器包括两章，分别是电接触基础和航空电器，电接触基础包括接触电阻、气体放电和电气磨损，航空电器介绍了航空中常见的开关电器和保护电器；下篇航空电机包括 3 章，分别是变压器、直流电机和交流电机，介绍了变压器、直流电机和交流电机的基本结构、基本原理以及航空中所用电器的结构、原理和特点。

本书可作为高等学院航空机电维修专业学生的教材，也可供从事飞机电气系统研究的工作者和相关专业研究人员参考使用。

图书在版编目(CIP)数据

飞机电气系统 / 杨静，李文攀主编．— 西安：西北工业大学出版社，2024．7．—（航空类专业职业教育系列教材）．— ISBN 978-7-5612-9334-8

Ⅰ．V242

中国国家版本馆 CIP 数据核字第 202486NT36 号

FEIJI DIANQI XITONG

飞 机 电 气 系 统
杨静　李文攀　主编

责任编辑：华一瑾		策划编辑：华一瑾	
责任校对：孙　倩　张心怡		装帧设计：高永斌　董晓伟	

出版发行：西北工业大学出版社
通信地址：西安市友谊西路 127 号　　　邮编：710072
电　　话：(029)88491757，88493844
网　　址：www.nwpup.com
印　刷　者：兴平市博闻印务有限公司
开　　本：787 mm×1 092 mm　　　1/16
印　　张：14.375
字　　数：359 千字
版　　次：2024 年 7 月第 1 版　　　2024 年 7 月第 1 次印刷
书　　号：ISBN 978-7-5612-9334-8
定　　价：52.00 元

前　　言

随着航空业的迅速发展,飞机上与电相关的设备越来越多,飞机电气系统变得越来越复杂。同时,民用飞机维修行业对机务人员的专业知识和技能要求也越来越高。本书根据航空院校飞机地面维护相关专业的教学要求,结合民航高等职业教育及飞机维修工程岗位的实际,以"实用"为原则编写,内容与时俱进。

本书根据职业教育教学的特点,注重理论联系实际,避免复杂的理论推导,以最根本最基础的电磁学内容为起点,讲解航空中的重要的电磁类电器的原理、结构、特性及应用,通过本书的学习让学生掌握电器设备最本质的理论,并通过基础理论对电器设备的性能及出现的问题进行分析。

本书阐述了飞机电气系统中关于飞机电器和航空电机的基本理论。本书内容主要分三篇:上篇电工基础包括两章,分别是电学基础和电磁学基础,介绍了后续课程中需要用到的电学和电磁学的一些概念和基本理论,是后续课程的理论基础;中篇飞机电器包括两章,分别是电接触基础和航空电器,电接触基础包括接触电阻、气体放电和电气磨损,航空电器介绍了航空中常见的开关电器和保护电器;下篇航空电机包括 3 章,分别是变压器、直流电机和交流电机,介绍了变压器、直流电机和交流电机的基本结构,基本原理以及航空中所用电器的结构、原理和特点。

本书由杨静和李文攀主编。编写分工如下:杨静编写第 5～7 章,李文攀编写第 1～4 章。

本书在编写和出版过程中,得到了西北工业大学出版社的大力支持,写作本书曾参阅了相关文献资料,在此一并表示衷心的感谢。

由于笔者水平所限,书中不足之处在所难免,望读者给予批评指正。

编　者

2023 年 5 月

目　　录

上篇　电工基础

中篇　飞机电器

下篇 航空电机

上篇 电工基础

电工基础中包括电学和电磁学最基本的理论,是进行电学和电磁学分析的理论基石,只有理解并熟练掌握了理论基础才能更好地对电气设备进行学习。

在电学基础上主要介绍了电学基本术语、电路的三大器件和对称三相交流电。在电磁学中,从对磁的认识开始,到磁学的基本物理量,然后介绍电磁学的基本定律,这是学习电磁类电气设备的理论基础,也是电磁类电气设备工作所依赖的基本原理。

第1章 电学基础

1.1 电学基本术语

1.1.1 电动势、电压、电位差

引起自由电子在导体中运动的原因是电动势、电压和电位差。

不同极性的电荷相互吸引,由于吸引运动所做的功称为电压。由于异性电荷之间有吸引力,两个电荷之间又存在一定的距离,在吸引力的作用下会让两个电荷之间的距离逐渐缩短,最终吸引在一起,这个过程中电荷所做的功就是电压,如图 1.1(a)所示。异性电荷之间的距离越大,吸引力所做的功就越大,异性电荷吸引在一起时,电压为零,如图 1.1(b)所示。

当正负电荷吸引在一起时,要重新获得电压就要将正负电荷分离,即通过对电荷做功的方法来反抗正负电荷之间的吸引力,我们把这种分离异性电荷所做的功称为电动势,如图 1.1(c)所示。对电荷做功越小,正负电荷被分开的距离就越小;反之,对电荷做功越大,异性电荷被分开的距离就越大。与此同时,异性电荷被分开后,电荷之间有了距离,因而重新获得了电压。由此可见,电压是通过电荷的分离而产生的,而要将异种电荷分开需要其他的能量做功,例如机械能、化学能等。

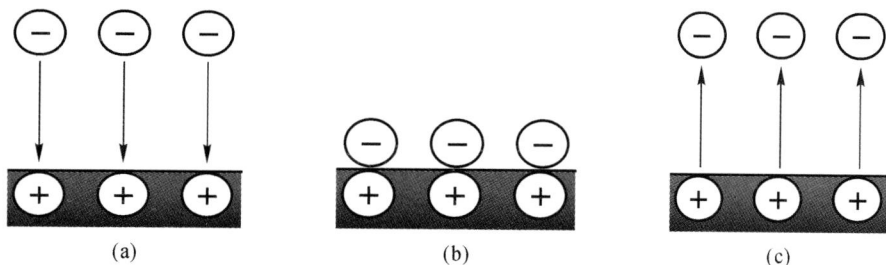

图 1.1 电子在导体中运动

(a)电压;(b)电压为零;(c)电动势

电荷运动的这种情况就像两个连接在一起的水箱。两个连接在一起的水箱,由于液面高度不同,压力也不同,由于压力差的作用会形成水流,如图 1.2(a)所示。水的流动并不取决于某个水箱中的压力,而是由两个水箱中的压力差来决定,当两个水箱的液面高度相等时,即压力差为零时,水就停止流动了,如图 1.2(b)所示。

要想获得持续的水流,必须要靠外力做功,将水从低的地方运往高的地方,如图 1.2(c)所

示,在两个水箱的上方加一个水泵。这样就能保持两个水箱之间始终有水位差,水就会一直流动。这里的水位差就相当于电压,水流就相当于电流,水泵就相当于电源,所做的功就是电动势,也就是使电荷重新获得势能所做的功。由此可见,电压和电动势在数值上相等,方向相反。

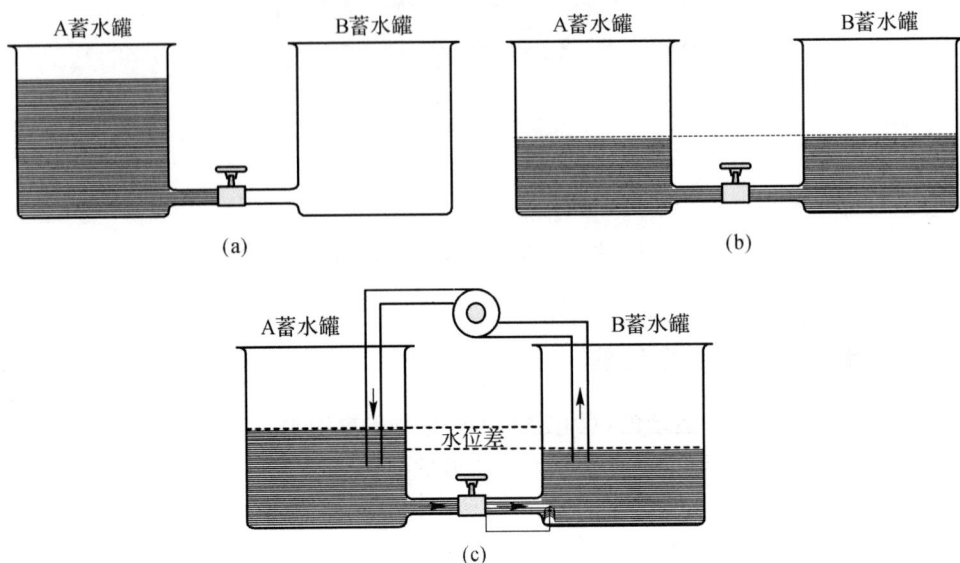

图 1.2　电荷运动的水箱示例

(a)液面高度不相等;(b)液面高度相等;(c)做功使液面有高度差

电动势和电压的单位都是"伏特",用大写字母 V 表示,电动势的符号用大写字母 E 来表示,电压的符号用大写的字母 U 来表示。

电位是指某点相对于参考点之间的电压。参考点一般设定为大地,而在飞机上以机身为参考点。电压也可以看作是两个电位之间的差,因此,电压也叫电位差。电位会随参考点的改变而改变,而两电位之间的差值——电压不会改变。

1.1.2　电流、电子流

电压是产生电子流动的原因。导体是一个等离子体,在导体中存在着大量能够自由移动的电子,如果没有电压,这些电子在导体中是无规则运动的。当导体两端加了电压后,导体中的电子就会做定向运动而形成电流,称为"电子流"。在电子理论被认知以前,人们就已经观察到了电的效应,那时人们错误地认为:电遵循液压流动规律。并假定"电从能量高的地方流向能量低的地方"。因此,传统电流理论认为:电流从正极流向负极,即假设的正电荷移动方向。而实际上是带负电的电子在电路中流动,即电子流从电源的负极出发通过闭合回路流到电源的正极。本书仍以正电荷移动方向来反映电子的定向运动,其与电子的实际运动方向相反。

按电流的性质不同,电流可分为直流和交流。当电流只朝一个方向流动时,称为直流。这个定义称为广义直流,人们通常所说的大小、方向都不变的直流,称为恒定直流,如图 1.3 所示。电流周期性改变方向的电流,称为交流,常见的交流电波形有正弦波、锯齿波、方波等,如图 1.4 所示。

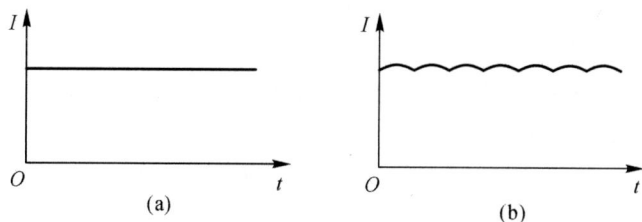

图 1.3　电流

(a)恒定直流;(b)脉动直流

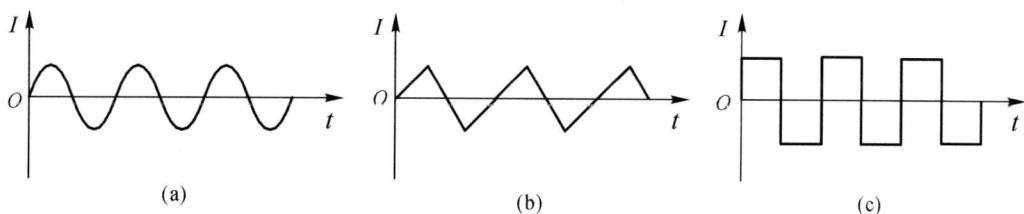

图 1.4　交流电波形

(a)正弦波;(b)锯齿波;(c)方波

电流(或电流强度)用大写字母 I 来表示,其单位是安培,用大写字母 A 来表示。

当一个闭合的回路加上电压时,它会立即对自由电子产生作用力,给人们的感觉是电流几乎以光速在闭合回路中流动,而实际自由电子由于受原子核的吸引,只作缓慢的定向运动(每秒只有几个毫米)。下面用一个简单的实验来说明这种现象。

图 1.5 为一根充满乒乓球的长管子,长管子代表导体,乒乓球代表自由电子。当一个乒乓球从右端压入时,在管子的左端立即就有一个乒乓球被挤出,无论管子有多长,这种现象仍然相同。这样,虽然电子只作缓慢的运动,但电子流动的总体效果接近于光速,通过这一实验可以很直观地看到这种现象。

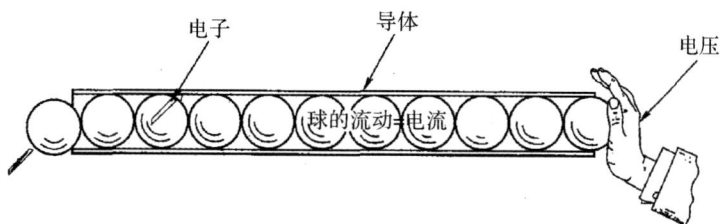

图 1.5　电子流动模拟实验

1.2　电　　阻

1.2.1　电阻的定义

由于导体的特性不同,在导体中自由移动的自由电子并不是在所有的导体中都能够以相同的方式自由移动。自由电子在导体内移动时会碰撞到原子,发生碰撞后其移动的速度会变慢,也就是说,电子的流动会变慢,这种性质被称为电阻。由于材质不同,自由电子在各种材料中运动时所受到的阻力就不同。

电阻用大写字母 R 表示,其单位是欧姆,用希腊字母 Ω 表示。下面几种常用导体对电流的阻力依次增加:银、铜、金、铝、铂(白金)、石墨。

采用图 1.6 所示电路做实验,可以得出以下几个结论:

(1)导线上的电阻(R)与导线长度(L)成正比;

(2)导线上的电阻(R)与导线截面积(S)成反比;

(3)导线上的电阻(R)与导线材料的电阻率(ρ)有关。

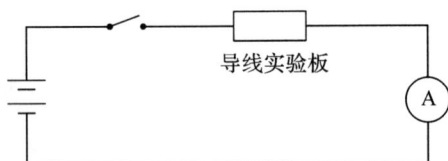

图 1.6 实验电路

导线的电阻率由材料本身决定。在电学上规定:长度为 1 m、截面积为 1 mm² 的导线所具有的电阻,称为该种导线材料的电阻率(ρ)。电阻率 ρ 通常都是在 20℃ 的条件下给出的。有时在计算中也常用电导率(γ)来代替电阻率(ρ),电导率是电阻率的倒数。通过上述分析,可以归纳出下列结论:导线上的电阻(R)与导线长度(L)成正比,与导线截面积(S)成反比,与导线材料的电阻率(ρ)有关。

因此,导线上电阻的计算可以用公式表示为

$$R = \frac{\rho L}{S} \text{ 或 } R = \frac{L}{\gamma S}$$

式中:R——导线电阻,单位为 Ω;

ρ ——电阻率,单位为 Ω·m;

γ ——电导率,单位为 S·m^{-1};

S ——截面积,单位为 mm²。

电阻的倒数称为电导。它用于衡量材料通导电子的能力。电导用大写字母 G 来表示,其单位是西门子,用大写字母 S 表示。

1.2.2 电阻的伏安特性

通过测量电阻上的电压和电流,可以得出两者的关系,图 1.7 为电阻的伏安特性曲线。伏安特性曲线图常用横坐标、纵坐标分别表示电压 U 和电流 I,以此画出的图像叫作导体的伏安特性曲线图。伏安特性曲线是针对导体的,也就是耗电元件,图像常被用来研究导体电阻的变化规律,是物理学常用的图像法之一。

用测得的参数在 U-I 坐标系中作出曲线,有以下规律:

(1)电阻的伏安特性是一条直线,它表明:电阻两端电压的变化与流过电阻的电流呈线性的变化关系。这种电阻称为线性电阻元件。电阻的伏安特性曲线揭示了电路中第一个重要的规律,那就是:在电阻值恒定时,其中的电流与电压成正比。

图 1.7 电阻的伏安特性曲线

(2)从曲线上还可以看到,电阻值越小,曲线的斜率越大;电阻值越大,曲线的斜率越小。这一现象很容易理解,因为,曲线的斜率就是电流与电压的比值,它实际上是电导。

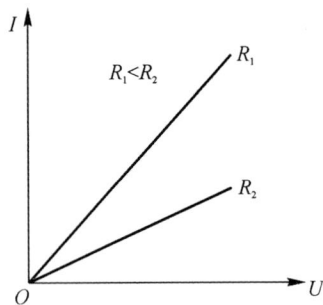

（3）当电压恒定时,通过电阻的电流变化只取决于电阻值的变化,与电阻成反比。

综上所述,在闭合电路中,电流与电压成正比,与电阻成反比,这被称为"欧姆定律"。欧姆定律可用数学公式表示为

$$I = \frac{U}{R}$$

1.2.3　电阻的功率

当电流流过电阻时,自由电子的移动会变得很频繁,同时也会激烈地撞击原子,并由此产生热量。如果电阻发热的功率大于它能承受的功率,电阻就会烧坏。电阻长时间工作时允许消耗的最大功率叫作额定功率。电阻消耗的功率可以由电功率公式计算出,即

$$P = UI$$

代入欧姆定律,可得 $P = \frac{U^2}{R}$ 或 $P = I^2R$。

电阻是耗能器件,利用上式所计算出的为电阻所消耗的功率,单位为 W,在交流电中称为有功功率。

1.2.4　温度对电阻的影响

电阻的大小不仅与其本身的因素（长度、截面积、材料）有关,而且还与温度有关。碳和大多数半导体材料都具有这一特点,即随着温度的升高,材料的导电性能将越来越好。我们把温度升高,而电阻值减小的材料称为热导体。由热导体材料制成的电阻称为负温度系数电阻。相反,随着温度的升高,电阻值增大的材料称为冷导体。由冷导体材料制成的电阻称为正温度系数电阻。例如,金属材料就具有冷导体的特点。

我们用电阻的温度系数 α 来衡量温度对电阻的影响。电阻的温度系数是这样定义的:在温度每升高 1 K 时,电阻值产生的变化量与原电阻值之比,称为温度系数,用 α 表示。

电阻的温度系数可以用下面的数学公式表示:

$$\alpha = \frac{R_2 - R_1}{R_1(t_2 - t_1)}$$

式中:α——温度系数,单位为 $\frac{1}{K}$（K 为开尔文）;

R_1——原电阻值,单位为 Ω;

R_2——温度升高后的电阻值,单位为 Ω;

t_1——原温度,单位为 K;

t_2——现在温度,单位为 K。

1.2.5　电源与负载的匹配

电源向负载输出电压和电流的同时,也向负载输出功率。如果按电源内阻来选择负载电阻,使电源的输出功率达到最大,这就是功率匹配（见图 1.8）。

当负载电阻与电源内阻相等时,电源输出的功率最大,也就是说负载电阻上获得了最大功率,称为最大功率输出

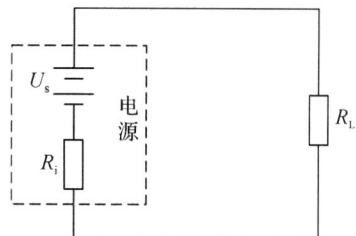

图 1.8　功率匹配

定理。以下可以利用计算的方法证明：

$$P = I^2 R_{\mathrm{L}}$$

$$I = \frac{U_{\mathrm{s}}}{R_{\mathrm{i}} + R_{\mathrm{L}}}$$

$$P = \left(\frac{U_{\mathrm{S}}}{R_{\mathrm{i}} + R_{\mathrm{L}}} \right)^2 R_{\mathrm{L}}$$

$$P = \frac{U_{\mathrm{S}}^2 R_{\mathrm{L}}}{(R_{\mathrm{i}} - R_{\mathrm{L}})^2 + 4 R_{\mathrm{i}} R_{\mathrm{L}}}$$

因此,功率匹配的条件是 $\qquad R_{\mathrm{i}} = R_{\mathrm{L}}$

此时,负载电阻 R_{L} 上获得的最大功率为

$$P_{\max} = \frac{U_{\mathrm{S}}^2}{4 R_{\mathrm{i}}}$$

1.3 电容及电容器

1.3.1 电容

电容器是把绝缘体夹在金属板(电极)中间,再往金属板里面充电,如图 1.9 所示。未加电压前,电极中存在自由电子,显中性,如图 1.9(a)所示。在向电容器的两个电极加电压后,在库仑力的作用下,与电源正极连接的电极 M 上的自由电子会减少而带正电。从带电的电极流出的自由电子会聚集到电极 L,电极 M 和电极 L 之间就产生了电位差。夹在电极之间的绝缘体中,在静电感应的作用下,带负电的电荷会被吸引到电极 M 处,带正电的电荷会被吸引到电极 L 处,这样极性分明的状态叫作"极化"。

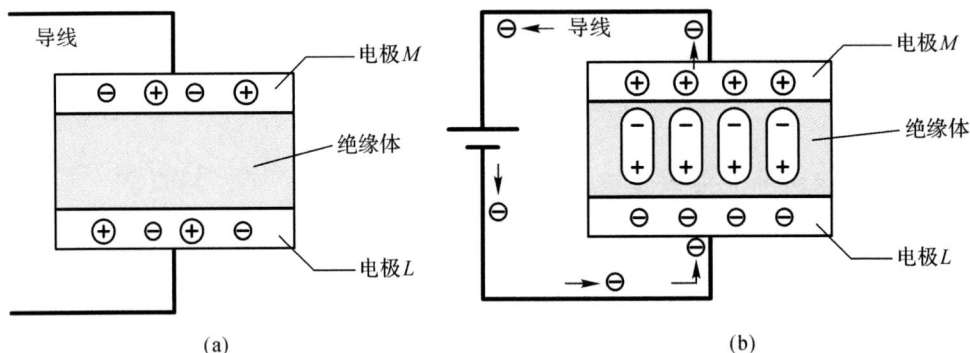

图 1.9 电容器

(a)未加电压;(b)加电压

极化后的绝缘体中并没有自由移动的带电粒子产生,只是绝缘材料中的原子核以及被原子核束缚的电子在正电荷板吸引力和负电荷板排斥力的作用下发生了偏移,如图 1.10 所示。图 1.10(a)是导体板上不带电时的情况,此时,两片导体板之间没有电场,电子轨道不发生变形。图 1.10(b)是导体板上带电时的情况。电容器就是利用这一原理来把电能转化为电场能并储存起来的。

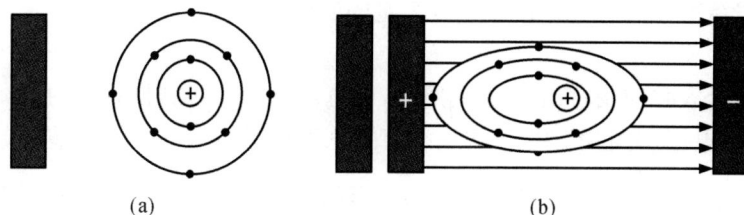

图 1.10　电场对电子轨道的作用

(a)导体板上不带电；(b)导体板上带电

极板上所带的电荷量与电源电压成正比：

$$C = \frac{Q}{U}$$

即电容值在数值上等于在单位电压的作用下，极板上存储的电荷量。

电容的符号用 C 表示，单位为法拉(F)。电容的常用单位还有微法(μF)、纳法(nF)、皮法(pF)。

电容器的电容值取决于下面 3 个因素：

(1)电容器两片极板的面积；

(2)两片极板之间的距离；

(3)两片极板之间材料的介电常数。

电容器的极板面积越大，极板间的距离越小，以及材料的介电常数越大，则电容器的容量就越大。

电容器的电容值可以用下面数学表达式表示：

$$C = \frac{\varepsilon A}{l}$$

式中：A——电容器极板面积，单位为 m²；

　　　l——极板间的距离，单位为 m；

　　　ε——介电常数，单位为 F·m⁻¹。

1.3.2　电容器的充放电规律

在实际电路中，电容器作为电路中的一个重要元件要与其他元件连接，从而完成某种特定的电路功能。因此，我们必须对电容器的充、放电规律加以分析。下面我们将讨论在直流电路中，电容器与电阻串联后，电容器充放电的过程，如图 1.11 所示。

1.电容器充电过程

电源和 RC 串联电路，开关接到位置 2 时，电路为断路，电流为零，电阻两端电压为零，电容器未被充电，呈现出中性，电容器电压为零，如图 1.11(a)所示。

将开关接到位置 1 时，由于电容器充电需要时间，因而接通时刻电容器电压为零，电阻电压为电源电压，电路中的电流为 $\frac{U}{R}$。随时间流失，电容器被充电，电容器两端电压逐渐上升，电路中的电流 i_C 逐渐减小，电阻两端电压逐渐减小，直到电路稳定。当电路稳定后，充满电荷的电容器为断路，电容器两端电压为电源电压，电路中的电流 i_C 为零，电阻两端电压亦为零。

电容器充电过程结束,由图 1.11(b)可见各个量的变化趋势。

2.电容器放电过程

开关接到位置 3 时,电阻和电容组成回路,与电源断开。接到位置 3 的时刻,电容充满电荷,电压等于电源电压,电阻两端电压与电容两端电压相同,但与充电时方向相反,电路中的电流为 $\dfrac{U}{R}$,亦与充电电流方向相反,如图 1.11(a)所示。随时间流失,电容中存储的电场能逐渐被电阻消耗掉,电容两端电压逐渐减小,电路中电流逐渐减小,电阻两端电压亦逐渐减小,直到电容中的电场能全部被消耗掉。电路稳定时,电容放电结束,呈现中性,电容电压为零,电路中电流为零,电阻两端电压为零,放电过程结束,由图 1.11(c)可见各个量的变化趋势。

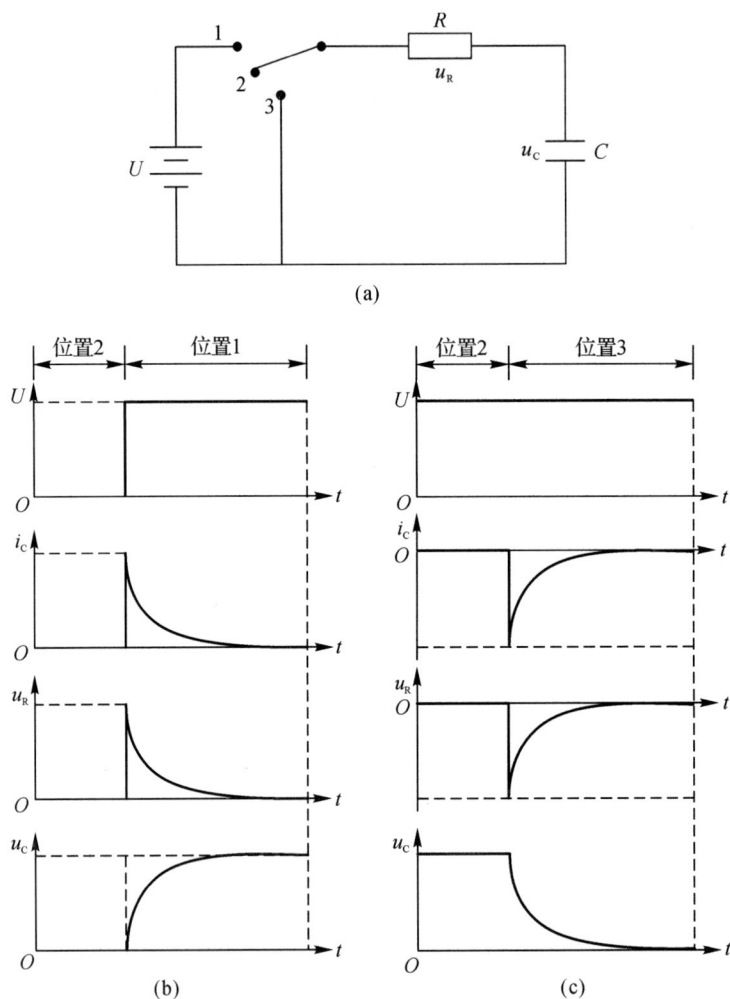

图 1.11　RC 串联电路的充放电过程

(a)电容器未被充电;(b)电容器充电;(c)电容器放电

1.3.3　电容的时间常数

由充放电过程可以看出电容充放电需要时间,这里用时间常数(τ)来表征这个过程的快

慢。在 RC 串联电路中,时间常数为 R 与 C 的乘积,即

$$\tau = RC$$

式中:τ——时间常数,单位为秒(s);

    R——电阻,单位为欧姆(Ω);

    C——电容,单位为法拉(F)。

电容器充放电时电容器两端电压的变化曲线如图 1.12 所示。

(1)$t = \tau$ 时,$u_C = 63.2\%U$,即电容器两端电压被充到 63.2% 的电源电压。

(2)$t = 2\tau$ 时,$u_C = 85.5\%U$,即电容器两端电压被充到 85.5% 的电源电压。

(3)$t = 3\tau$ 时,$u_C = 95\%U$,即电容器两端电压被充到 95% 的电源电压。

(4)$t = 4\tau$ 时,$u_C = 98\%U$,即电容器两端电压被充到 98% 的电源电压。

(5)$t = 5\tau$ 时,$u_C = 99\%U$,即电容器两端电压被充到 99% 的电源电压。

实际电容器上的充电电压很难充到 100%,因此,在电学上规定:充放电时间 $t = 3\tau \sim 5\tau$ 时,认为电容器的充放电过程结束。

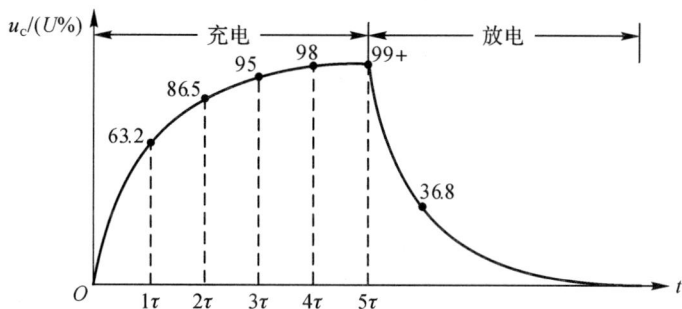

图 1.12　电容器充放电时电容器两端电压的变化曲线

1.3.4　电容元件的正弦交流电路

由充放电过程可以看出电容器两端电压的建立是不能跃变的,它是需要经历一个时间过程的,这是电容元件的一个重要特性,而流过电容器的电流可以发生跃变。流过电容器的电流与电压有以下的关系:

$$i_C = C \frac{\mathrm{d}u_C}{\mathrm{d}t}$$

即,流过电容器的电流与电容器两端电压的变化率成正比。

电容元件从电源吸收能量(充电)储存于两极板的电场中,电容器极板间电场能量的计算公式为

$$W_C = \frac{1}{2} C u_C^2$$

它表明电场能量与该时刻电容电压的二次方成正比。当电压降低时,电场能量减少,即电容元件向电源回输电能(放电)。

理想电容元件的正弦交流电路如图 1.13(a)所示。若电容器两端加上正弦电压 $u = U_m \sin \omega t$,按图中所示的电压 u 和电流 i 的方向,有

$$i_C = C\frac{\mathrm{d}u}{\mathrm{d}t} = C\frac{\mathrm{d}(U_m\sin\omega t)}{\mathrm{d}t} = CU_m\omega\cos\omega t =$$

$$\omega CU_m\sin(\omega t + 90°) = I_m\sin(\omega t + 90°)$$

电压和电流的波形如图 1.13(b)所示,可见理想电容电路中,电压和电流是同频率的正弦量。在相位上,电容电压滞后电流 90°。

对于正弦交流电压来说,当正弦曲线过零时,其电压变化率最大;当正弦曲线达到最大值时,其电压变化率为零。根据上述规律可以画出电容器上的充、放电电流和电压的关系曲线,由图 1.13 可知,理想电容器上的电流超前于电压 90°。

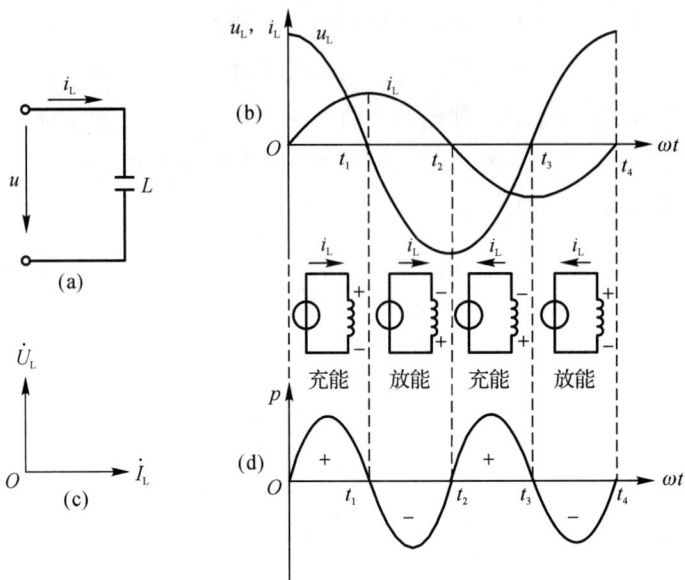

图 1.13　电感元件的交流电路

(a)电路;(b)电压与电流波形;(c)相量图;(d)功率波形

电容瞬时功率的变化曲线如图 1.13(d)所示,瞬时功率是一个幅值为 UI、以 2ω 角频率随时间变化的正弦量。在 t_1 和 t_3 时间内和瞬时功率为正值,电容吸收能量,此时电容从电源中吸收能量并将其转化为电场能量而储存起来;在 t_2 和 t_4 时间内,瞬时功率为负值,电容释放能量,此时电容中的电场能量又被转换成电能送回电源。从图 1.13 中可见,吸收功率与释放功率相等,即平均功率为零,说明理想电容元件不消耗功率,只与电源进行能量交换。电容与电源之间的能量交换用无功功率 Q 表示,$Q=UI$,单位为 Var。

1.4　电　　感

1.4.1　电感的定义

当导线中有电流通过时,就在其周围产生磁场。通常把导线绕成线圈的形式,以增强线圈内部的磁场,满足某种实际工作的需要,这样的线圈称为电感线圈或电感器。

当电感线圈通以电流时,便产生磁场,如图 1.14 所示。如果线圈有 N 匝,并且绕得比较集中,可以认为通过各匝的磁通相同。假设穿过一匝线圈的磁通为 Φ,则与 N 匝交链的总磁通为 $N\Phi$。总磁通 $N\Phi$ 常称为磁链,用 Ψ 表示,即 $\Psi = N\Phi$。

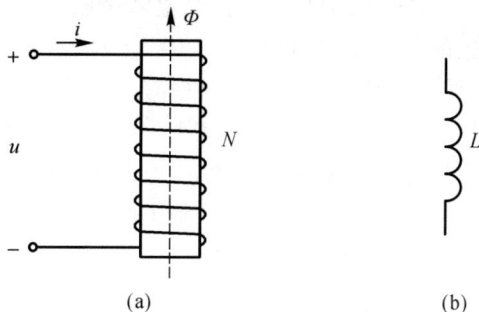

图 1.14　电感元件及其符号
(a)电感元件;(b)电感元件的符号

通常磁链或磁通是由通过线圈的电流 i 产生的,磁链是电流的函数。因此,电感器件是能将电能转化为磁能的器件,当线圈周围的介质为非铁磁性物质(如空气、木料、铜等)时,磁链 Ψ 与电流 i 成正比的关系,即

$$\Psi = N\Phi = Li$$

式中:L——常数,称为线圈的电感,也常称为自感,是电感元件的参数。电感的单位为 H,另外还有 mH、μH。

电感的大小与线圈的尺寸、匝数及介质的导磁性能有关。一个实际的电感线圈,除了具有电感外,其导线还有电阻,线圈匝间也存在电容,但通常导线电阻和匝间电容都很小,可以忽略不计,因此可将实际电感器看成理想电感元件(电感),其表示符号如图 1.14(b)所示。

通电直导线或线圈的周围都会产生磁场。然而,在其内部流动的电流发生变化时,周围的磁场也将发生变化。由于磁场的变化,将在直导线或线圈中产生感应电压。这一电压不是由外界磁场变化引起的,而是由于导线或线圈本身的电流变化引起的,因此我们称这一感应电压为自感电压。而产生自感电压的这一过程被称为自感现象。

【实验 1-1】　将一个 300 匝的线圈套入一个 U 形铁芯,并通过一块轭铁把铁芯的磁路闭合。实验电路如图 1.15 所示。将线圈与一个额定值 4.5 V 的灯泡串联;用一个可变电阻和一个额定值 4.5 V 的灯泡串联,然后,将这两个串联支路并联,再通过一个开关与直流电源连接。将开关接通后,先通过可变电阻把两个灯泡的亮度调整到一样亮,再将开关断开。

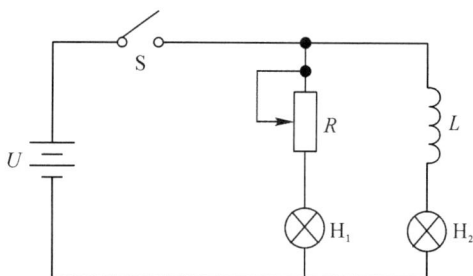

图 1.15　线圈自感实验电路

闭合开关,注意观察两个灯泡被点亮的先后次序。然后,再分别用 600 匝、1 200 匝的线圈替换 300 匝的线圈,并重复上述实验。

结果:在开关接通后,与线圈串联的灯泡要比与电阻串联的灯泡延迟一段时间才被点亮。并且其延迟时间随线圈匝数的增加而增加。

这说明在开关闭合后,线圈与灯泡的串联支路中有一个从 0 开始增大的电流变化趋势,此时在线圈中产生了自感电压,并且这一电压逐渐减小。由此可见,自感电压是由于自身电流的变化产生的。由于自感电压的方向与电源电压相反,所以线圈中的电流缓慢地上升;而可变电阻与灯泡的串联支路则不发生上述现象。因此,看到了与线圈串联的灯泡被延迟点亮的现象。

另外,匝数对延迟时间的影响则说明:匝数越多产生的自感电压越大。

1.4.2 电感在直流电路中的特性

如果将直流电源直接接在一个纯电感的两端,那么,电流将在电感中流动,其稳态电流值等于电源电压与电源内阻的比值。由于线圈中自感电压的作用,电感上的电流是逐渐建立的。当电流开始流动时,磁力线产生,它切割电感线圈,于是在电感上产生了与电源电压方向相反的感应电压。这一反向感应电压将使电流延迟一段时间达到其稳态值。当电流、电压被断开时,磁力线消失,电感线圈再次受到切割,从而在电感上又产生一个感应电压,这一电压将反抗电感线圈中电流的减小。一般来说,电源的内阻很小,上述变化过程很快,不容易被看到。因此,在电路中加入一个电阻以增加延迟时间。这样可以清楚地看到电感中电流的变化过程。

【实验 1-2】 将一个 100 mH 的电感与一个 1 kΩ 的电阻串联,然后连接到电压为 6 V、频率为 1 kHz 的方波上,如图 1.16 (a) 所示。用示波器观察电感上的电压随电源电压的变化规律。再将电阻与电感的位置对换,观察流过电感上的电流随电源电压的变化规律。

结果:在示波器上观察到电感电流的增加与衰减曲线,如图 1.16(b)(c) 所示。

当方波从 0 变为 U 时,电流试图在电路中流动,但是由于电感上建立起了反向感应电压,在初始时刻,其感应电压等于电源电压,所以电感中没有电流流动,电阻 R 上没有电压,如图 1.16(b) 所示。

当电流开始流动时,电阻上的电压 U_R 增加;电感上的电压 U_L 减小。实际上,电感电压的减小,就意味着流过电感上的电流在增加。当 U_L 为零时,电感电流不再增加,达到稳态值。如果忽略电源内阻的影响,其稳态电流值为电源电压与电阻的比值。可见,电感上的电流 I_G 是逐渐增加的。由此我们得出电感中电流的特性:电感中流动的电流不能突变。

电感就像机械力学中的惯性一样。在电感电路中,电流的增加过程可以比喻成水面上静止的船将要向前运动的过程。船将要开始运动的瞬间,一个恒定的作用力作用在船上。在这一时刻,船的速度变化率最大(加速度最大),所有的这些作用力用于克服船的惯性。当船向前运动使其速度增加以后,作用力仅用于克服船体与水之间的阻力。当速度平稳后,加速度为零,船匀速向前运动。由此可见,加速度相当于电感上的电压,船运行的速度相当于电感中流动的电流。

当方波从 U 变为 0 时,围绕在电感周围的磁力线消失,此时电感上感应出一个感应电压,它的大小与电源电压的幅度相等,方向与电源电压相反。于是,这一感应电压将引起电路中的电流 I_d。电阻上的电压开始等于 U,然后逐渐降低,最终为零;电感两端的电压 U_L 开始为 U,然后逐渐减小,最终也为零,如图 1.16(c) 所示。

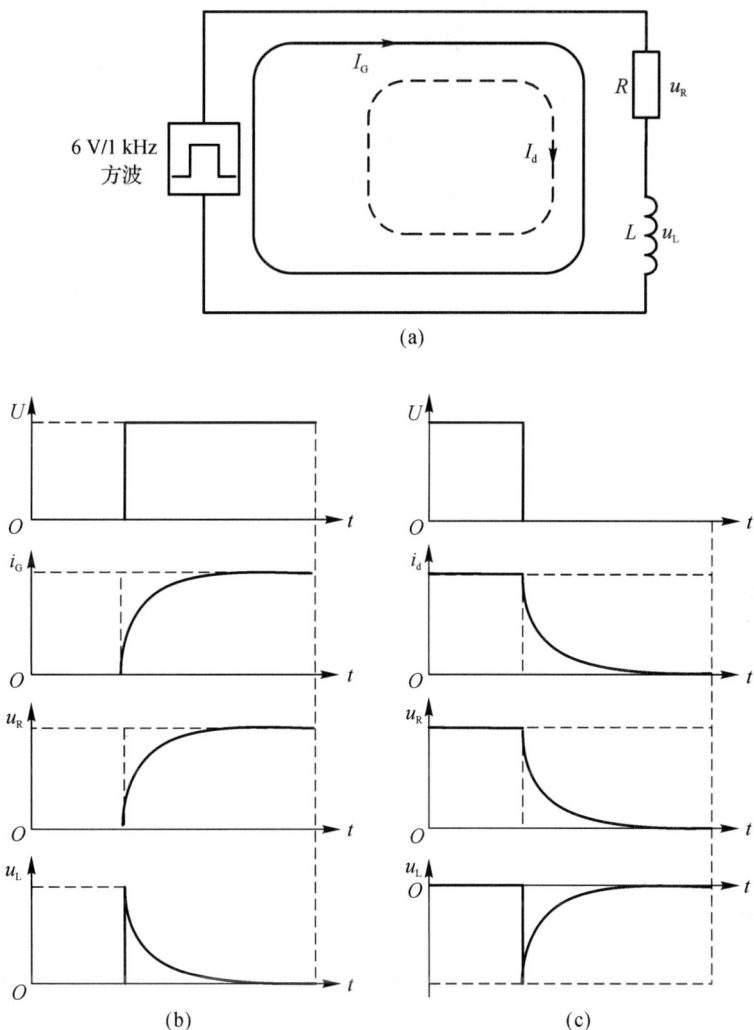

图 1.16 电感电流的增加与衰减

(a)电路;(b)增加曲线;(c)衰减曲线

电感的中磁场能的大小与电流有关,电路中,电感磁场能的计算公式为

$$W_L = \frac{1}{2} L i_L^2$$

1.4.3 电感的时间常数

与电容电路一样,在电感电路中时间常数也是这样定义的,即当通过电感的电流增加到电流最大值的 63.2% 时(或下降到 36.8%)所需要的时间,称为时间常数,用 τ 表示。

$$\tau = \frac{L}{R}$$

电感电流、电压变化规律和时间常数如图 1.17 所示。由于其变化规律与电容电路完全相同,所以此处不再详细描述。

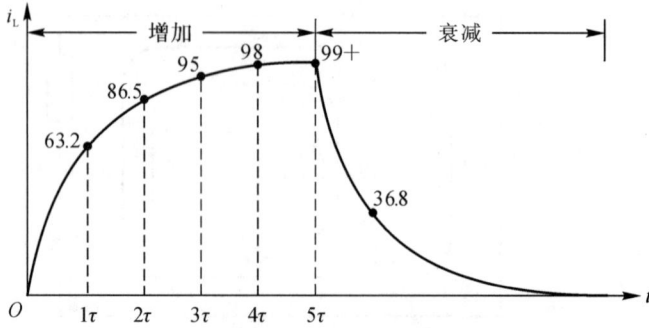

图 1.17　电感电流和时间常数

1.4.4　电感元件的正弦交流电路

当电感元件中流过电流 i_L 时,电感两端产生感应电压 u_L,感应电压 u_L 与电流 i_L 满足微分关系

$$u_L = L \frac{\mathrm{d}i}{\mathrm{d}t}$$

图 1.18(a)为电感元件的交流电路。

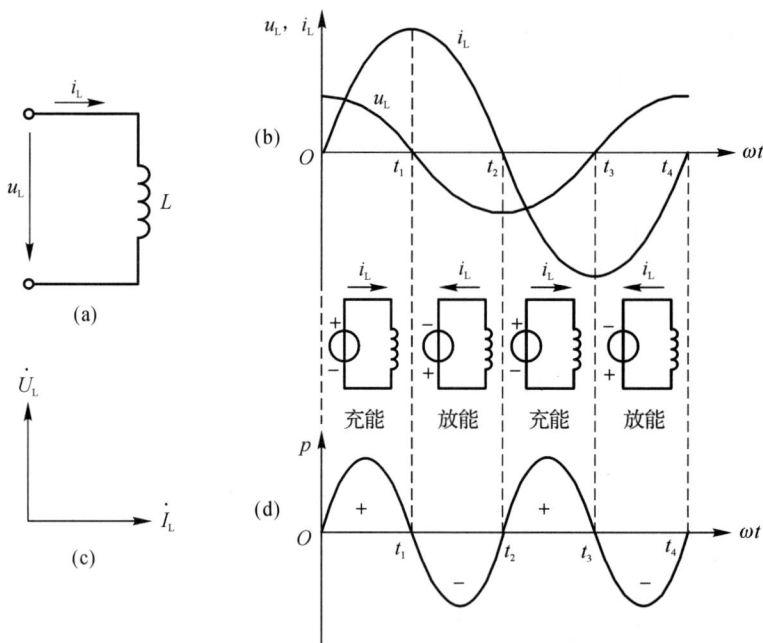

图 1.18　电感元件的交流电路

(a)电路;(b)电压与电流波形;(c)相量图;(d)功率波形

设 $i = I_m\sin\omega t$,按图 1.18(a)所示 i,u 正方向,有

$$u = L \frac{\mathrm{d}i}{\mathrm{d}t} = L \frac{\mathrm{d}(I_m\sin\omega t)}{\mathrm{d}t} = LI_m\omega\cos\omega t =$$

$$\omega L I_m\sin(\omega t + 90°) = U_m\sin(\omega t + 90°)$$

u 和 i 的波形如图 1.18(b) 所示。可见在纯电感电路中, u 和 i 是同频率的正弦量。相位上, 电压超前于电流 90°。

电感瞬时功率的变化曲线如图 1.18(d) 所示, 瞬时功率是一个幅值为 UI、以 2ω 角频率随时间变化的正弦量。在 t_1 和 t_3 时间内, 和瞬时功率为正值, 电感吸收能量, 此时电感将电能转化为磁场能; 在 t_2 和 t_4 时间内, 瞬时功率为负值, 电感释放能量, 此时电感将磁场能转化为电能。从图中可见, 吸收功率与释放功率相等, 即平均功率为零, 说明理想电感元件不消耗功率, 只与电源进行能量交换。电容与电源之间的能量交换用无功功率 Q 表示, $Q=UI$, 单位为 Var。

*1.5　滤波电路

滤波电路用于抑制或衰减某些频率的信号, 而这些信号是我们所不需要的。为了达到这一目的, 在电路中常常采用低通、高通、带通和带阻滤波器。

1.5.1　低通滤波器

低通滤波器是指低通滤波器允许低频信号通过, 但阻止高频信号到达输出端。

1. RC 低通滤波器

【实验 1-3】　将由 $R=5.6$ kΩ 与 $C=4.7$ nF 组成的串联电路与正弦波信号发生器相连接, 如图 1.19(a) 所示。从低向高调整频率旋钮, 用高阻电压表测量电容器上的电压。

结果: 在频率较低时, 电容器上的电压幅度几乎与输入电压相同, 而随着频率的升高, 输出电压幅度不断下降。

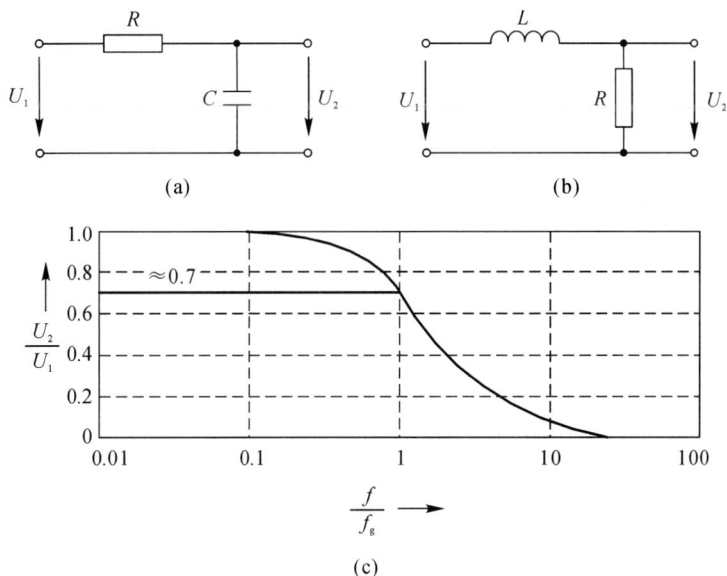

图 1.19　低通滤波器和带通曲线
(a) RC 低通滤波器; (b) RL 低通滤波器; (c) 带通曲线

输入电压不变, 电阻值不变, 随电源频率上升, 电容器的电抗将逐渐下降, 输出电压为电容两端的电压,因此输出电压也将不断地下降,如图 1.20 所示。可见,这一电路对频率较高的信号产生抑制或衰减作用,而对频率较低信号衰减较小,因此称为 RC 低通滤波器。

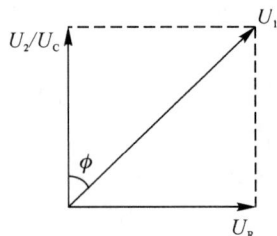

图 1.20 RC 低通滤波器电压相量图

在工程上规定,当 $X_C \geqslant R$ 时,X_C 上获得的输出电压被认为有效。也就是说,当 $X_C \geqslant R$ 时,认为输入信号有效地通过了滤波器。并将 $X_C = R$ 所对应的频率称为截止频率,用 f_g 表示。当 $X_C = R$ 时,有

$$\frac{1}{\omega_g C} = R \rightarrow \frac{1}{2\pi f_g C} = R$$

所以

$$f_g = \frac{1}{2\pi RC}$$

另外

$$\frac{U_2}{U_1} = \frac{1}{\sqrt{X_C^2 + R^2}}$$

所以

$$U_2 = \frac{1}{\sqrt{2}} U_1$$

由此可见,当信号频率 $f = f_g$ 时,输出电压 U_2 是输入电压 U_1 的 0.707 倍。在用通带曲线表示时,常常选用输入信号频率 f 与截止频率 f_g 的比值来代替频率变量,用输出电压 U_2 与输入电压 U_1 的比值来代替输出电压。这种用通带曲线表示法具有适用于任何元件参数和输入电压值的优点,如图 1.19(c)所示。

2. RL 低通滤波器

【实验 1-4】 将 $R = 5.6$ kΩ 与 $L = 250$ mH 组成的串联电路与正弦波信号发生器相连接,如图 1.19(b)所示。从低向高调整频率旋钮,用高阻电压表测量电阻上的电压。

结果:输入电源电压不变,电阻值不变,随着频率的上升,线圈的感抗也随着增大,并且不断地增大对交流电流的阻碍作用,因此使得输出电压即电阻两端电压变小。可见,这一电路与 RC 低通滤波器具有相同的特点,因此称为 RL 低通滤波器。对于一个已经给定 R、L 数值的低通滤波器来说,当 $X_L = R$ 时,有

$$\omega_g L = R \rightarrow 2\pi f_g L = R$$

所以 RL 低通滤波器截止频率为

$$f_g = \frac{R}{2\pi L}$$

其带通曲线与 RC 低通滤波器相同,如图 1.19(c)所示。

RC 低通滤波器和 RL 低通滤波器可以用作电源中的滤波,以及在放大器中对高频信号进行抑制。在宽带放大器中,其传输范围的上限频率可以通过低通滤波器来限定,这种低通滤波器可以由电阻与电路的分布电容、或由电阻与导线的分布电感来构成。

1.5.2 高通滤波器

1. RC 高通滤波器

【实验 1-5】 重复实验 1-3,但请测量电阻上的电压,如图 1.21(a)所示。

结果:其输出电压在较低频率时几乎为零,并且随着频率的升高,输出电压将达到输入电

压的最大值,如图 1.21(c)所示带通曲线。

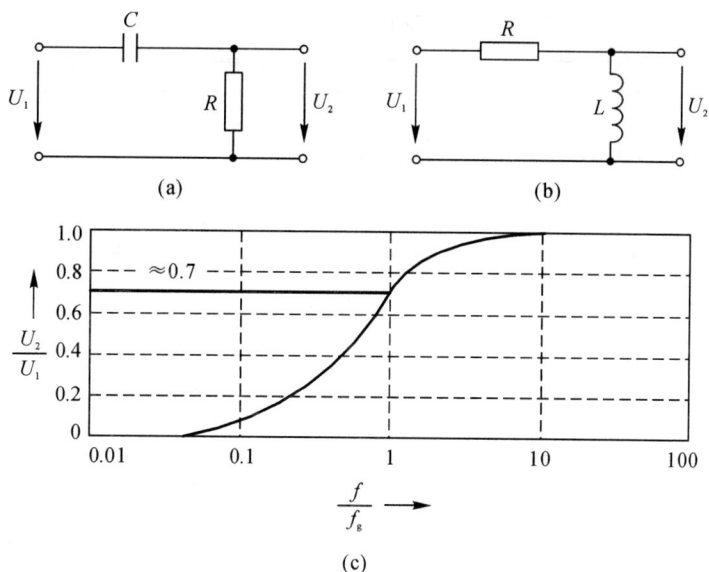

图 1.21 高通滤波器和带通曲线

(a)RC 高通滤波器;(b)RL 高通滤波器;(c)带通曲线

在频率较低时,电容器的容抗很大,它阻止了电流的通过,这就是电阻上几乎没有电压的原因。

2.RL 高通滤波器

【实验1-6】 重复实验1-4,但请测量电感 L 上的电压,如图 1.21(b)所示。

结果:输出电压的变化情况与实验1-5很相似,如图 1.21(c)所示通带曲线。

在频率较低时,线圈的感抗很小,因此输出电压幅度也很小。在频率较高时,线圈上的感抗增大,因此滤波器的输出电压增大。

RC 高通滤波器和 RL 高通滤波器截止频率的计算公式与低通滤波器相同,唯一不同的是:对于高通滤波器来说,大于或等于截止频率的信号才被认为传输有效。

RC 高通滤波器常作为放大器的 RC 耦合电路。在传输变压器中常采用 RL 高通滤波器,它是由电压信号源的内阻和传输变压器的电感组成。

1.5.3 相位角

【实验1-7】 将一个由 $R = 5.6$ kΩ 与 $C = 4.7$ nF 组成的低通滤波器与正弦波信号发生器相连接,然后用双踪示波器同时观察其输入电压和输出电压如图 1.22 所示。将信号源的频率在 $1 \sim 100$ kHz 之间变化,并且确定 U_1 与 U_2 之间的相移角。

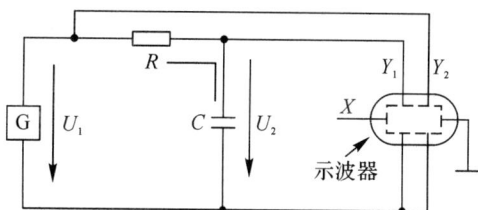

图 1.22 相位差测量电路

结果:在频率较低时,输入电压与输出电压之间的相移角几乎为 0°。而随着频率的不断升高,相移角也不断增大;当频率很高时,相移角接近于 90°,如图 1.23 所示。RL 低通滤波器的相移角变化曲线与 RC 低通滤波器的情况相同。

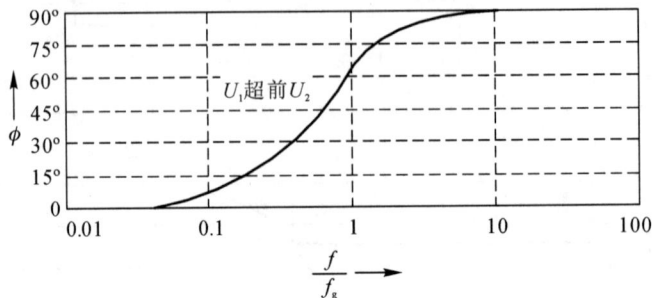

图 1.23　低通滤波器的相频特性

【实验 1-8】　用高通滤波器来重复[实验 1-7]的过程。

结果:在频率较低时,输入电压与输出电压之间的相移角接近于 90°。而随着频率的不断升高,相移角则不断地减小;当频率很高时,相移角接近于 0°如图 1.24 所示。

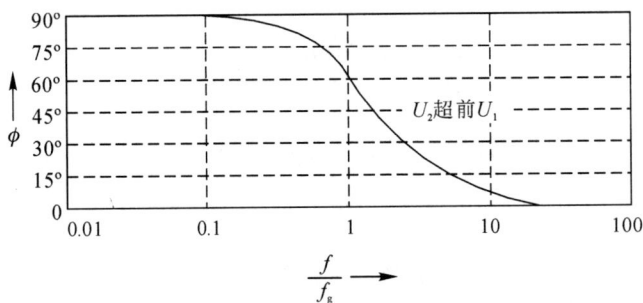

图 1.24　高通滤波器的相频特性

RL 高通滤波器的相移角变化曲线与 RC 高通滤波器的情况相同。

低通滤波器,其输入电压与输出电压之间的相移角随着频率升高而增大。在高通滤波器时,相移角则随着频率升高而减小。

在截止频率时,输入电压与输出电压之间的相移角为 45°。

1.5.4　RC 带通滤波器

【实验 1-9】　将两个 RC 电路构成一个 RC 滤波电路 $R_1=10$ kΩ、$C_1=100$ nF、$R_2=1$ kΩ 和 $C_2=10$ nF,并连接到正弦波电压信号源上,如图 1.25 所示。在不同的频率时,用高阻电压表测量其输出电压。

结果:在频率较低的范围和频率较高的范围内,输出电压很小。而在中间的频率范围内,输出电压的幅度基本上接近于输入电压。

滤波电路是由一个高通滤波器后面再串接一个低通滤波器而构成的,如图 1.25 所示。其中,由 R_2 和 C_2 组成的低通滤波器,其截止频率 f_H 远高于由 R_1 和 C_1 组成的高通滤波器的截止频率 f_L。因此,高通滤波器抑制低端频率,低通滤波器抑制高端频率,这样便形成了带通滤波器。

带通滤波器只允许确定额率范围内的信号电压通过。

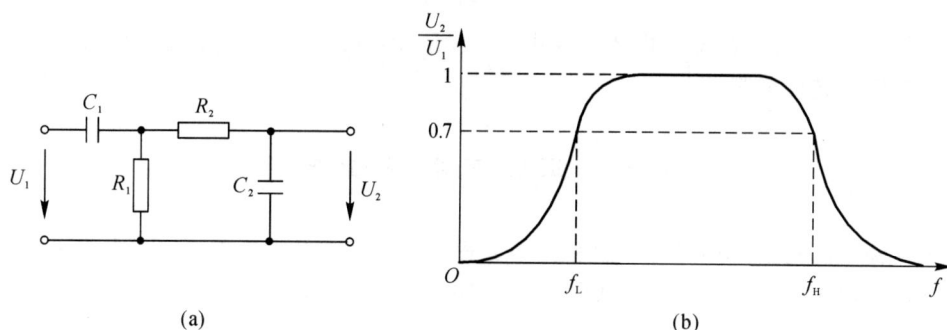

图 1.25 RC 带通滤波器和带通曲线
(a)RC 带通滤波器;(b)带通曲线

如果将一个下限截止频率为 300 Hz、上限截止频率为 3 000 Hz 的 RC 带通滤波器,与一个低频放大器串联构成信号传输通路。该滤波器可以对低端频率和高端频率的信号电压进行抑制。用这种方法可以提高电话通信时的语音清晰度。

1.5.5 RC 带阻滤波器

如图 1.26 所示,这种滤波电路由一个 R_1C_1 并联电路和一个 R_2C_2 串联电路组成。R_2C_2 串联电路在频率低时 R_2 相对于 C_2 的容抗来说很小,即 $R_2 \ll X_{C_2}$,R_2 可忽略不计。在 R_1 和 C_1 的并联电路中,在频率低时,$R_1 \ll X_{C1}$,在并联电路中阻抗越大的器件对电路的影响越小,因而 C_1 的容抗可以忽略不计。所以在低频时,RC 带阻滤波器就相当于一个由 R_1 和 C_2 构成的低通滤波器,它的截止频率为

$$f_L = \frac{1}{2\pi R_1 C_2}$$

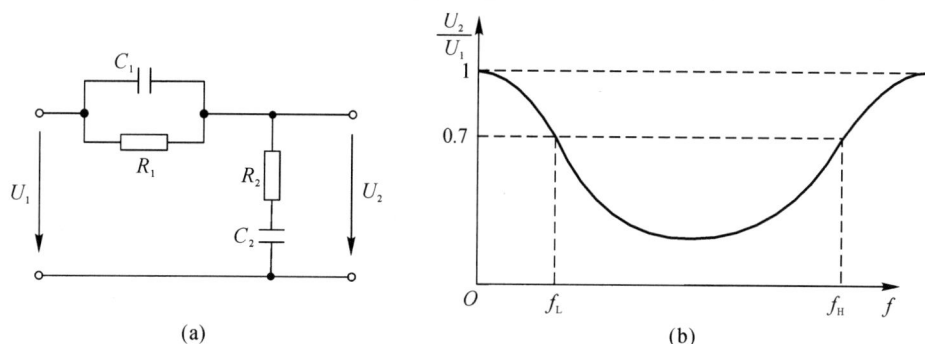

图 1.26 RC 带阻滤波器和带阻曲线
(a)RC 带阻滤波器;(b)带阻曲线

R_2C_2 串联电路在频率高时 R_2 相对于 C_2 的容抗来说很大,即 $X_{C_2} \ll R_2$,C_2 的容抗可忽略不计。在 R_1 和 C_1 的并联电路中,在频率高时,$X_{C_1} \ll R_1$,在并联电路中阻抗越大的器件对电路的影响越小,因而 R_1 可以忽略不计。所以在高频时,RC 带阻滤波器就相当于一个由 C_1 和 R_2 组成的高通滤波器,它的截止频率为

$$f_H = \frac{1}{2\pi R_2 C_1}$$

在中间的频率范围内，输出电压主要由 R_1 和 R_2 的分压比来确定。带阻滤波器对一定频率范围内的信号进行抑制。

1.6　正弦三相交流电

三相交流电路是由三相对称电源和三相负载组成的电路系统。现代飞机大多采用三相交流电源作为主电源。与单相交流电源相比，三相电源具有体积小、重量轻等优点，同时三相交流电动机比单相交流电动机性能好，经济效益高。

1.6.1　对称三相电源

三相对称电压(电动势)是由三相交流发电机产生的。有关三相交流发电机的知识将在航空电机中讲述。

1. 对称三相电源

图 1.27 为对称三相交流电的波形。

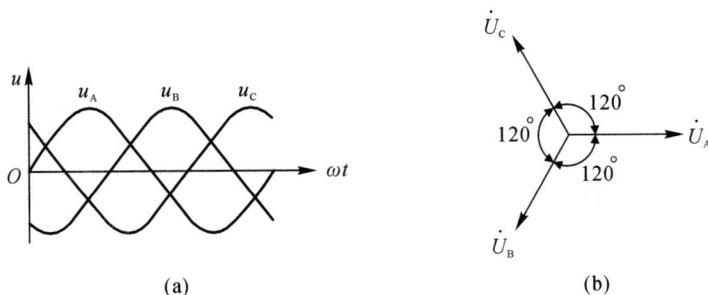

图 1.27　对称三相交流电源
(a)波形图；(b)相量图

从图 1.27 中可以看出，其波形为正弦波，且具有三个电压幅值相等、频率相同、相位互差120°的特点，我们把这样的三个正弦电压源所构成的电源称为三相电源，由三相电源供电的电路称为三相电路。三相电源由三相交流发电机产生，在三相交流发电机中有 3 个相同的绕组，3 个绕组的首端分别用 A、B、C 表示，末端分别用 X、Y、Z 表示，这三个绕组分别称为 A 相、B 相、C 相，所产生的三相电压瞬时值表达式为

$$u_A = \sqrt{2}U\cos\omega t$$
$$u_B = \sqrt{2}U\cos(\omega t - 120°)$$
$$u_C = \sqrt{2}U\cos(\omega t + 120°)$$

对称三相电源中，每一相电压经过同一值(如正的最大值)的先后顺序称为相序。图 1.27 中的三相电压波形图，可以推知相序是 A—B—C。相量图中，$\dot{U}_A$、$\dot{U}_B$、$\dot{U}_C$ 是顺时针方向排列的，故成为顺序或正序。若 $u_B = \sqrt{2}U\cos(\omega t + 120°)$，$u_C = \sqrt{2}U\cos(\omega t - 120°)$，则相量图中 $\dot{U}_A$、$\dot{U}_B$、$\dot{U}_C$ 是逆时针排列，称为逆序或负序。电力系统中，一般采用正序。

由图 1.27(a)可以得到:对称三相电源在任一瞬间,电压的代数和为零,即

$$u_A + u_B + u_C = 0$$

由图 1.27(b)可以得到:三个电压的相量和也为零,即

$$\dot{U}_A + \dot{U}_B + \dot{U}_C = 0$$

2.对称三相电源的联接方式

在三相供电系统中,三相绕组有星形(Y 形)或三角形(△ 形)两种连接方式。

(1)星形连接。如图 1.28(a)所示,将 A 、B 、C 相的末端 X 、Y 、Z 相连,成为公共点 N,就是星形连接方式,即 Y 形接法。公共点 N,称为中点或中性点,由 N 点引出的线称为中线或零线。由三个端点 A 、B 和 C 的引出线称为端线或火线。这样,具有三根端线又有一根中线的三相电路,称为三相四线制。飞机上的供电系统采用的就是这一体制。如果不接中线,只有三根端线,则称为三相三线制。

在工程上把端线之间的电压称为线电压。这些电压方向按字母下标的次序来表示,例如 U_{AB}、U_{BC}、U_{CA}。每相绕组或每相负载上的电压,称为相电压,用 U_A、U_B、U_C 表示。

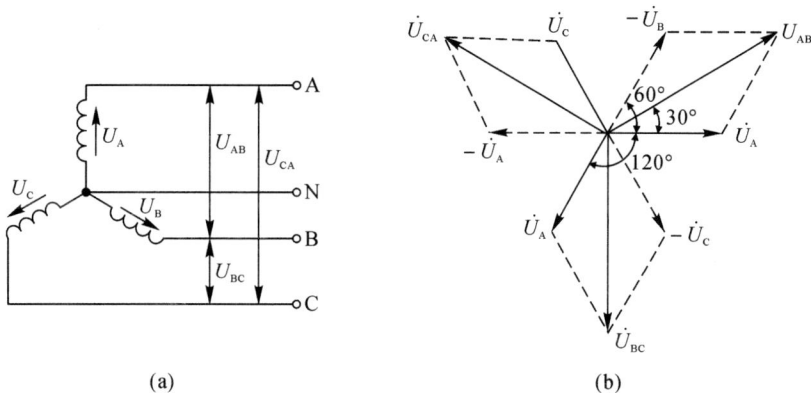

图 1.28　星形联接的三相电源

(a)电路图;(b)电压相量图

三相绕组作星形联接之后,线电压与相电压之间的关系为

$$\dot{U}_{AB} = \dot{U}_A - \dot{U}_B$$

$$\dot{U}_{BC} = \dot{U}_B - \dot{U}_C$$

$$\dot{U}_{CA} = \dot{U}_C - \dot{U}_A$$

按照上述的标记法及参考方向,可以画出电压矢量图,以 $\dot{U}_A$ 为参考相量,如图 1.28(b)所示,利用基本三角函数可以得到下面表达式

$$\dot{U}_{AB} = \sqrt{3} U_A \angle 30° = \sqrt{3} U_p \angle 30° = U_l \angle 30°$$

$$\dot{U}_{BC} = \sqrt{3} U_B \angle 30° = \sqrt{3} U_p \angle -90° = U_l \angle -90°$$

$$\dot{U}_{CA} = \sqrt{3} U_C \angle 30° = \sqrt{3} U_p \angle 150° = U_l \angle 150°$$

当电源的三相绕组为星形连接时,相电压对称,线电压也对称,线电压有效值是相电压有

效值的$\sqrt{3}$倍,并且线电压超前于相电压 30°。若以 U_l 表示线电压的有效值,U_p 表示相电压的有效值,则 $U_l = \sqrt{3}\,U_p$。

(2)三角形联接。如果把发电机中的三个绕组首尾相连作三角形连接,就得到了一个三角形电源。

因为没有中点,所以在三角形连接中,线电压就是相电压,相量图如图 1.29(b)所示。线电压的有效值和相电压的有效值相等,即 $U_l = U_p$。

在图 1.29(b)中,相量的箭头是指向线电压下标的第一个字母,依电路的对称性,闭合回路内没有电流。连线时要特别注意接线,若将一相绕组接反,因绕组的电阻值很小,将产生很大的短路电流,将发电机烧坏。

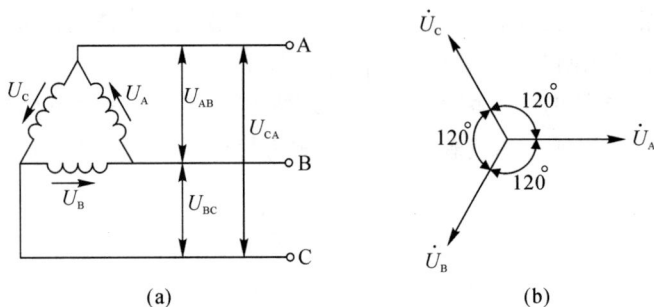

图 1.29　三角形形联接的在相电源
(a)电路图;(b)电压相量图

1.6.2　对称三相电路的计算

在三相制中,负载一般也是由三个部分电路组成的,如果三相负载的阻抗相等,则称为对称三相负载。由对称三相电源和对称三相负载组成的三相电路称为对称三相电路。

在实际中,使用交流电的电气设备有很多,其中有些是需要三相电源才能工作的,如三相异步电动机,它属于三相负载,且多为对称负载。另外还有一些设备只需单相电源,如飞机上各种照明灯具、厨房电器和电动机构等,它们可以接在电源的任一相上,因此,从整体上可看成是三相负载。

与三相电源一样,三相负载也有星形(Y 形)和三角形(△ 形)两种联接方式。对负载而言,相电压、相电流是指各相阻抗两端的电压和流过阻抗的电流。从三相负载引出的三个端线中的电流是负载的线电流,各线之间的电压成为三相负载的线电压。相电流的有效值用 I_p 表示,相电压的有效值用 U_p 表示,线电流的有效值用 I_l 表示,线电压的有效值用 U_p 表示。

1. 对称三相负载星形连接

三相负载的线电压按字母下标的次序来表示,如图 1.30(a)所示例如 U_{AB}、U_{BC}、U_{CA}。相电压用 U_A、U_B、U_C 表示。流过中线的电流称为中线电流,用 I_N 表示,线电流用 I_A、I_B、I_C 表示,由图 1.30(a)可知,在星形连接时,线电流等于相电流,与三相电源星形连接时类似,线电压有效值是相电压有效值的$\sqrt{3}$ 倍,并且线电压超前于相电压 30°,则

$$U_l = \sqrt{3}\,U_p$$
$$I_l = I_p$$

当三相电路平衡时,每一相的电压和电流的幅值相同,阻抗角也相同。因此,各相的功率肯定相同。那么,三相电路的功率等于三倍的单相功率,因此对称三相负载星形连接时的功率为

$$P = 3 P_p = 3 U_p I_p \cos\Phi = \sqrt{3} U_l I_l \cos\Phi$$

式中:P——三相功率;

P_p——每一相的功率;

U_p——负载上的相电压;

I_p——负载上的相电流;

$\cos\Phi$——每相负载的功率因数。

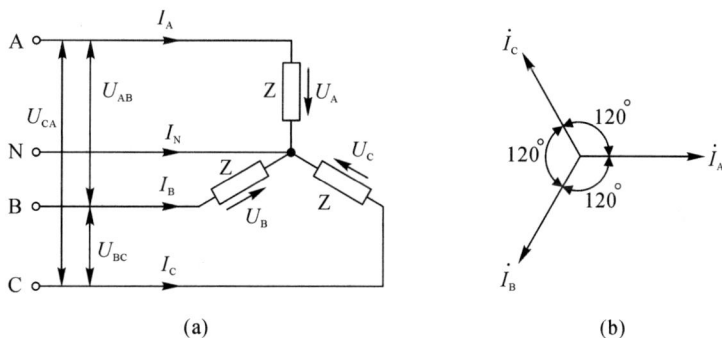

(a)   (b)

图 1.30 星形联接的三相电路

(a)电路图;(b)电流相量图

2. 对称三相负载三角形连接

显然,在三角形连接时,线电压等于相电压如图 1.31(a)所示。参照图 1.31 的矢量图,线电流用 I_A、I_B、I_C 表示,相电流用 I_{AB}、I_{BC}、I_{CA} 表示,以 $\dot{I}_{AB}$ 为参考相量,可以推导出线电流与相电流之间的关系,利用基本三角函数可以得到表达式为

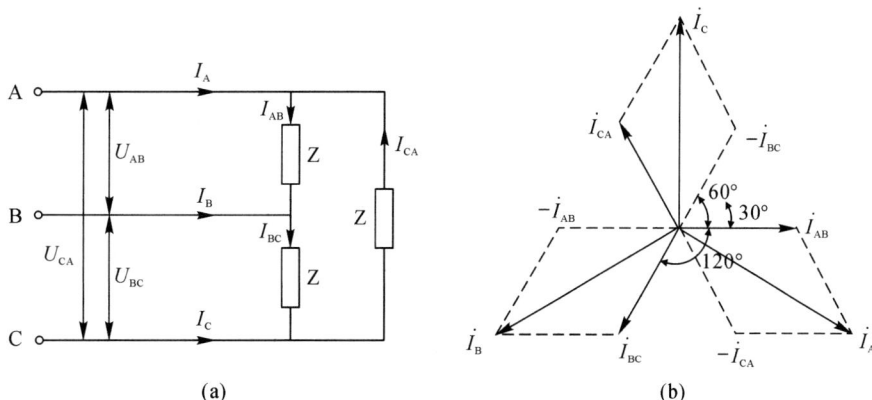

(a)   (b)

图 1.30 三角形联接的三相电路

(a)电路图;(b)电流相量图

$$\dot{I}_A = \dot{I}_{AB} - \dot{I}_{CA} = \sqrt{3} I_{AB} \angle -30° = \sqrt{3} I_p \angle -30° = I_l \angle -30°$$

$$\dot{I}_B = \dot{I}_{BC} - \dot{I}_{AB} = \sqrt{3}\,I_{BC}\angle-30° = \sqrt{3}\,I_p\angle-150° = I_1\angle-150°$$

$$\dot{I}_C = \dot{I}_{CA} - \dot{I}_{BC} = \sqrt{3}\,I_{CA}\angle-30° = \sqrt{3}\,I_p\angle90° = I_1\angle90°$$

从上述推导可以得出下列结论:在三角形连接中,线电流有效值是相电流有效值的 $\sqrt{3}$ 倍;线电压有效值与相电压有效值相等,即

$$U_1 = U_p$$

$$I_1 = \sqrt{3}\,I_p$$

三相电路的功率等于三倍的单相功率,在一般情况下,相电压和相电流不容易测量。例如,三相电动机绕组接成三角形时,要测量它的相电流就必须把绕组端头拆开。因此,通常用测量出的线电压和线电流计算功率。

由以上分析可以看出,对于三相平衡电路来说,不论负载是接成星形还是三角形,计算功率的公式完全相同。

(1)视在功率为

$$S = 3\,U_p\,I_p = \sqrt{3}\,U_1\,I_1$$

(2)有功功率为

$$P = 3\,U_p\,I_p\cos\Phi = \sqrt{3}\,U_1\,I_1\cos\Phi$$

(3)无功功率为

$$Q = 3\,U_p\,I_p\sin\Phi = \sqrt{3}\,U_1\,I_1\sin\Phi$$

注意:Φ 角是一相负载的相电流与相电压之间的相位差,而不是线电压与线电流之间的相位差。

【例题 1.1】 一个三角形连接的火炉从 380 V/220 V 电网上获取 9 kW 的功率。为了减小功率,炉子可以将三角形连接转换成星形连接。画出电路框图如图 1.32 所示,并标注电量参数。

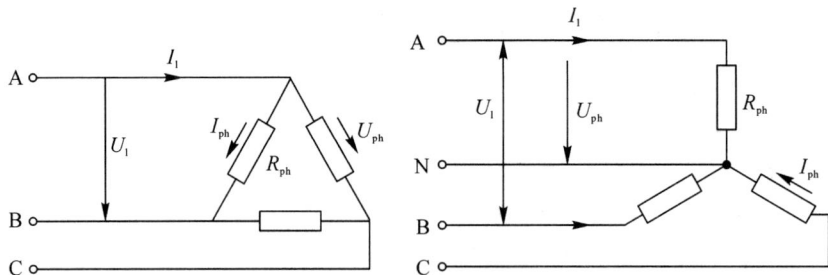

图 1.32 电路框图

计算:(a)三角形连接的相功率;(b)相电阻;(c)星形连接的相功率;(d)星形连接的总功率。

解:

(a)
$$P_\Delta = 3\,P_{p\Delta}\ ,\ P_{p\Delta} = \frac{P_\Delta}{3} = \frac{9\ \text{kW}}{3} = 3\ \text{kW}$$

(b)
$$R_p = \frac{U^2}{P_p} = \frac{(380\ \text{V})^2}{3\,000\ \text{W}} = 48.1\ \Omega$$

(c)
$$P_{pY} = \frac{U_p^2}{R_p} = \frac{(220\ \text{V})^2}{48.1} = 1\ \text{kW}$$

(d)
$$P_Y = 3 P_{pY} = 3 \times 1 \text{ kW} = 3 \text{ kW}$$

从例题 1.1 中可以看出，在使用同一个三相电源时，负载从三角形连接转换到星形连接，其三相负载获得的功率将减小。它们存在着下列关系：

$$P_\Delta = 3 P_Y$$

上述公式说明，在同一个三相电源的作用下，负载以三角形连接时所获得的功率大。这就是一些三相交流马达要求以星形连接起动，然后再转换到三角形连接的原因。

【拓展阅读】

一排铆钉引发的空难

——日本航空 123 航班

日本航空 123 航班是从日本东京羽田国际机场飞往日本大阪国际机场的定期航线。1985 年 8 月 12 日，123 号航班因维修不当导致飞机垂尾脱落和液压油泄漏，引发飞机失控坠毁在日本群马县高天元山。日本航空使用的客机为波音定制版 747SR 型客机，由于采用短程高承载设计，又使用了高比例的经济舱座位，伤亡远超普通航班，空难造成 520 人遇难。这亦是世界上单一课题空难死亡人数最多的一次。

时值夏末，数以百万计的日本人正要返乡欢庆盂兰盆节。18 时日本航空 123 自羽田国际机场起飞，起飞 12 min 后，在相模湾爬升至巡航高度 24 000 ft(7 300 m)时突然发生巨响，机舱内发生爆炸性减压，导致机尾化妆室天花板崩塌及液压系统故障，事后调查显示此时垂直尾翼更有一大半损毁脱离，客舱内的氧气面罩直接落下，并开始播放预先录制的广播。巨响发生后，机长立刻解除自动驾驶并要求驾驶舱成员对各系统进行检查，虽然引擎和电力系统正常运作，但飞航工程师回报液压系统压力开始下降，机长最终做出返回羽田机场的决定。此时机内的液压系统已全部失效。飞航工程师收到了空服员"客舱置物空间损毁"的报告。

日本航空 123 为利用重力抛甩放下起落架，从富士山东麓北上并在山梨县大月市上空进行了向右急回旋，高度从 22 000 ft(6 700 m)一口气下降 15 000 ft(4 600 m)至 6 000 ft(1 800 m)并成功往羽田方向飞行，但在埼玉县上空因风势而被迫左回旋往群马县山区方向飞行；同时在东京都奥多摩町，有民众拍下了失去垂直尾翼的 JAL123 照片，这张照片也成为了日本航空 123 失事前的最后身影。

18 时 56 分飞机内的近地警告系统启动。机体右主翼与后半部接触到树木，机首角度大幅朝下并开始向右倾斜。机体后半部接触地面并开始解体(剩余的垂直尾翼与右主翼于此时脱落)滑落至山谷，前半部也以机首朝下的状态大幅度向右翻转。日本航空 123 虽经正副机长及飞航工程师的努力，仍以速度 346 kn(641 km/h)，高度 8 400 ft(2 600 m)的状态于群马县高天原山山脊翻转坠毁，并引发巨大火势。

日本官方的航空与铁道事故调查委员会，经过调查后，在 1987 年 6 月 19 日公布的调查报告中做出结论：

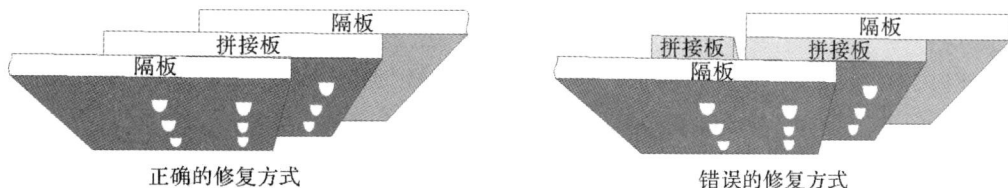

正确的修复方式   错误的修复方式

正确修复和错误修复示意图

1978 年 6 月 2 日，该飞机执飞 JAL115 航班在伊丹机场降落时曾损伤到机尾。机尾受损后，波音公司没有妥善修补损伤区块。在替换损伤的压力壁面板时，应当使用一整块接合板连接两块需要连接的面板，并在上面使用三排铆钉固定，但维修人员使用了两块不连续的接合板，一块上面有一排铆钉，另一块上面有两排。这使得接合点附近金属蒙皮所承受的应力明显增加，对金属疲劳的抵抗力下降了至少 70%。飞机爬升至 7 000 m 左右高空时，压力壁面板累积的金属疲劳达到了极限，无法再承受气压差而破裂。机舱内因此发生爆炸减压，高压空气冲进机尾，直接将垂直尾翼吹落，连带扯断了主要的液压管线，导致机师无法正常操控飞机。

波音公司因为维修不当造成此次空难，声誉受到影响。不过因为调查结果显示波音 747 并无重大的设计瑕疵，故该机型依然销售良好；为避免波音 747 因管线受损导致所有液压控制皆失效，此后在每架波音747 客机上的升降舵和下方向舵加装了液压阀。本次空难令航空界开始研究液压控制失效下的应变措施。

空难事故的原因很简单，只是少用了一排铆钉。日本警方想要控告波音公司负起此次事故的刑事责

日航123号航班残骸现场

任，不过检察官决定不予起诉，波音的声誉遭受重创。庆幸的是，波音 747 客机本身的设计并没有缺陷。波音 747 继而成为史上最成功的机型之一。不过受此影响的日本航空公司境遇则没有那么乐观，其中公司的一位资深的维修经理自杀，为此事背书。日本航空董事长也因此引咎辞职，公司的订票率也遭到大幅滑坡，经历了很多努力才从低谷中走。

一排铆钉引发的空难令人深思。航空运输是一项高科技的行业，为了确保航班的安全，我们需要严格按照高标准的要求进行机务维护与保养。机务人员要作风严谨，在机务维护过程中，应以严谨的态度对待每一项操作，做到精益求精、一丝不苟。在操作前应仔细查看技术维护手册，确保按照规定流程进行操作。维修人员的工作疏忽很可能会酿成灾难性的后果。

习　　题

1. 分析电动势和电压的区别。
2. 分析电路中能量转换的过程。
3. 举例说明什么是直流电？
4. 举例说明什么是交流电？
5. 谈谈对器件伏安特性的认识。
6. 哪些因素会影响电阻值？
7. 什么是电阻？
8. 欧姆定律的内容是什么？
9. 什么是温度系数？
10. 什么是热导体？举例说明。
11. 什么是冷导体？举例说明。
12. 什么是最大功率输出定理？
13. 什么是电容？

14.哪些因素会影响电容值？

15.电容充放电的规律是什么？

16.电容的时间常数是如何定义的？

17.电容两端电压和流过电容的电流有什么关系？

18.电容的储能和什么有关？

19.电容的电压和什么有关？

20.什么是三相对称正弦交流电？

21.三角形连接和星形连接的电源区别是什么？

22.三角形连接和星形连接的负载区别是什么？

23.如何计算三相对称电路的功率？

第2章　电磁学基础

2.1　磁学基本理论

2.1.1　磁的概念

在自然界中,如果某种物质具有吸引铁、钢、镍或钴等材料的特性,那么,就认为这种物质具有磁性。因为铁、钢、镍、钴是磁性材料。上述现象说明:具有磁性的物质与铁、钢、镍、钴磁性材料之间存在着力的作用,这一作用力称为磁力。磁力是一种看不见的力,可以用它产生的效应来描述它。

磁铁可以分成三种类型:

(1)天然磁铁是自然界中形成的一种矿石,称为磁铁石。

(2)永久磁铁是已经被永久磁化的硬钢条或磁性合金条(铁、镍、铝及钴的合金)。

(3)电磁铁由软铁芯和绕在铁芯上的绝缘线圈组成。当电流流过线圈时,铁芯被磁化;当电流停止流动时,铁芯上的大部分磁性将消失。

2.1.2　磁性的本质

最通俗的磁学理论认为物质是以分子排列的。这就是韦伯(Weber)理论。这一理论认为,所有的磁性物质由磁铁分子组成。这种最小的磁铁分子也可以看成是小磁铁,称为分子磁体。

在未被磁化的物质中,由于磁铁分子的不规则排列,使得分子磁体产生的磁作用力相互抵消。因此,此时的磁性物质不显磁性。在已经被磁化的物质中,大多数磁铁分子有规律地排列成行,每一个分子磁体的北极都指向一个方向,南极都指向另一个方向。可见,被磁化的磁性材料一端呈磁北极;另一端呈磁南极。韦伯理论如图2.1所示,图2.1中一个钢条采用摩擦的方法被磁化。当钢条被磁铁沿同一方向摩擦几次之后,磁铁北极

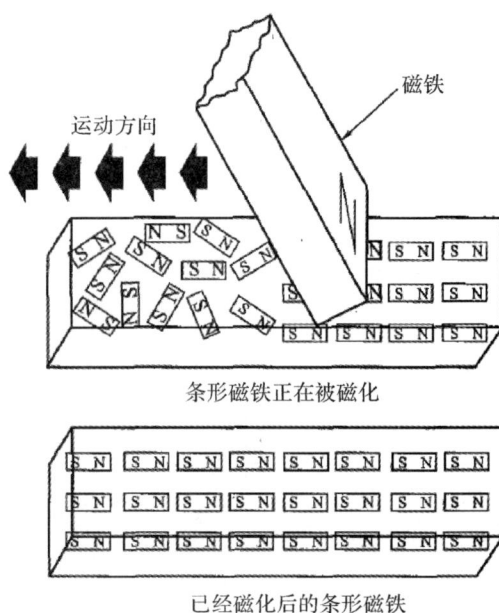

条形磁铁正在被磁化

已经磁化后的条形磁铁

图2.1　分子磁体从无序到有序排列

的磁力使钢条内部的磁铁分子有规则地排列，从而使钢条变成磁铁。钢条上形成的磁极取决于磁化力的方向。

下面的例子可以证明韦伯理论。当一个磁针被持续地加热或震动之后，它就不能自动地对准地球磁场的南—北极，这是因为磁铁分子的有序排列被破坏，此时磁铁已经失去了磁性。另外，在具有磁铁的测量仪器被震动之后，将出现测量数值不准确的现象。这也是磁铁磁性减弱或失去磁性造成的。因此，在使用这类仪器时，应该按照操作规程工作，严禁震动这类仪器。

现代磁学理论的基础是电子旋转原理。众所周知，所有的物质都由原子组成，每个原子中都包含有一个或多个电子轨道。电子围绕着原子核运动，同时也自转。根据电子与原子核之间的距离，电子轨道分成许多层。原子的结构就像太阳系一样，电子绕原子核的运动就相当于行星绕太阳的运动，即公转。电子的自身旋转相当于行星的自转。

电子的"公转"和"自转"构成了分子回路电流，这些电流将产生磁场，即原了磁体。原了磁场的强度由每个方向上旋转电子的数量决定。如果在一个原子中，正向旋转的电子与反向旋转的电子数量相同，那么，不同旋转方向的电子产生的磁场就相互抵消。此时，原子不带磁性。然而，如果在一个方向上旋转电子的数量多于另一方向，那么，原子就具有磁性。

一块铁条就是由上述大量原子组成的。在铁条内部，每个原子产生的磁场相互作用，原子周围产生的小磁力影响相邻的原子，于是产生了一组并联原子磁场。这些磁极朝向同一个方向，这一组具有相同磁极的磁原子称为磁畴。

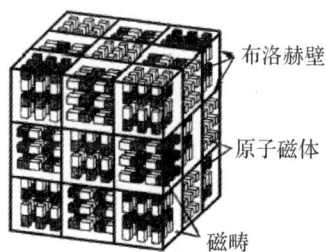

图 2.2　磁畴的形式

这种因电子的自转产生的原子磁体排列成磁畴的形式如图 2.2 所示。各个磁畴都含有一定数量、按一定方向排列的原子磁体。磁畴之间通过布洛赫壁相互分隔（布洛赫，美国物理学家 1905 年），形成晶体结构，由于各个磁畴都按自己的方向排列，所以整个材料的磁性作用全部抵消，对外不显示磁性。

如果通过磁场的作用对物质进行磁化，这时物质内部的布洛赫壁便会移动，使各磁畴内的原子磁体都按一定的方向排列分布。磁化的作用越强，布洛赫壁的位移就越大，按一定方向排列的原子磁体也越多。如果所有的布洛赫壁都移动到晶状体边缘，那么整个晶状体就相当于由 γ 块磁畴组成了，这时如果再继续增强磁化作用，那么所有的电子都朝着同一方向旋转，即所有的原子磁体都按磁化的方向排列，这就说明铁磁性材料（例如铁）已达到磁饱和状态。

如果将作用于铁磁性材料的磁场减小，例如把磁铁移开铁磁性材料一定的距离，这时材料内的布洛赫壁又重新移回原来的位置，大部分的原子磁体又恢复到原来的方向。

2.1.3　磁化与去磁

1. 磁化

铁、钢或铝镍钴合金条可以被磁化，其方法之一是：将其插入绝缘线圈中，并给线圈通入直流电，如图 2.3(a)所示；方法之二是：用条形磁铁抚摩它，如图 2.3(b)所示。经过上述方法处理后，钢、铁或铝镍钴合金条同样也具有了磁性。这种用"摩擦"产生磁性的方法称为感应。

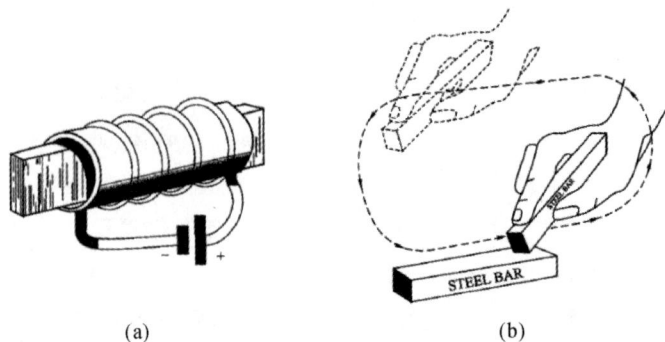

(a)   (b)

图 2.3　磁化

(a)通电;(b)磁铁"摩擦"

2.去磁

人们可以通过对磁铁震动、加热或加交流电的方法将磁铁上的磁性去掉,这一过程称为去磁。因为上述方法可以破坏磁铁内部有序排列的磁畴,从而使磁铁失去磁性。

通常磁铁的温度达到相应的居里(法国物理学家)温度时,磁铁便失去了磁性。常用磁性材料的居里温度如表2.1所示。

表 2.1　常用铁磁材料的居里温度

居里温度/℃	
铁	769
镍	356
钴	1 075
软磁性铁磁材料	50～600

2.2　磁学物理量

2.2.1　磁路的概念

在电器中,通常为了得到较强的磁场,都利用电磁导率很高的铁磁材料,把电流所产生的磁通集中在限定的空间内,这种集中的磁通所经过的路径,称为磁路。图2.4所示是直流电机、变压器中的磁路。线圈绕在由铁磁材料制成的铁芯上,线圈通以电流,便产生磁通,故此线圈称为励磁绕组,绕组中的电流称为励磁电流。励磁电流若为直流,则磁路为直流磁路;励磁电流若为交流,则磁路为交流磁路。磁路的几何形状决定于铁芯的形状和励磁线圈在铁芯上的安置位置。图2.4(a)为变压器的磁路是单回路方形磁路;图2.4(b)为直流电机的磁路是具有四个回路的扇形磁路,其中也包含有空气隙。

2.2.2　磁学物理量

1.磁动势

电流与线圈匝数的乘积称为磁动势。它可以用下面的数学公式表示为

$$F = NI$$

式中:F——磁动势,单位可用"A"或"At"表示;

I——电流强度;单位为 A;

N——线圈匝数。

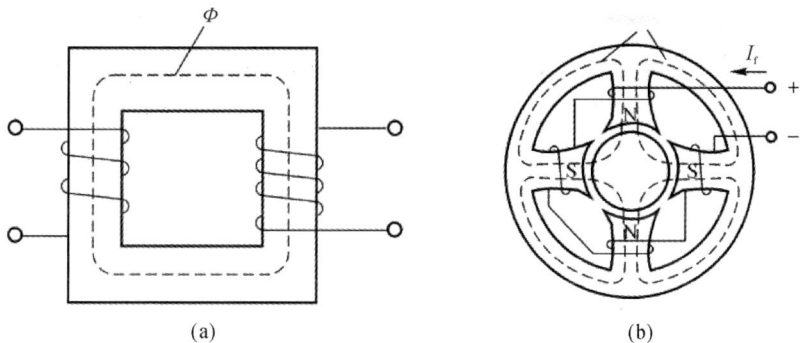

(a)   (b)

图 2.4 电气设备的磁路

(a)变压器;(b)直流电机

2. 磁场强度

单位长度上磁动势的大小称为磁场强度。它可以用下面的数学表达式表示:

$$H = \frac{F}{l}$$

式中:H——磁场强度;单位为 $A \cdot m^{-1}$;

l——中心平均磁力线长度,单位为 m。

从以上公式可以看出,在磁动势相等的情况下,线圈中的磁力线长度越短,则线圈中的磁场强度越强。如图 2.5 所示,大的环形线圈的中心平均磁力线长度大于小的环形线圈中心平均磁力线长度。

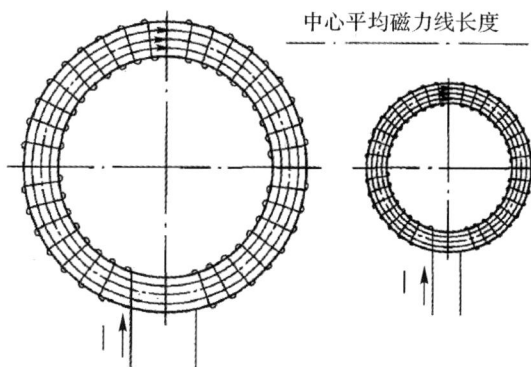

中心平均磁力线长度

图 2.5 大、小环形圈磁场强度

由此可知,当两线圈产生的磁场强度相等时,大的环形线圈与小的环形线圈相比,需要更大能量(即更大的磁动势);反之,当线圈的磁动势相等时,则大的环形线圈中的磁场强度肯定小于小的环形线圈中的磁场强度。

3. 磁通密度

与磁场方向垂直的单位面积($1\ m^2$)上的磁通量称为磁通密度。用英文大写字母 B 表示，它也被称为磁感应强度。磁通量指一个线圈或磁铁中磁力线的总根数。它们之间的关系可以用下面的数学表达式表示为

$$B = \frac{\Phi}{S}$$

式中：B——磁通密度，单位为 T；

$\quad\quad\Phi$——磁通量，单位为 Wb；

$\quad\quad S$——面积(线圈截面积)；单位为 m^2。

4. 磁导率

磁导率是表征磁介质磁性的物理量，磁性材料具有高磁导性能，磁导率 μ 很大，例如铸钢 $\mu = (5.4 \sim 27.5) \times 10^{-4}\ H \cdot m^{-1}$。而真空的磁导率 $\mu_0 = 4\pi \times 10^{-7} H \cdot m^{-1}$。为了便于比较磁性材料与真空的磁导能力，我们把磁性材料的磁导率与真空的磁导率的比值称为相对磁导率，用 μ_r 表示，即 $\mu = \mu_0 \mu_r$。

磁导率 μ 等于磁介质中磁感应强度 B 与磁场强度 H 之比，用数学公式表示为

$$\mu = \frac{B}{H}$$

磁导系数 μ_r 表明了在磁动势(磁场强度)相等时，带铁芯线圈的磁通密度比无铁芯线圈的磁通密度所大的倍数。空气的磁导系数为 1，而铁磁材料的磁导系数则往往是几千倍甚至更大，如表 2.2 所示。

表 2.2　铁磁材料的磁导率

磁导系数 μ_r	
铁钴合金	2 000～6 000
纯铁	6 000
铁硅合金	10 000～20 000
铁镍合金	15 000～300 000
软磁性铁氧体	10～40 000

各种材料的磁导率并不是恒定不变的，它们往往随着磁场强度的变化而变化，如图 2.6 所示。磁化曲线的起始点称为起始磁导率，不同材料起始磁导率的数值是不同的。从公式中可以看出：

$$F = Hl$$

$$F = \frac{B}{\mu}l$$

$$F = \frac{\Phi}{\mu S}l$$

则，

$$\Phi = \frac{F}{\frac{l}{\mu S}}$$

其中，$R_m = \dfrac{l}{\mu S}$ ，称为磁阻，磁阻是磁路中阻碍磁通流动的能力。因此，磁阻实际上反映了构成磁路导磁材料的导磁能力。这一能力由材料的磁导率来衡量。由此可见，在磁路中，构成磁路的导磁材料，其磁导率越大，磁阻越小；磁导率越小，磁阻越大。

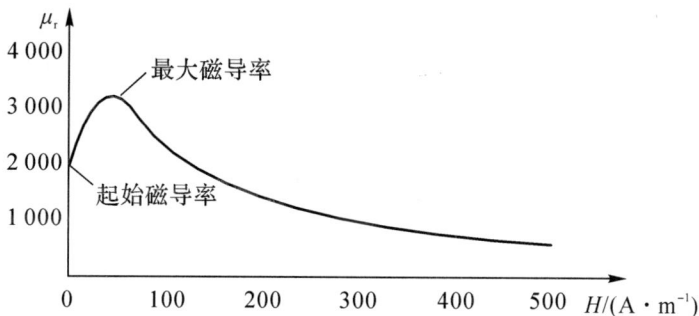

图 2.6　磁导率随磁场强度的变化曲线

公式 $\varPhi = \dfrac{F}{R_m}$ 称为磁路的欧姆定律，即罗兰定律。我们知道电路中的电流是由欧姆定律决定的，磁路与电路相类似，磁路中的磁通量（磁通）由罗兰定律决定。罗兰定律阐明：磁路中的磁通（$\varPhi$）与磁动势（F）成正比，与磁阻（R_m）成反比。

2.2.3　磁化曲线与磁滞回线

在磁场强度相等的情况下，铁芯的磁化状况因各种材料的不同而有所区别。材料的磁化状况可用磁化曲线来表示。磁化曲线表明了线圈中铁芯的磁通密度与磁场强度的相互关系，不同材料的磁化曲线如图 2.7 所示。

在通电线圈产生磁场的作用下，铁芯中磁畴间的布洛赫壁发生位移，随着磁动势以及线圈中磁场强度的增加，越来越多的布洛赫壁发生位移，直至达到一定的磁场强度时，铁芯中的磁畴壁全部发生位移，这时的铁芯就相当于只有一个单一方向的磁畴。这时所有的原子磁体全部都按线圈磁场方向进行磁

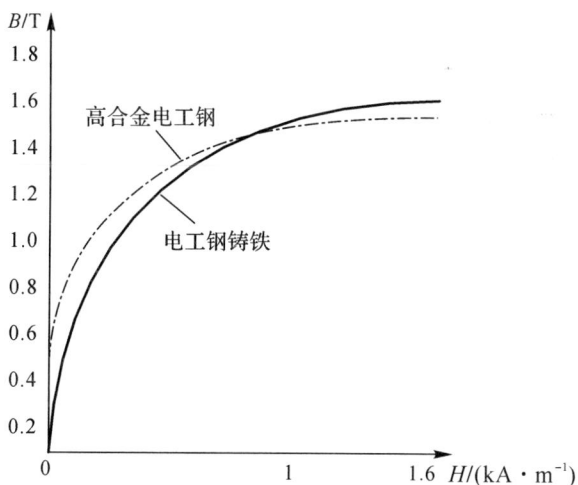

图 2.7　不同材料的磁化曲线

化和排列，从而使铁芯也具有了磁性，这样磁通密度就增强了。由图 2.7 可知，这时随磁场强度变化磁通密度变化很快，这种状态称为不饱和状态，磁通密度和磁场强度之间可近似看作线性变化。

若磁场强度继续增加，但所有的原子磁体基本上都已按同一方向排列了，即铁芯的磁化作

用不会再随磁动势的增加而有明显的增长了,铁芯就达到了饱和状态,我们称为磁饱和状态,即在电磁铁中电流变化很大,但磁场强弱变化很小。

如果我们给一个线圈通电,线圈中的铁芯是未经过磁化的,磁通密度按起始磁化曲线变化,如图 2.8 所示。在起始磁化曲线上任一点 a 将线圈中的电流减小,磁通密度并不按起始磁化曲线减小,因为磁畴壁移回到原来位置的速度较慢,而且并不是所有的原子磁体都能返回到起始磁化时的方向,所以磁通密度会按另外的路径变化。当线圈中的电流(磁场强度)为零时,只有部分磁畴壁移回到原来的位置,这样铁芯中仍有部分剩余的磁性存在,称为剩磁 B_r,即在磁化力(电流)去除之后,保存在铁芯中的磁。

这时如果在线圈中接上反向电流,那么剩磁在电流较小时就能消失,即所有的原子磁体都已返回到起始磁化前的位置和方向,整个铁芯对外不显示磁性。人们将这种磁通密度为零时线圈所产生的磁场强度,称为矫顽磁场强度 H_c。

如果反向电流再继续增大,则磁通密度就以相反的方向增长,到达 b 点(与 a 点对称)后,若再将反向电流减小,磁通密度以另外的路径逐渐减小,当电流为零时,铁芯中存在剩磁 B_r,但与加正向电流时的剩磁方向相反,图 2.8 中的负号表示方向。

如果电流方向又重新颠倒,则随着电流的增大,克服了矫顽磁场强度使磁场消失后,磁通密度又按新的方向开始增长。这样所形成的闭合磁化曲线,称为磁滞回线,如图 2.8 所示。

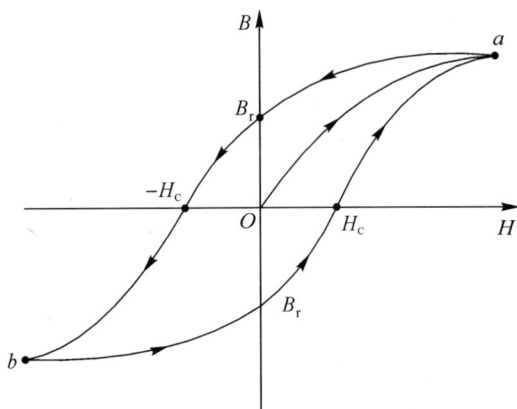

图 2.8　磁滞回线

在电磁继电器中,剩磁的作用可使继电器的衔铁与铁芯接触时保持吸合状态。在吸附式继电器中,可采用硬磁性材料嵌入衔铁中,以增强这种吸合作用。在一般的通用继电器中,人们又常常在衔铁与铁芯的接触部位处固定一块非磁性材料,以阻止铁芯与衔铁之间直接接触,这样,当继电器断电后,衔铁能可靠地与铁芯分离。

在直流发电机中,利用剩磁可以使发电机的输出电压逐渐升高,从而达到额定输出值。这一点将在后续章节中详细阐述。

如果将带铁芯的线圈接上交流电压,那么,在交流电压作用的每个周期内,铁芯的磁滞回线都要经历一次如图 2.8 所示的过程。由于铁芯内部原子磁体不断地改变其方向,它们之间的摩擦运动会产生热量,使铁芯发热,这种能量消耗称为磁滞损耗,是铁损的一种。

2.2.4　磁性材料的分类

软磁材料是磁导率高,矫顽力小、剩余磁感应强度小的磁性材料,其磁滞回线如图 2.9(a)所示。所谓的软,指这些材料容易磁化,在磁性上表现"软",其磁性随外加磁场的改变而变化。因为软磁材料容易磁化和退磁,而且具有很高的磁导率,所以软磁材料的功能主要是导磁、电磁能量的转换与传输,例如变压器、电机、传感器的铁芯,磁屏蔽罩,磁路中的轭铁,等等。常用的软磁材料有硅钢片、电工钢片、坡莫合金、软磁铁氧体等。

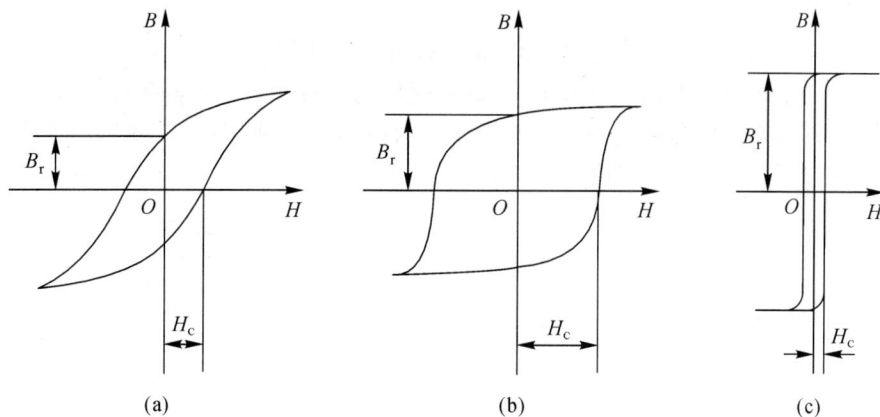

图 2.9　磁性材料的磁滞回线
(a)软磁材料;(b)硬磁材料;(c)矩磁材料

硬磁材料的磁滞回线很宽,如图 2.9(b)所示,剩余磁感应强度高,矫顽力大的磁性材料。硬磁材料一经外磁场磁化以后,即使在相当大的反向磁场作用下,仍能保持一部或大部原磁化方向的磁性,因而称为硬磁材料。由于硬磁材料难以磁化,磁化后难于退磁,因而永磁材料常被做成永久磁铁,用途很多,例如航空三相发电机、磁锁型接触器、扬声器、话筒等。根据使用的需要,永磁材料可有不同的结构和形态。常用的硬磁材料有铝镍钴永磁合金、稀土永磁材料等。

矩磁材料的磁滞回线呈矩形,如图 2.9(c)所示,它的剩余磁感应强度大,但矫顽力很小。矩磁材料容易被磁化,去掉外磁场后,磁性仍然保持与饱和时一样,也很容易去磁,因而主要用作信息记录、无接点开关、逻辑操作和信息放大,例如数据记录仪、隔离器、滤波器等。常用的材料已形成系列,有 Ni 系、Mg 系、Li 系等铁氧体材料,并可按器件的需要制成单晶、多晶、非晶或薄膜等不同的结构和形态。

2.3　电磁学基本定律

2.3.1　通电导体产生的磁场

1.单根通电导体产生的磁场

1819 年,丹麦物理学家奥斯特(Hans Christian Oersted)断定磁与电之间确实存在着联系。他发现电流的流动将伴随着某种磁效应的出现,而这种现象很明显地遵循着一定的规律:磁力线以圆形环绕在导体周围。围绕在导体周围的磁力线方向与流过导体的电流方向之间的关系可以用右手螺旋法则确定,即用右手握住导体,拇指指向电流的方向,其余四指的绕行方向表示磁力线的旋转方向,如图 2.10 所示。

2.两条通电导体之间的相互作用

由单根通电导体产生的磁场,可判断出:

(1)当两导体平行,且两导体的电流方向相同时,平行导体会相互吸引。

(2)当两导体平行,且两导体的电流方向相反时,平行导体会相互排斥。

3.通电线圈产生的磁场

线圈通电后产生出一个与条形磁铁相似的磁场:在线圈的外面,磁力线方向从 N 极到 S 极,在线圈的内部,磁力线方向从 S 极到 N 极,同时,线圈内部的磁场是均匀的。

用右手螺旋法则判断通电线圈产生的磁场:用右手抓住线圈,四根手指围绕的方向是电流方向,拇指的指向是 N 极方向,如图 2.11 所示。

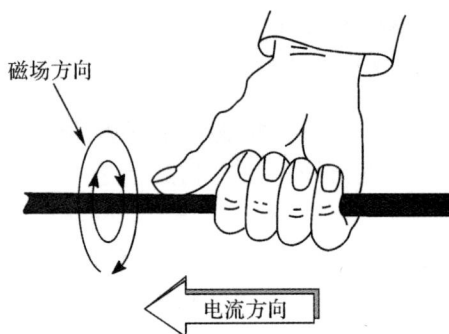

图 2.10 单根导体右手螺旋法则

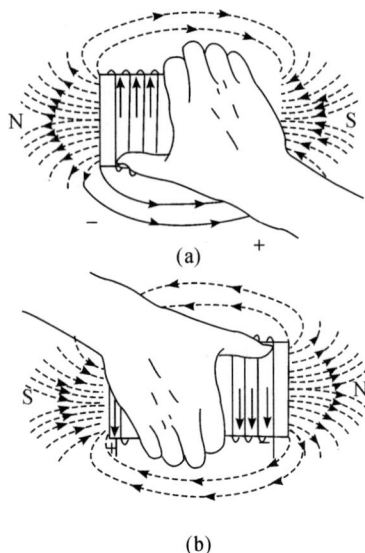

图 2.11 通电线圈右手螺旋法则

2.3.2 电磁感应

1.电磁感应现象

感应是通电导体中反抗电流变化的一种特性。电磁感应现象是指放在变化磁通量中的导体,会产生电动势。此电动势称为感应电动势或感生电动势,若将此导体闭合成一回路,则该电动势会驱使电子流动,形成感应电流(感生电流)。

英国物理学家法拉第于 1805 年就开始了电学方面的实验。自从 1819 年丹麦物理学家奥斯特发现了电流的磁效应之后,许多人都在寻求它的逆效应。这就是:电流既然能够产生磁场,那么,能不能反过来利用磁场的作用来产生电流呢?许多科学家做了各种试验,终于在1831 年,法拉第完成了他关于磁性耦合线圈方面的实验,他发现了电磁感应现象,并总结出了法拉第电磁感应定律:闭合电路中感应电动势的大小,跟穿过这一电路的磁通量的变化率成正比,数学表达式为

$$e = \frac{\mathrm{d}\Phi}{\mathrm{d}t}$$

如果线圈的匝数为 N,则

$$e = N\frac{\mathrm{d}\Phi}{\mathrm{d}t}$$

法拉第找到了电动势和磁通变化率之间的关系,即电动势的大小,楞次则发现了电动势的方向(或极性),楞次定律:感应电流具有这样的方向,即感应电流的磁场总要阻碍引起感应电

流的磁通量的变化,得

$$e = -N \frac{\mathrm{d}\Phi}{\mathrm{d}t}$$

电磁感应现象的发现,是电磁学领域中最伟大的成就之一。它不仅揭示了电与磁之间的内在联系,而且为电与磁之间的相互转化奠定了实验基础,为人类获取巨大而廉价的电能开辟了道路,在实用上有重大意义。电磁感应现象的发现,标志着一场重大的工业和技术革命的到来。事实证明,电磁感应在电工、电子技术、电气化、自动化等方面的广泛应用对推动社会生产力和科学技术的发展发挥了重要的作用。

2. 互感

两个通有电流的线圈(或称为载流线圈)之间通过彼此的磁场相互联系的物理现象称为磁耦合。图 2.12 为两个耦合的电感 L_1 和 L_2 线圈中的电流 i_1 和 i_2 称为施感电流,将施感电流 i_1 对线圈 2 的作用称为互感,反之亦然。线圈的匝数分别为 N_1 和 N_2。根据两个线圈的绕向、施感电流的参考方向和两个线圈的相对位置,按右手螺旋法则可以确定出电流产生的磁通方向和彼此交链的情况。假设线圈 1 中的电流 i_1 产生的磁通为 Φ_{11},下标"11"中的第一个 1 表示该磁通所在线圈的编号,第二个 1 表示产生该磁通的施感电流所在线圈的编号。Φ_{11} 的方向,如图 2.12 中所示。

用 Ψ_{11} 表示电流 i_1 在线圈 1 中的磁通链,称为自感磁通链;Ψ_{12} 表示电流 i_1 与线圈 2 交链的磁通链,称为互感磁通链;用 Ψ_{22} 表示电流 i_2 在线圈 2 中产生的自感磁通链;Ψ_{21} 表示电流 i_2 与线圈 1 交链的互感磁通链。每个线圈中的磁通链等于自感磁通链和互感磁通链两部分的代数和。因此,线圈 1 和线圈 2 中的总磁通链分别为

$$\Psi_1 = \Psi_{11} \pm \Psi_{12}$$
$$\Psi_2 = \Psi_{21} \pm \Psi_{22}$$

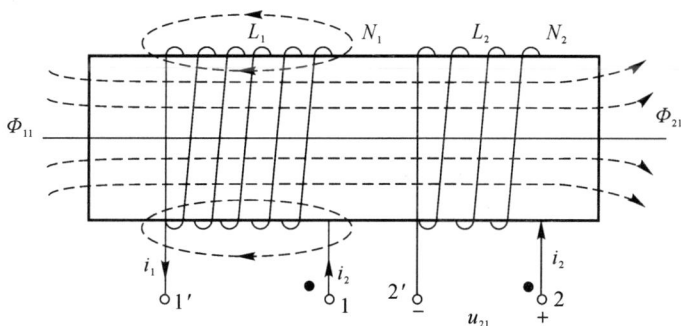

图 2.12　两个线圈的互感

当周围空间是同性磁介质时,每一种磁通链都与产生它的施感电流成正比。因此,自感磁通链可写成:

$$\Psi_{11} = L_1 i_1$$
$$\Psi_{22} = L_2 i_2$$

互感磁通链:

$$\Psi_{12} = M_{12} i_2$$
$$\Psi_{21} = M_{21} i_1$$

式中：M_{12}、M_{21}——互感系数，单位为 H，$M>0$。

可以证明，$M_{12}=M_{21}$。所以，当只有两个耦合电感时，可以用表示两者之间的互感。耦合电感之间的互感系数 M 的大小与线圈匝数、线圈的尺寸、介质的磁导率、两线圈之间的相对位置有关。

两个耦合线圈中的磁通链可以表示为

$$\Psi_1 = L_1 i_1 \pm M i_2$$
$$\Psi_2 = L_2 i_2 \pm M i_1$$

上式表明，耦合线圈中的磁通链与施感电流呈线性关系。互感磁通链 M 前的"±"号说明磁耦合中的两种情况："＋"号表示互感磁通与自感磁通方向相同，使总磁通增大；"－"号表示互感磁通与自感磁通方向相反，使总磁通减弱。

2.3.3　通电导体在磁场中的运动

【实验 2‑1】　将一根铝质导体固定在两条可摆动的金属带上，悬挂在马蹄形磁铁的两个磁极之间，如图 2.13 所示。将这根导体通过悬挂的金属带与一个可调的电压源相连接，并缓慢地加大导体中的电流。

结果：当导体中有电流通过时，处于磁场中的导体会向外运动。即通电导体在磁场中会产生一个与电流方向和磁场方向相互垂直的作用力。这一作用力就是洛仑兹力。

电子的定向移动形成了电流。如果这一电流通过磁场，那么，形成电流的电子在磁场中就会受到洛仑兹力的作用。它使电子沿作用力的方向发生偏移。在磁场中，若磁通密度越大、电子越多、电子流的移动速度越大，则由此产生的洛仑兹力也就越大。

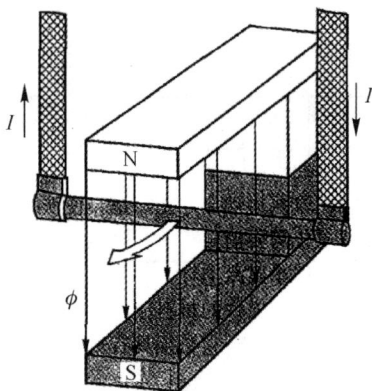

图 2.13　通电导体在磁场中的受力　　　　图 2.14　左手定则

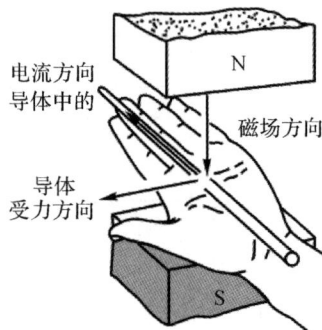

洛仑兹力的作用可根据左手定则来确定。左手定则（见图 2.14）指出：伸出左手，拇指与其余四指成 90°角。磁力线穿过手心，四指指向导体中的电流方向，那么，拇指则指向通电导体的运动方向。只要运动的电子处于磁场中，就有洛仑兹力的作用，即电子穿过有效作用磁场产生的位移与磁场的有效作用宽度相等，其作用力的时间也等于电子穿过有效作用磁场的时间，如图 2.14 所示。

洛仑兹力随电流强度、磁场的磁通密度及有效作用宽度的增大而增大。

2.3.4 法拉第电磁感应定律

1.导体在磁场中运动产生的感应电压

【实验 2 - 2】 将两条可以摆动的金属带与一根导体固定之后,悬挂在一个磁性很强的马蹄形磁铁的两个磁极之间。再将这两条金属带与一个零位刻度在中间的毫伏表相连接,然后,来回摆动处于磁场中的导体,如图 2.15 所示。

结果:只要导体在磁场中运动,则电压表上就会显示出电压。电压的方向取决于导体的运动方向。

在磁场中运动的导体会感应出一个电压,这一电压称为感应电压或动生电动势。人们把这一过程也称为动感应。可见,如果使导体在磁场中作切割磁力线运动,则在导体中会感应出电压。

处于导体中的自由电子随导体而运动,当它们垂直于磁场运动时,则磁场中的洛仑兹力便对运动的电子产生作用。因此,处于导体中的自由电子便会向导体的一端偏移,如图 2.16 所示。这样,在导体的一端便会出现电子的聚集,而在导体的另一端则会有正电荷的聚集,于是在导体的两端就产生了感应电压。

如果将导体形成一个闭合回路,则在导体中的感应电压便会产生电流,该电流的方向可以用如图 2.17

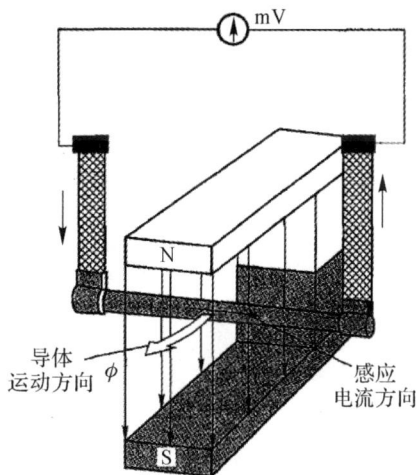

图 2.15 在磁场中运动的导体

所示的右手定则来确定,右手定则是这样规定的:伸出右手,拇指与其余四指成 90° 角。磁力线穿过手心,拇指指向导体的运动方向,那么,四指指向导体中产生感生电流的方向。

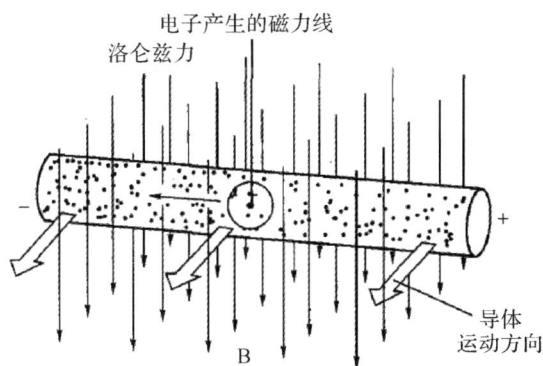

图 2.16 洛伦兹力使电子产生位移

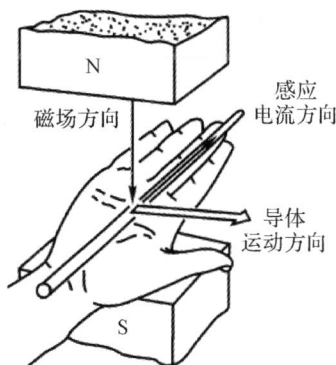

图 2.17 右手定则

2.3.5 涡流

【实验 2 - 3】 将一块可以来回摆动的铝片悬挂在一个磁性很强的电磁铁的两个磁极之间,先将铝片来回摆动,然后将电磁铁的线圈接通直流电压,如图 2.18 所示。

结果:当电磁铁线圈没有接直流电压时,铝片可以自由地摆动;当电磁铁线圈接通直流电压时,铝片的摆动受到很强的制动作用。铝片在电磁铁产生的磁场中运动时,在铝片的内部感应出电压,而铝片本身就像一个闭合的导线匝。由于铝片的电阻很小,所以会产生很大的电流,这个电流在铝片内部没有固定的电流通路,在铝片内形成不规则的电流流动,称之为涡流。这一涡流在磁场的作用下对运动的铝片产生了制动作用。因此,由导电材料制成的平板在磁场在电子仪表中常常采用涡流制动。例如一块铜质的圆片在磁场中转动,在圆片上将产生涡流,通过磁场对涡流的作用来实现对圆片的制动。在电度表中就是通过一块铝质的圆盘在磁铁的两个磁极之间转动来产生制动作用的。测量仪表的指针偏转运动,也是通过涡流所产生的磁场来产生阻尼作用的,如将一个闭合的铝质框架在磁铁的两个磁极之间运动就会产生这样的作用效果。

如果通过铁芯的磁通是随时间作周期变化的交变磁通,而铁芯本身也是导体,有电阻,则涡流必然要在铁芯中引起相应的损耗,通常称这种损耗为涡流损耗,如图 2.19 所示。

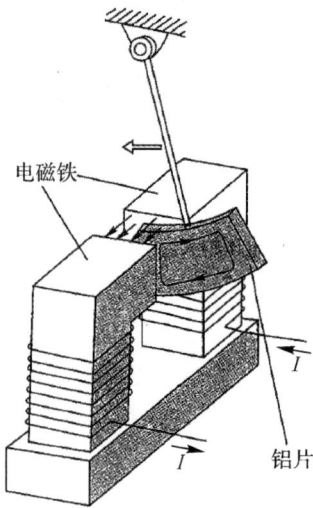

图 2.18　涡流制动实验　　　　图 2.19　涡流损耗

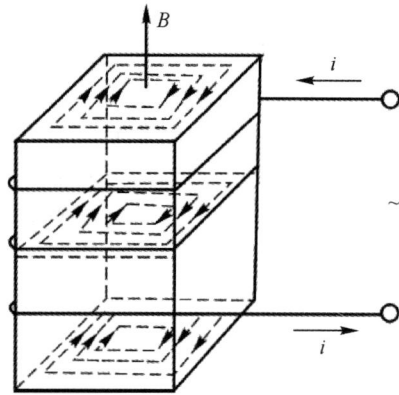

涡流损耗与磁通交变频率的平方、与磁感应强度的幅值的平方及钢片厚度的平方成正比,而与钢片的电阻率成反比。由此可见,为了减少涡流损耗,首先应当减小钢片的厚度,所以,电机磁极钢片的厚度做成 1 mm 或 1.5 mm;其次是增加涡流回路的电阻,因此电工钢片中加入适量的硅,制成硅钢片,用以提高电阻率。在制造电机和变压器时,硅钢片表面往往还涂以绝缘漆,以限制涡流通路,减少涡流损耗。

根据前面的分析可知,当电机铁芯中的磁场是交变磁场时,铁芯中就有所谓的磁滞损耗和涡流损耗。通常把这两种损耗合在一起,称为铁芯损耗,简称铁损。

2.4　电　磁　铁

2.4.1　概述

电磁铁是电磁式开关电器的重要组成部分——作动机构。它是把电能转化为磁能,磁能产生力的作用,从而转化为机械能的装置;它的工作是否正常、结构是否合理,将影响着电磁式电器的接触系统或非电参数控制系统的正常工作和整个电器的重量和体积的大小。飞机上的电器主要有继电器、液压或气压电磁阀、接触器等的感受机构采用电磁铁。

图 2.20 为电磁铁结构原理,主要由两部分组成,即铁芯和线圈。铁芯又分为两部分,即固定铁芯和动铁芯(只称为衔铁);线圈是电磁铁的心脏,一般安装于固定铁芯上。如图 2.20 所示,如果线圈未通电,则衔铁处于释放位置;当线圈通电时,则在铁芯中产生磁通,那么线圈的磁透在铁芯(动铁芯和铁芯)和气隙中形成通路,动

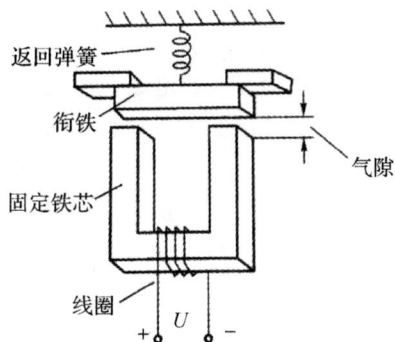

图 2.20 电磁铁结构原理图

铁芯和铁芯之间产生吸力,该吸力克服反力(弹簧等)使衔铁与固定铁芯闭合,如果线圈电流减小,使吸力小于反力,则衔铁在反力作用下回到释放位置。

按照电磁铁线圈通入电流的性质分类,电磁铁可以分为直流电磁铁和交流电磁铁。在飞机上为了提高可靠性,采用直流电磁铁作为电磁式开关电器的动作机构,所以本节重点介绍直流电磁铁,并简要介绍交流电磁铁的基本结构及动作原理。

按照结构分类,直流电磁铁可以分为拍合式、吸入式、旋转式和极化式等电磁铁。为了让大家对电磁机构所用材料、结构及原理有一定的理解,下面首先介绍磁性材料的基本知识,最后介绍直流电磁铁的结构、动作原理及吸力特性。

2.4.2 直流电磁铁

直流电磁铁按其结构分类,可以分为拍合式、吸入式、旋转式和极化磁路电磁铁等。

1. 直流电磁铁的结构及动作原理

(1)拍合式电磁铁。其特点是只有在工作支点一侧有气隙,衔铁绕支点旋转不大的角度来完成吸合和释放,拍合式常见的有 U 型磁路,如图 2.21 所示。通常由铁轭、铁芯、衔铁、线圈、工作气隙及返回弹簧组成。产生吸力主要是主磁通,漏磁通一般不产生吸力,图中主磁通 Φ_1,漏磁通 Φ_δ。拍合式电磁铁一般应用于吸力不大、移动距离小的中小型继电器中。

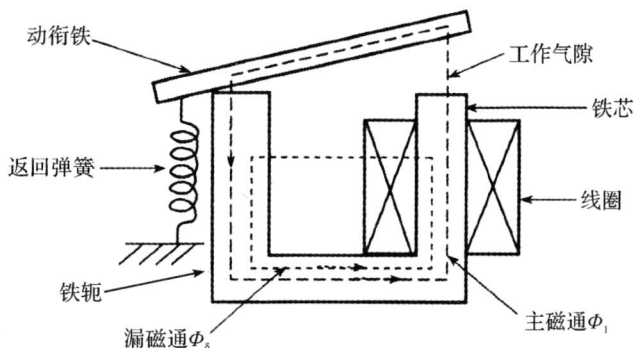

图 2.21 拍合式电磁铁

(2)吸入式电磁铁。其衔铁沿线圈轴线做直线运动,以闭合或释放衔铁。吸入式电磁铁可以分为有装甲和无装甲两种(见图2.22),航空电器产品中的吸入式电磁铁都采用有装甲式电磁铁。有装甲吸入式电磁铁克服无装甲吸入式电磁铁的缺点,装甲可以参与导磁,而且缩短了工作气隙,所以,其吸力随着气隙的变化较平稳;无装甲吸入式电磁铁的气隙较长,磁阻大,主磁通较小,其吸力主要取决于漏磁通的大小。吸入式电磁铁的漏磁通能参与产生吸力,而且工作气隙的铁芯相对面积大,所以产生吸力较拍合式的大。它一般应用于需要大吸力,行程大的场合,如航空接触器、大功率电磁继电器、液压电磁阀、电磁锁等就是采用吸入式电磁铁。

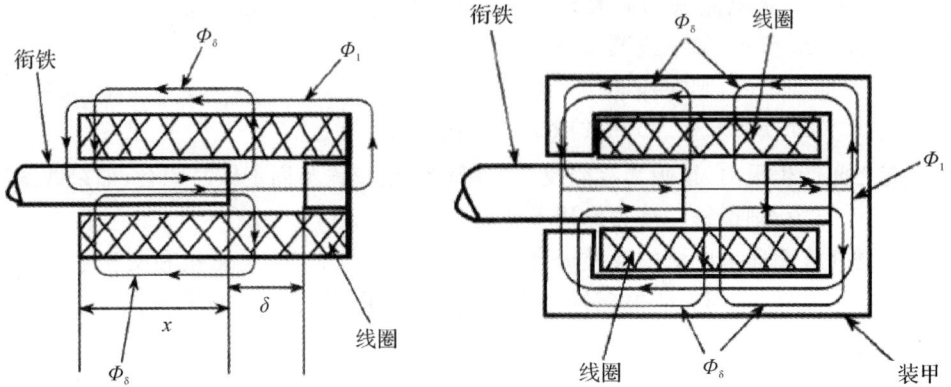

图 2.22　吸入式电磁铁

(3)旋转式电磁铁。图2.23为旋转式电磁铁的结构示意图。旋转式电磁铁是衔铁绕其中心线旋转,以闭合两个工作气隙的磁路。当线圈通电时,主磁通在两个工作气隙处均对衔铁产生吸力,这两个力的方向反而使衔铁绕其中心轴线旋转,完成电路或非电参数的转换功能。由于这种电磁铁的转动中心与重心相重合,耐振动、冲击性能好。它适用于耐恶劣环境条件的小型或超小型继电器的电磁铁。

(4)极化磁路电磁铁。极化磁路是指磁路中共有两种磁通,即永久磁通和工作磁通(由工作线圈产生)。极化磁路电磁铁与其他电磁铁不同,其电流极性改变的时候吸力的方向会发生变化。目前用得较多的磁路是桥式极化磁路。图2.24为桥式磁路的电磁铁。桥式磁路是极化继电器的磁路形式,其耐震动和冲动,外磁场影响较小,温度稳定性较高。

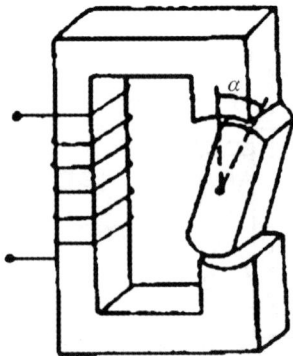

图 2.23　旋转式电磁铁　　　　图 2.24　极化磁路电磁铁

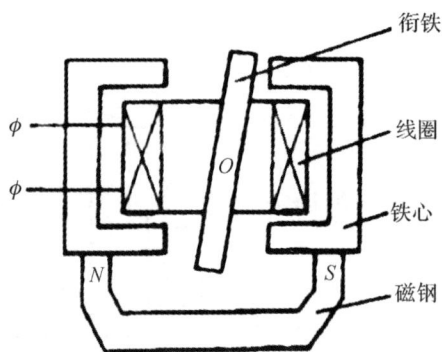

2.直流电磁铁的吸力特性

电磁铁的吸力 F_d 与线圈磁势 IW 及工作气隙 δ 有关,如果保持线圈电流 I 不变,则 $F_d = f$ (δ) 就称为静态吸力特性;如果是保持线圈的电压不变,则 $F_d = f(\delta)$ 称为动态吸力特性(因为此时线圈电流会发生变化)。一般研究静态吸力特性,因动态特性易受各种因素影响,而且变化性大。要保证电磁铁能顺利吸合,要求电磁铁的吸力处处大于负载反力。

(1)拍合式电磁铁的吸力特性。图 2.25 为拍合式电磁铁的吸力特性图。由于其工作气隙小,而且漏磁通不产生吸力,因此使其闭合位吸力大,释放位吸力小,而且漏磁通不产生吸力,因此其特性较陡。从特性曲线可以看出,当 δ 增大时,F_d 下降的多,所以使其闭合位吸力大,释放位吸力小。

(2)吸入式电磁铁的吸力特性。图 2.26 为吸入式电磁铁的吸力特性图。由于吸入式电磁铁的漏磁通参与了产生电磁吸力,而且 δ 变化时,漏磁通产生的吸力改变不多,所以其吸力特性较拍合式平坦,即 δ 增大时,F_d 减小较平缓,因此吸入式电磁铁应用于需要大吸力、行程大的场合。

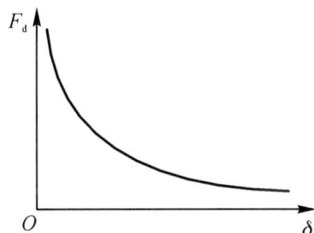

图 2.25　拍合式电磁铁的吸力特性图　　图 2.26　吸入式电磁铁的吸力特性图

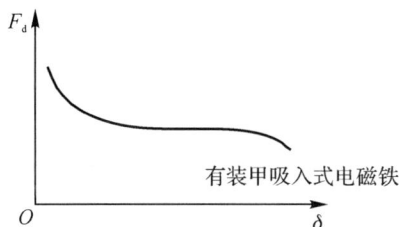

*2.4.3　交流电磁铁

若电磁系统中线圈通入的是交流电,则该电磁系统称为交流电磁系统,其具体机构称为交流电磁作动机构或交流电磁铁。由于交流电磁铁的体积和重量远大于直流电磁铁,而且寿命比直流电磁铁短,所以在航空领域很少采用交流电磁铁作为电气器件的动作机构,但考虑到现代大型飞机已把交流电作为主电源,而且在一般工业设备中交流电磁铁已应用非常广泛,为了适应不同岗位的需要,让大家对交流电磁铁的基本结构,参数之间关系及吸力产生的原理有一定的认识,有必要对交流电磁铁作一定的分析。

1.交流电磁铁的基本结构及特点

交流电磁铁的磁系统一般有三种类型,如图 2.27(a)(b)(c)所示,即拍合式,吸入式和双 E 型。交流电磁铁的线圈有骨架,与铁芯之间是隔开的,相互之间设有热传递作用,其铁芯采用硅钢片叠压而成,截面做成方形,所有这些特殊的结构,是为了确保铁芯和线圈散热良好,减少热量的产生,便于加工,因为交流电磁铁的磁路中通过的是交变磁通,铁芯中有涡流损耗和磁滞损耗。铁芯做成片状,是为了提高铁芯的内阻,以降低涡流的大小,电工纯铁中加入硅,是为了降低铁芯中磁分子的磁滞作用,即给磁分子随外磁场的变化加入"润滑剂",以减小磁分子改变方向时的"阻力",另外,加入硅也是为了提高铁芯的内阻,以进一步减小涡流。

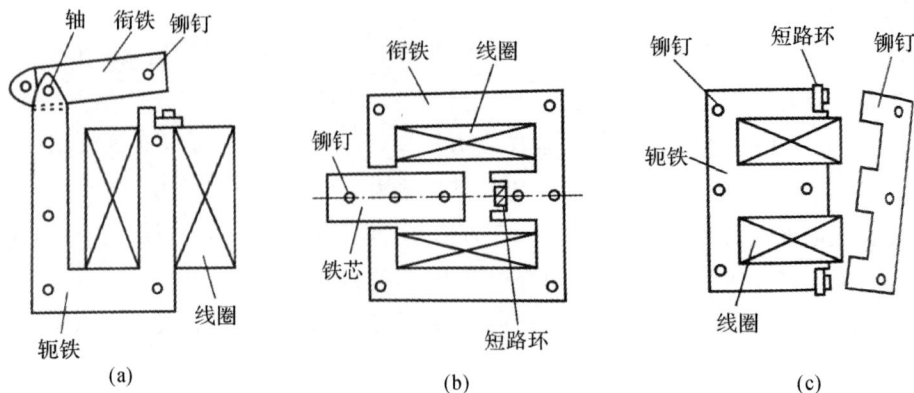

图 2.27 交流电磁铁的三种磁系统
(a)拍合式;(b)吸入式;(c)双 E 型

由于交流电磁铁通过的是交变磁通,从而使交流电磁铁闭合状态会产生振动并随之产生噪声,所以对交流电磁铁都要加装短路环(或称分磁环),以防止电磁铁振动。

2.交流电磁铁的电压、电流和磁通的关系

在交流电磁系统中,决定磁路中的磁通(应该说是线圈磁链)的大小是加于线圈两端的电源电压,而与磁路的磁阻(或者说衔铁所处位置)关系不大。然而,线圈中的电流却和磁路的磁阻关系很大,也即线圈电流的大小与衔铁所处的位置不同而变化,闭合位置线圈电流远小于打开位置,原因有以下 2 点。

(1)电磁铁的线圈相当于一个电感,如果两端加上交流电压 $u = U_m \cos \omega t$,则由于 $U_R \ll U_L$(U_R 为线圈内阻压降,U_L 为线圈感压降),所以有

$$u = u_L = W \frac{\mathrm{d}\Phi}{\mathrm{d}t} \quad (W \text{ 为线圈匝数}) \tag{2.1}$$

可得

$$W \mathrm{d}\Phi \approx U \mathrm{d}t = U_m \cos \omega t \, \mathrm{d}t$$

因此

$$\Phi = \Phi_m \sin \omega t \quad (\Phi_m = U_m / W\omega ; \ U = 0.707 U_m)$$

则可得

$$U = 0.707 U_m = 0.707 W \omega \Phi_m = 0.707 \times 2\pi f W \Phi_m$$

即

$$U = 4.44 f W \Phi_m \tag{2.2}$$

式中:U——电源电压有效值;

f——电源频率。

由式(2.2)可知,磁路中磁通的大小取决于电源电压的大小,Φ_m 与 U 成正比关系,当电压是按余弦规律变化时,则磁通是按正弦规律变化;线圈总的磁链 Ψ 与磁路磁阻并无关系,因此,磁通和吸力在衔铁的不同位置时也能保持基本不变,使交流电磁铁的静吸力特性较直流电磁铁的平坦。

(2)由磁路的欧姆定律可知,$iW = \Phi R$(R 为磁路磁阻),即 Φ 不变条件下,i 是随 R 而变化的,如果电流用有效值表示,而且磁路处于磁化曲线线性段,则

$$I = 0.707(\Phi_m R / W) \tag{2.3}$$

由以上结论可知,当衔铁处于打开位置时,线圈电流最大,一般交流电磁铁的起动电流(即线圈刚接上电压,而衔铁尚未吸合时的电流)是闭合时电流的6～10倍。所以交流电磁铁不能长时间处于通电打开状态,也不能过于频繁地进行"通、断"操作。否则会导致线圈发热而烧坏。

3. 交流电磁铁的电磁吸力

交流电磁铁的吸力可用下式计算:

$$F = \Phi^2 / 2\mu_0 S \quad (\text{N}) \tag{2.4}$$

式中:Φ——磁通瞬时值;

$\quad \mu_0$——空气磁导率;

$\quad S$——极靴磁通有效面积。

由式(2.4)可以看出,在交流电磁铁中,吸力与磁通的平方成正比。

若 $\Phi = \Phi_m \sin\omega t$,则

$$F = \Phi_m^2 (1 - \cos 2\omega t) / 4\mu_0 S \quad (\text{N}) \tag{2.5}$$

由式(2.5)可知,在每个周期内,会有某一段的时刻吸力小于反力,这时衔铁释放,而当吸力大于反力时,衔铁又被吸合。由此使衔铁上产生力的振动,甚至导致出现拍合现象。

4. 交流电磁铁加装短路环

图2.28为加装短路环的交流电磁铁的两个不同相位的磁通 Φ_{m1} 和 Φ_{m2}。由于铁芯套上短路环,把极面磁通分成两部分,短路环相当于一个小电感,使得 Φ_{m2} 滞后于 Φ_{m1},即这两部分磁通 Φ_{m1} 和 Φ_{m2} 存在着相位差,其对应的吸力也存在着相位差,虽然两者所产生的磁吸力都有达到零值的时刻,但合成之后的总的吸力却没有到达零值,只要其合成吸力在任何时刻都大于其反力,则振动就可以清除。

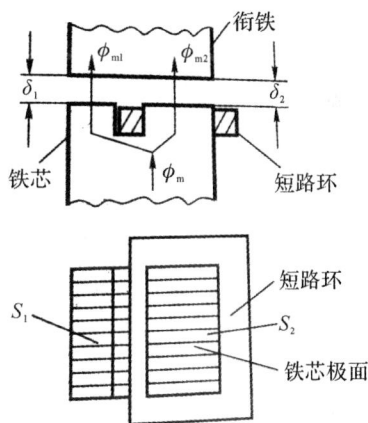

图 2.28　加装短路环的交流电磁铁

【拓展阅读】

中国航空古代史

——中国民用航空的萌芽

在世界最大的航空博物馆—美国的华盛顿航空博物馆里,有一幅醒目的大字写着:人类最早的飞行器是中国的风筝和火箭。这句话诠释着中国古代航空、在世界航空中的地位与贡献。

中国的航空先人早就有飞天的梦想,并为之实践,延续了数千年之久,产生了不少航空发明和技艺,甚至出现了一些航空器的雏形。

公元前3 000年左右,人们在实际生活中已学会了空气动力。商代时期,人们在祭祀活动中常会使用风筝来代表神灵的形象。人们会根据风向、风力和阻碍物的位置来控制风筝的运动。到春秋战国时期,人们开始使用风车来驱动战车,另外相关的发明还有扇子、风扇、船帆等。

2 000多年前,中国出现了孔明灯(松脂灯),它利用加热后的空气托起灯笼,多做军事用途,是最早的热气球雏形。隋唐时期,人们利用燃气驱动叶轮原理制成了走马灯,是现代燃气

涡轮工作原理的原始应用。

1 000 年前,中国陆续发明了利用火药喷射推力的军事武器。唐朝末期,火药主要被用于制作烟雾,火箭和炸药,威力并不是特别大。在宋元时期,火药被用于制作火枪、火箭炮等武器,在战争上发挥了极大作用。同一时期出现了竹蜻蜓,它利用空气的反作用力而托生重物原理制成,被称为"中国螺旋"。20 世纪 30 年代,德国人根据竹蜻蜓的形状和原理,发明了直升机的螺旋桨。

中国明朝时期出现了"神火飞鸦",被称为"400 年前的无人轰炸机",其外形如乌鸦,内部填充火药,鸦身两侧各装两支起火,起火的药筒底部和鸦身内的火药用药线相连,起火的推力可将飞压射至 100 丈开外。明朝有一位万户(官员)为了实现飞天梦想,坐在绑了 47 支火箭的椅子上飞向天空,但是火箭在高空爆炸,万户也为此献出了生命,被称为"世界航天第一人"。为了纪念万户这位勇敢的第一个尝试乘火箭飞行的人,世界各国协商用万户命名月球上的一座环形山,称为"万户山"。

中国还发明了罗盘、陀螺、平衡环等,军队航空的发展有重要意义,但是当时封建统治者只重视农业不重视科技的发展,另外,明清两朝实施海禁政策,阻碍了中外交流,阻碍了中国航空技术的进一步发展。

近代中国由于外国列强的侵略及国内政局动乱,导致中国长期处于战争状态,极大阻碍了中国航空科技的发展。但中国的航空先驱们仍创造了辉煌的业绩,在飞行、飞机设计和制造、航空理论等方面有许多建树,推动了中国近代航空的起步。

习　题

1. 什么是磁?
2. 磁化的方式有哪些?
3. 去磁的方式有哪些?
4. 磁铁有哪三种分类?
5. 磁路的概念是什么?
6. 磁学的基本物理量有哪些?
7. 什么是磁路的欧姆定律?
8. 磁阻与哪些因素有关?
9. 什么是磁饱和?
10. 什么是剩磁? 什么是矫顽磁场强度?
11. 磁性材料分为哪三类? 举例说明其特点及用途。
12. 右手螺旋法则适用于什么情况? 具体定义是什么?
13. 什么是电磁感应?
14. 电磁感应中电动势的大小和什么有关系?
15. 什么是楞次定律?
16. 左手定则的内容是什么?
17. 右手定则的内容是什么?
18. 涡流是如何产生的? 它有什么作用?

中篇 飞机电器

一般来说,应用于飞机上,对电能的产生、输送、应用起控制、调整和保护作用的器件,或对非电现象与参数起控制调节作用的应用电能的器件,均被称为飞机电器。它主要包括开关电器和传感器等。

开关电器是一种在正常情况和故障情况下能人工或自动地接通和断开电路的电气设备,它在航空器上有着很重要的用途。开关电器种类繁多,结构形式和动作原理各不相同,但由于它们都是对电路承担控制和保护任务的电气设备,因而具有许多共性的理论问题,如电磁转换原理、电接触理论和气体放电理论。开关电器最基本的组成部分是活动触点与固定触点,利用触点的闭合与断开,即可控制电路中电流的通断。本篇讨论了电接触和气体放电的基本原理,然后具体介绍了几种常见的开关电器。

第3章 电接触基础

电接触基本原理是飞机电气线路、继电器、接触器、电门等器件或线路的基础,线路的安装、继电器及接触器等器件的设计、保养、排故等都围绕着如何提高电接触可靠性来开展工作,为保证电气线路及电器器件的工作可靠性,就要千方百计提高电接触的可靠性。本章主要涉及三方面的内容,即接触电阻、气体导电(放电)和电器磨损,是飞机电器器件及线路的重要基础,为飞机电气维修人员进行电气线路及器件故障分析及排故提供基本思路。

3.1 电接触基本概念

3.1.1 电接触定义

把两个或两个以上导体通过机械连接方式而互相接触,以实现导电,称为电接触。其作用是实现导电线路的信号或电能的延续。

因此,电接触触点应该满足下列条件:

(1)确保电气线路的可靠接通与断开;

(2)接触电阻值应该很低;

(3)触点的耐磨性强;

(4)触点的熔点高。

电接触处接触不良,是导致飞机电器产生故障的根源,而它的原因却可能多种多样,因此,研究电接触的共同本质问题是十分必要的。

3.1.2 电接触的分类

1. 按连接方式分类

触点按连接方式的不同,可以分为以下三类:

(1)固定接触。固定接触是指用螺钉或铆钉(紧固件)将相互连接的导体压紧的电接触,这种接触没有相对位移,如飞机上的汇流条连接处、电源搭铁处等,如图3.1(a)所示。

(2)滑动接触。滑动接触是指相互连接的导体,其中的一个导体可以在固定导体上沿一定轨道滑动的电接触,例如滑线电阻器、电动机、发电机上的滑动电刷就属于这一类连接方式,如图3.1(b)所示。

(3)可分接触。可分接触是指导体可通可断的电接触,可分接触在工作过程中可根据控制需要实现接通和断开的电接触。开关电器就是利用这类电接触来控制电路的通断的,如图3.1(c)所示,如电门、开关、继电器、接触器的触点的吸合和断开,就是可分接触。它是飞机电器工作的研究重点。

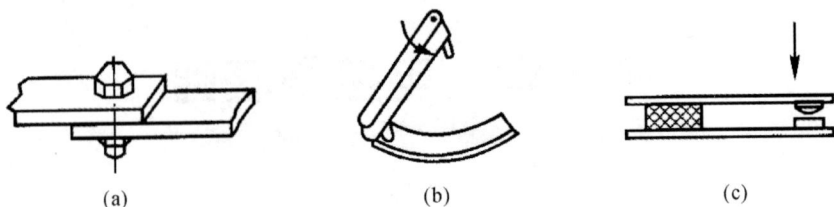

图 3.1　电接触的三种方式
(a)固定接触;(b)滑动接触;(c)可分接触

2.按接触方式分

触点按接触方式的不同,可以分为点接触、线接触和面接触等三种,如图 3.2 所示。

(1)点接触。点接触相互接触处是一个点。由于触点的直径小,故其接触面积小,只能用于控制低电压、弱电流的电路,常用于小功率继电器、簧片电门、极化继电器的触点,如图 3.2 (a)所示。

(2)线接触。线接触点相互接触处是一条线。接触面积是介于上述两者之间,其所控制的电流大小也介于上述两者之间。飞机上的中功率接触器及一些大功率继电器的触点采用线接触,如图 3.2(b)所示。

(3)面接触。面接触相互接触处是一个平面。由于触点的面积大,故其接触面大,能控制高电压、大电流的电路,常用于接触器、大功率继电器的触点,如图 3.2(c)所示。

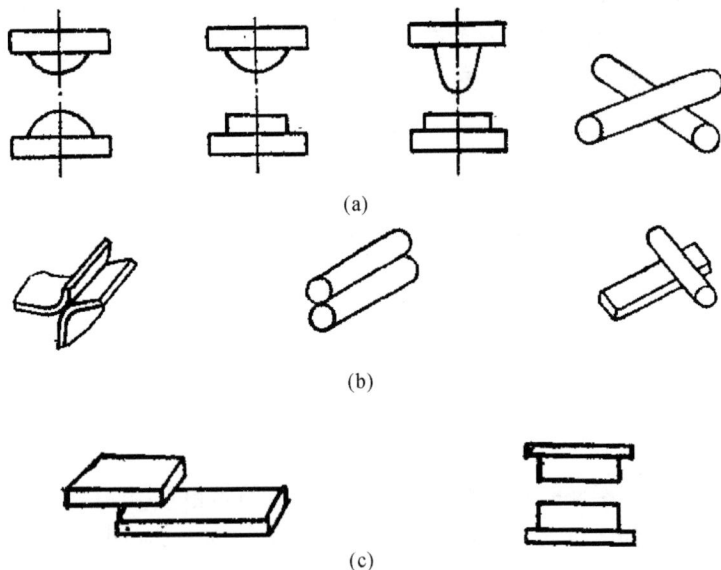

图 3.2　电接触的接触方式
(a)点接触;(b)线接触;(c)面接触

3.飞机上常用的触点结构

直接实现电接触的导体称为触头或触点,一般有一个触点是固定的,称为固定触点,另一个则为活动触点。触点是开关电器的重要组成部分。在电气系统中,它是控制电路通断的关键,例如扳钮开关、同轴开关、按钮开关、旋转开关、微动开关、压力开关和继电器、接触器等的触点。它们常常是系统中工作可靠性最差的环节,因此,触点是我们研究电接触的主要对象。

触点的结构形式多样,飞机电器常用的触点有单断点触点和双断点桥式触点两种形式,如图 3.3 所示。单断点触点一般用于对小负载的开关控制;双断点桥式触点多用于航空接触器的触点系统。

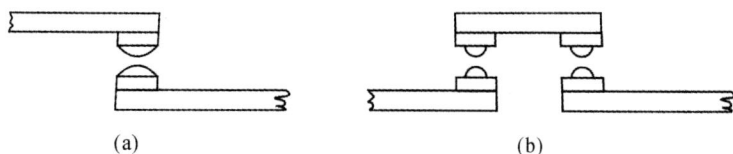

图 3.3　触点的结构形式
(a)单断点触点;(b)双断点桥式触点

3.1.3　触点的工作状态及要求

按电路控制要求,触点的工作状态主要有闭合状态、断开状态及吸合过程、断开过程等四个状态。每个工作状态的要求如下。

(1)闭合状态:应保证被控电路的电流顺利通过。在额定电流下,温升不超过规定值,相互接触处的电阻值小且稳定。当过载或短路电流时,触点不发生熔焊故障。

(2)断开状态:应能保证触点之间有足够的绝缘电阻,耐击穿能力强。

(3)吸合过程:由断开状态过渡到闭合状态的过渡过程。要求动作时间短、触点产生弹跳程度小,金属液桥、电弧或火花造成的触点磨损小,不产生合闸熔焊。

(4)断开过程:闭合状态过渡到断开状态的过渡过程。这是触点最易产生故障的过程,要求断开速度快,金属液桥、电弧或火花使触点在断开电路时造成的触点磨损最小。

这四种触点工作状态所涉及到的有关物理、化学变化较为复杂,这些变化常常造成触点不能正常工作,造成故障,在这四种工作状态中,会发生一系列的物理化学变化,主要可以归纳为接触电阻、气体放电(电弧与火花)和触点磨损等三方面的问题,下面围绕这些问题进行讨论。

3.2　接　触　电　阻

3.2.1　接触电阻的产生

接触电阻是指两个金属导体相互接触时,在接触区域内所表现出来的电阻。它是客观存在的,用 R_j 表示。

按接触电阻产生的原因,可以分为两类,即收缩电阻(R_s)和膜电阻(R_b),那么接触电阻 R_j 的大小是 R_s 与 R_b 之和,即

$$R_j = R_s + R_b$$

3.2.2　接触电阻产生的物理本质

1. 收缩电阻(R_s)

接触区域的表面不可能是理想的平面,尽管经过精细加工和研磨等工艺,但从微观分析,其表面是凹凸不平的。因此当两个接触面接触时,实际上只有若干小的突起部分相接触。这些互相接触的突起部分称为接触点。

电流线经过电接触面时,从截面较大的导体转入截面很小的接触点,此时电流线发生强烈的收缩现象,如图 3.4 所示。

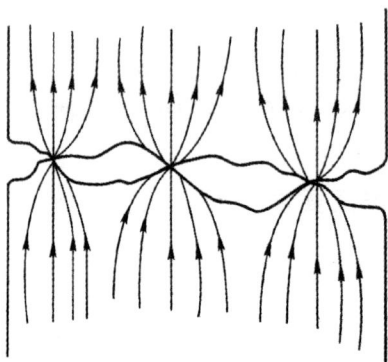

图 3.4　电流线收缩现象

这种由于电流产生强烈收缩现象所呈现的电阻被称为收缩电阻。由于接触区域内接触点数不止一个,接触面总的收缩电阻是各接触点收缩电阻的并联值。

收缩电阻跟触点材料的电阻率、硬度、触点之间的压力及接触点数有关。触点材料的电阻率越大,其 R_s 也越大,触点的硬度越低、触点之间压力越大,接触点数就越多,其 R_s 就越小。

在三种触点的接触方式中,点接触的收缩电阻最大,面接触最小,线接触介于两者之间。

2. 膜电阻(R_b)

在电接触的接触表面上,由于污染覆盖着一层导电性很差的物质,由此而形成的电阻称为膜电阻。膜电阻的存在将使接触电阻增大而且产生严重不稳定现象,甚至破坏正常导电。特别是控制容量较小的继电器触点、舌簧电门和微动电门的触点,膜电阻对它们影响很大,常常是由于触点污染而使它们产生故障。

按膜电阻的形成可分为以下四类。

(1)尘埃膜。

1)形成:飞扬于空气中的固体微粒(如灰粉、尘土、纺织纤维物等),由于静电吸引而覆盖在接触表面形成的膜电阻。

2)特点:在外力作用下,这些微粒极易脱落,使电接触重新恢复,因而使接触电阻很不稳定,具有随机和统计的特点。

(2)吸附膜。

1)形成:指气体分子或水分子吸附在接触表面而形成的分子层。

2)特点:吸附膜的厚度只有几个分子层。当触点压力在接触表面产生较高压强时,厚度可减至 1～2 个分子层。无论采用什么材料,吸附膜用机械办法是无法消除的。当接触压力减小时,其触点接触电阻值呈现不稳定状态。

(3)无机膜。

1)形成:由化学腐蚀和电化学腐蚀而形成的产物称为无机膜。

a.化学腐蚀:当电接触材料暴露于空气中时,空气中的气体(如 O_2、H_2S、SO_2、Cl_2 等)跟金属产生化学反应而生成金属化合物覆盖于触点表面(如氧化膜、硫化膜等)。

b.电化学腐蚀:在潮湿空气中,在电解液的作用下,不同活性的金属间发生电化学反应而产生的锈蚀物。

2)特点:无机膜的产生跟触点材料的化学及电化学性质、介质温度和环境条件有密切的关系。对电接触的破坏作用不仅跟膜的厚度有关,还和膜的性质有关。例如:金和铂等贵金属制成的触点,其表面不易形成无机膜。银在常温下形成 Ag_2O 膜,对电接触影响不明显,当温度高于 180℃ 时,Ag_2O 可自行分解。但银的硫化物形成的膜电阻导电性差,对电接触危害大。铜常作为触点材料,但在其表面易形成厚度较大、导电率很小的 Cu_2O 膜,当温度升高时,其膜电阻成倍增加。

无机膜并不是都是有害的,如 Ag_2O,其导电性并不差,而且有一定的硬度,所以银触点为了提高其硬度,防止触点冷焊,常使银触点表面形成 Ag_2O。

(4)有机膜。

1)形成:由于绝缘材料受高温而析出的有机蒸汽,附着于触点表面,形成一层粉状的有机聚合物,称为有机膜。

2)特点:有机膜是不导电的,其阻值可高达几兆欧,其击穿电压是无机膜的 10 倍左右,对电接触的危害很大。

有机蒸汽在接触表面形成聚合物一般有两条途径,除了有机蒸汽在触点表面自然沉积而形成的途径外,另一条途径是由于触点间的相互摩擦,使有机蒸汽在接触表面上生成高分子有机膜。高分子有机膜跟触点材料的化学活性关系很大。如某些航空继电器的触点采用铂或铂合金作触点材料,虽然其接触电阻很稳定,但易形成高分子有机膜,严重影响触点导电性,所以在维护大功率电磁继电器触点时要特别注意。

3.2.3 触点的温升及压降

1.触点的温升

电器通电时温度会升高,其温度与周围环境温度之差,称为温升。触点温度升高是由于导体本身电阻及接触处的接触电阻引起的。过高的触点温度会使触点局部熔化,并焊接在一起而无法断开,这种故障现象称为触点熔焊。

要使触点正常工作,不发生熔焊等故障现象,要求触点温升稳定,且不超过极限允许温升。极限允许温升的大小是极限允许温度减去环境最高温度(我国规定环境最高温度为 +40℃)。

为了降低或使触点温升稳定,特别是在维护继电器触点时要尽量清洁触点,对接触不良者可适量增大其触点压力,使接触电阻小且稳定,使继电器触点温升降低或稳定,避免触点产生熔焊故障。

2.接触压降

接触压降(U_c)是指电流流经接触面处,由于接触电阻所产生的压降,称为接触压降,或称为触点毫伏压降。在进行继电器、接触器参数测试或者检验电气接插件处是否接触良好,通常需要测量其触点或接触处的接触压降,以判断触点污染或磨损情况。

3.2.4 影响电接触可靠性的因素及提高电接触可靠性的方法

各类有触点的电器产生故障的主要原因之一是触点存在较大且不稳定的接触电阻。为了提高电接触的可靠性,必须使触点接触电阻低值且稳定。根据接触电阻形成的基本原理及特点,找出影响接触电阻的各种因素,以便采取有效措施保证接触电阻的稳定性及低值性。

1. 接触形式

(1)接触形式对收缩电阻的影响。接触形式对收缩电阻的影响主要表现在接触点的数目上。一般说来,面接触其接触点数最多,收缩电阻最小,点接触其接触点数最少,收缩电阻最大,而线接触是介于两者之间。

(2)接触形式对膜电阻的影响。接触形式对膜电阻的影响主要表现在每个接触点所承受的压力。如果触点外加压力为 F,触点数为 n,则每个接触点上的平均压力为 $F_1=F/n$。所以说,当压力 F 一定时,接触点数越多,那么每个接触点的平均压力越小,则触点压强越小,对膜的破坏程度就越小。因此,点接触的接触点数 n 最少,压强大,容易把接触表面的膜破坏,使膜电阻影响减小;对于面接触其接触点数 n 最多,压强小,排除和破坏表面膜的能力小,膜电阻值影响大,线接触介于上述两者之间。因此,面接触的 n 虽最多,其接触电阻应是最小。但要注意,当接触压力较小时,面接触的接触电阻反而比点接触或线接触大。

(3)合理选用接触形式以提高电接触的可靠性。对于固定接触的连接常用面接触形式,采用螺钉、螺母或铆钉等压紧,压力很大,能使接触电阻减小。对于航空接触器、自动保险电门、大功率继电器的触点采用面接触形式,它们的铁芯机构采用大吸力的吸入式电磁铁,以提高触点压力。对于小功率继电器的触点,采用点接触形式,压力较小,要求触点曲率半径小,以保证足够压强,破坏和清除各种污染膜的影响,保证触点接触电阻低且稳定。

2. 接触压力

增大接触压力对接触电阻影响有两个方面。

(1)使接触电阻变小。当增大接触压力时,增加了接触点的有效接触面积,相当于增加了接触点数,使收缩电阻减小;触头压力的增大也增大了触点的压强,以最大限度破坏表面膜,使膜电阻减小。因此,增大触点压力,使收缩电阻 R_s 和膜电阻 R_b 都减小,即总的接触电阻减小。

(2)使接触电阻稳定性提高。看看下面一个实验例子可以说明这个问题。

图 3.5 是一组实测的接触电阻随压力变化的曲线。这是在用黄铜做成的球对平面的触点所做的试验,触点通过的试验电流为 20 A。图 3.5 中的 R_j 上限是指在一定压力下的 R_j 的最大值,R_j 下限是指在一定的压力下

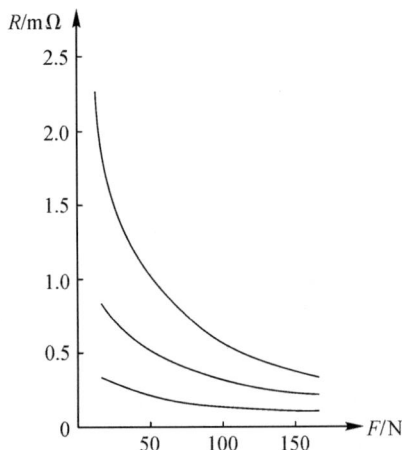

图 3.5 接触电阻随压力变化的曲线

的 R_i 的最小值。曲线 R_j 指不同压力时接触电阻的平均值。由图中曲线可以看出,接触压力较小时,接触电阻的分散性是较大的,其上下限的差别高达 10 倍多,随着压力的增大,接触电阻分散性逐渐减小,接触电阻上、下限的差别减小到 1.5 倍左右。

在小功率继电器、微动电门、簧片电门中所需触点压力不大,为了使接触电阻稳定,要求触点压力不能过小。

电接触的可靠性还和其他因素有关,例如金属的化学性质、触点表面的光洁度、密封程度等。

暴露在空气中的接触面,若不加以覆盖,对任何接触点材料都将要产生氧化作用,在接触表面生成一层氧化膜,还会受外界尘土的污染。在各种金属氧化物中,只有氧化银的导电率与纯银差不多,其他大多数金属氧化物都比金属本身导电率低很多。

接触表面的光洁度对接触电阻的影响表现在不同接触点数目。触点表面的加工有粗加工、精加工、机械抛光、电化学抛光等。选用哪种光洁度,要根据负荷大小、接触形式和用途而定。对于大中负荷的触点,一般选用面接触和线接触,其触点不要求精加工,主要是要保证平整性,才能增加接触点数,降低接触电阻;对于小功率继电器、微动电门等触点,由于触点的电流很微小,且接触压力小,所以要求触点光洁度越高越好。因为光洁度高的触点不易污染,也不易生成无机膜和有机膜,使触点接触电阻减小且稳定。所以在维护电器触点时要注意这一点,才能保证维修质量。

对某些可靠性要求高的继电器和接触器,为防止触点受污染,常采用密封结构,有的还在密封室内充入惰性气体或者抽成真空,以保证接触电阻低而稳定。

3.2.5　常用的触点材料

传递弱电流的触点材料多采用贵重金属,如银、铂、钨及它们的合金;对于中电流和强电流的触点材料,过去多用坚硬而且难熔的金属和它们的合金,如接触器触点大多用银-氧化镉或者银-氧化铜,后来则广泛使用粉末冶金制造的金属陶瓷材料。对于触点材料的基本要求是:电阻率低、导热系数高,同时,还要求触点材料具有足够的机械强度、良好的化学稳定性和良好的加工性能。下面列举几种常用材料。

(1)银。银在继电器的触点中应用较广泛,它的导电率和导热率高,接触电阻小,软硬合适,工艺性能好,和其他贵重金属比,价格适中。银虽会氧化,但氧化银薄膜导电性与纯银差不多,而且容易破碎,对接触电阻影响不大;但银的硫化物薄膜电阻大而且不易消除,并且银的硬度比较低,容易发生冷焊现象。

(2)铂铱合金(含铱 10% 左右)。铂的特性是熔点高(1 778 ℃),不易氧化,抗电磨损性能好。铂的电阻率虽然不低,但它的接触电阻却不大,而且稳定。由于纯铂的硬度不高,所以一般不使用纯铂而使用铂铱合金。使用铂铱合金制成的触点,其使用寿命可以比纯铂增加 1 倍。

(3)陶瓷合金。作为强力电器触点的陶瓷合金是由难熔材料(如氧化镉)的粉末和导电性能好的金属(如银)的粉末混合,并采用粉末冶金的方法烧结而成。在这种混合物中,难熔材料形成许多细孔成为骨架,易熔的导电金属填充在骨架的孔隙中,这样可以承受电弧的高温而不致熔化,从而减小触点的磨损。

*3.3 气体导电的物理基础

气体由绝缘状态转变为导电状态,使电流通过空气间隙的现象,称为气体导电或气体放电。飞机上的电器大部分所开断的是低电压(直流 28 V;交流 115 V)大电流(可达数百安培)的电路。在其触点分离的瞬间,电流并不是瞬间降为零,而要经过触点空气间隙持续流动一段时间。这时触点间隙中的气体是导电的。触点间的气体放电危害极大,它可能会烧坏设备,造成触点磨损和熔焊等故障现象。本节重点介绍气体导电相关的基本概念,是分析具体气体导电现象的理论基础。

3.3.1 气体带电粒子的产生与消失

1. 气体游离与激励的概念

根据原子理论的观点,气体中的原子是由原子核(带正电),以及绕着原子核高速旋转的电子(带负电)所组成。离原子核越远,能级越高,反之越低。正常状态下,电子按一定规律分布于较低能级的轨道。

当原子吸收能量后,会使电子由低能级轨道跳向能量较高的轨道,这过程称为激励。激励发生的时候,原子内层的电子由于动能增加会跳到更外层较高能级的轨道上,但不能脱离原子核的引力束缚。

如果原子吸收的能量足够大,使最外层电子获得足够的动能,能够挣脱原子核的引力束缚而成为自由电子,原来的中性粒子失去电子而变成一个带正电的离子,称为正离子,这过程称为游离。

游离的气体是导电的,因为气体中含有能自由运动的带电粒子——电子和正离子。在一定气体粒子总数中带电粒子越多,其导电性能越好,为了表示气体的导电性能,我们将带电粒子在气体总粒子中所占比例称为游离度。气体游离需要从外界吸收能量,气体所需的最低能量称为游离能。已被激励的中性粒子比较容易游离,此时需要的游离能较小。金属蒸汽的游离能量最小,因此在含有金属蒸汽的触点间隙之间最容易产生气体导电现象。

2. 游离的方式

按带电粒子的来源不同,游离方式可分为两大类,即表面发射和空间游离。

(1)表面发射。金属电极表面发射电子进入放电间隙,称为表面发射。按发射电子原因可分为下列几种。

1)热电子发射。热电子发射(见图 3.6)是指当金属的温度升高时,金属中电子的动能随之增大,当动能金属表面的位垒而逸出金属,逸出电子数逐渐增加。温度升高到一定值时,大量电子从金属中逸出,这种现象叫热电子发射。热电子发射在无线电技术中有广泛的应用,各种电子管和电子射线管都是利用热电子发射来产生电子束的。

2)光发射。当红外线、可见光、紫外线及其他射线照射到金属表面时,使电子能量增加,冲破金属表面的位垒而逸出金属的现象,称为光发射。光发射跟光的波长相关,波长越短,光发射的作用愈强。

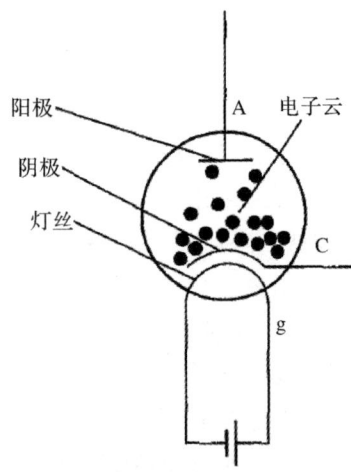

图 3.6 热电子发射

3）场致发射。当金属表面存在较高的电场强度（大于 10^6 V·cm^{-1}）时，自由电子可能在常温下逸出金属表面，称为场致发射。场致发射最容易发生在触点断开初期和闭合末期，因此时触点间距很小，电场强度较强。

4）二次电子发射。在电场力作用下，正离子高速撞击阴极，或者电子高速撞击阳极，可能使金属电极表面发射电子，这种现象称为二次电子发射。由二次电子发射产生电荷主要决定电场强度的大小及电极间的距离。二次电子发射主要发生在气压较高的放电间隙中，主要是由阴极表面附近的电场强度较高造成的。

（2）空间游离。电极间气体自身由绝缘状态变成导电状态的现象称为空间游离。空间游离的带电粒子是由触点间的气体中性粒子产生的。按游离的原因，可以分为光游离、电场游离和热游离。

1）光游离。气体中性粒子在一定频率的光线照射下发生游离，称为光游离。

光线的频率越高，其游离作用越强。频率较高的光线和射线（如 X 射线，α 射线，β 射线，γ射线，宇宙射线）都能使中性粒子游离。可见光和红外线几乎不能使气体游离。

2）电场游离。气体中的带电粒子在电场作用下加速碰撞气体中性粒子，当带电粒子所获得的动能大于气体中性粒子的游离能时，可能使中性粒子发生游离，这种现象称为电场游离，也叫碰撞游离。

动能超过气体中性粒子的游离能的带电粒子，不是每次碰撞都能使之游离，而是存在一定概率，这一概率跟带电粒子的速度及带电粒子跟中性粒子的作用时间有关。首先，游离概率随着带电粒子的速度增大而增大，但速度增大到一定程度后，游离概率反而降低，因为速度很高时，带电粒子和中性粒子的作用时间减少，因而传递能量也减少，故游离概率下降。

引起游离的几种带电粒子中，电子是起主要作用。因为电子的体积小，自由行程长，质量轻，容易使它积累足够的动能，而正、负离子的有效直径大，自由行程短，质量虽大，但不易积累足够的动能，因而其游离作用比电子小。

产生电场游离的带电粒子的来源是金属的表面发射和光游离。

3）热游离。在高温的条件下，气体中性粒子由于高速热运动，互相碰撞而产生的游离，称为热游离。当温度达到 3 000～4 000 K 以上时，气体才能发生较明显的热游离。室温下，发生热游离的可能性极小。温度越高，气体的热游离度越高。当气体中混有金属蒸汽时，更容易使气体游离。

实际情况下，空间游离不是单一的方式，而是光、热、电场游离的综合表现。

3.去游离的方式

游离气体中带电粒子自身消失或者失去电荷变为中性粒子的现象，称为去游离。去游离分为复合和扩散两类。

（1）复合。两个带有异号电荷的粒子相遇后相互作用而消失电荷的现象，叫作复合（见图3.7）。复合可分为表面复合（见图 3.8）和空间复合。

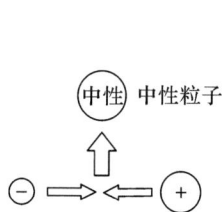

图 3.7　带异号电荷的复合　　　图 3.8　电极间的表面复合

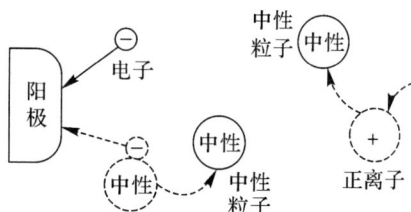

1)表面复合。复合发生于电极表面、金属表面、绝缘材料表面,统称为表面复合。电极表面复合有电子进入阳极,负离子接近阳极把电子移给阳极,则自身变为中性粒子;正离子接近阴极从阴极获得电子,则自身变为中性粒子。金属的表面复合(见图3.9)是带电粒子接近未带电的金属,使金属表面感应出相反的电荷,并在库仑力的作用下吸附在金属表面,如果还有异号的带电粒子移向金属表面,则此时两带电粒子通过金属传递电子而成为两个中性粒子。绝缘材料表面的复合是由于绝缘材料会被带电粒子感应而极化,发生类似金属表面复合(见图3.10)的现象。

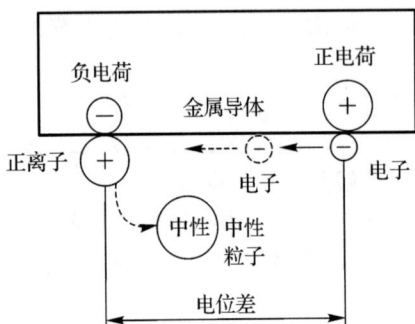

图 3.9　金属的表面复合

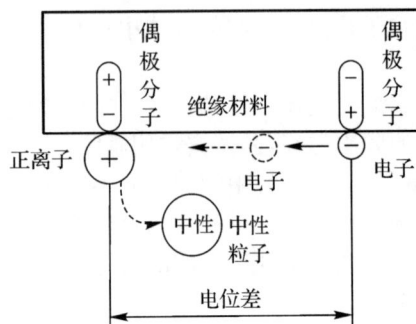

图 3.10　绝缘材料的表面复合

2)空间复合。复合发生于触点之间的空间范围内,称为空间复合。空间复合可分为直接复合和间接复合。

直接复合是指正离子和电子相遇而直接形成中性粒子,如图3.11所示;间接复合是指一个电子先和中性粒子黏合形成负离子,然后再和正离子复合,形成两个中性粒子,如图3.12所示。

复合的过程需要一定的时间,由于电子的运动速度很高,因此直接空间复合的几率比间接复合的几率小得多。

影响复合的因素很多,但最显著的是温度。因此冷却是加强复合的决定性因素。

复合也伴随着能量的释放。表面复合释放能量是加热电极、金属、绝缘物的热源;空间复合释放的能量以光量子的形式向空间辐射。

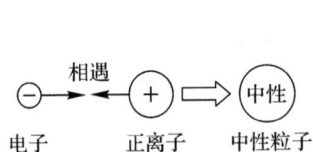

图 3.11　直接复合

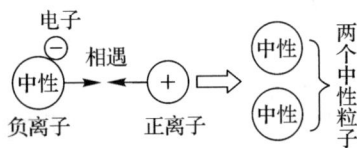

图 3.12　间接复合

(2)扩散。游离气体中的带电粒子,由于热运动而从浓度高的区域向浓度低的区域移动,称为扩散。扩散的结果,使游离气体中的带电粒子减少,因此也属于去游离的方式。

3.3.2　气体间隙的击穿现象及击穿电压

在正常状态下,气体间隙有良好的电气绝缘性能。但当在气体间隙的两端加上足够大的电场时,就可以使电流通过气体间隙,即放电。放电现象与气体的种类、压力、电极的材料和几何形状、两极间的距离以及加在间隙两端的电压等因素有关。

　　为了说明气体放电的各种形式,用一简单的直流电路,如图 3.13 所示。如果逐渐增大电源电势 E,然后接着减小电阻 R,以增大流过放电间隙的电流,则可得到气体放电间隙两端的电压与流过气体间隙的电流的关系,即气体放电间隙的伏安特性曲线,如图 3.14 所示。

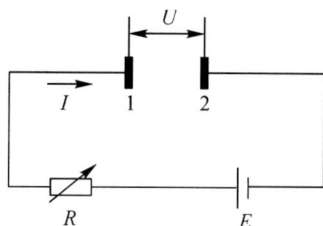

图 3.13　实验气体放电的电路　　图 3.14　气体放电间隙伏安特性曲线

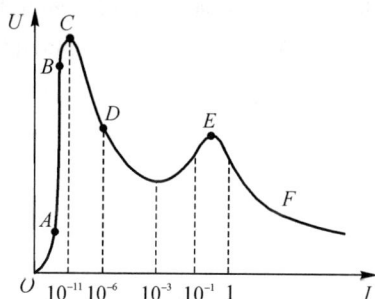

1. 气体间隙的放电的几个阶段

根据气体间隙放电的性质,将其伏安特性分为非自持放电阶段和自持放电阶段。

　　(1)非自持放电段(见图 3.14 曲线中的 OB 段)。这一阶段,气体间隙中的带电粒子由外界电离因素(如各种射线、射线作用)所产生。一旦除去外加因素,则间隙中放电停止,故称此段为非自持放电段。非自持放电阶段的放电电流很小,并且放电几乎不会发光,又称暗放电。该阶段对应的是图 3.14 中的 $OABC$ 区域,其放电过程可分为 OA、AB 和 BC 三个阶段。

　　1)OA 阶段:气体的间隙存在的自然辐射照射在阴极上产生的光发射,以及宇宙射线和紫外线等使气体间隙发生微弱的光电离作用。由于气体间隙的外加电压非常低,间隙中的电场很小,上述光发射和光电离产生的带电粒子不能全部到达阳极,气体间隙的电流随外施电压的增大而增大。

　　2)AB 阶段:气体间隙中的电场强度仍然很小,不足以产生电场电离和场致发射,间隙中的带电粒子还是由外部的电离因素产生,带电粒子数较少。当外施电压到达 A 点时,气体间隙的带电粒子能够全部到达阳极,当所有电子都被阳极吸收后,气体间隙的电流出现饱和,电流大小与电压无关。

　　3)BC 阶段:气体间隙两端的电压较大、相应的电场强度较高,在电场作用下,能够产生场致发射、电场电离和二次发射,电离出来的带电粒子在电场作用下又参与到新的电离过程,于是电离过程就像雪崩似的增长,称为电子崩,使气体间隙的电流随外施电压的增加而出现较大程度地增加。

　　(2)自持放电段(见图 3.14 曲线中的 $CDEF$ 段)。当电压上升到临界值 C 点时,电流迅速增加到较大的数值,其大小取决于电源功率和回路电阻。此时,气体开始发光,气体间隙的两个电极变得炽热,气体变为导体,即气体被击穿。C 点对应的电压,是气体间隙被击穿所需要的最低的电压,称为击穿电压。

　　一旦气体间隙被击穿,气隙中场致发射和二次发射产生的电子数已足够多,由这些发射所产生的电子进入气体间隙,再继续进行电场游离。如此循环,气体间隙中不断有带电粒子产生,如果除去外加游离因素,游离仍能继续进行,故称为自持放电。

自持放电段可以分为下面三段：

(1)汤逊放电区(CD 段):气体的游离方式是电场游离,放电通道为常温。

(2)辉光放电区(DE 段):游离方式是电场游离和二次电子发射,放电通道为常温,电流密度小(均为 10^{-5} A·cm^{-2}),阴极压降较高(均为几百伏)。

(3)弧光放电区(EF 段):游离方式主要是热游离和场致发射。放电通道的温度极高,电流密度很大(可达 10^3 A·cm^{-2}),阴极区极小(小于 10^{-4} cm),阴极压降小(几十伏)。气体间隙的自持放电的主要形式是辉光放电和弧光放电。

2.巴申定律

由实验可知,气体间隙的击穿电压主要决定于气体压强 P 与间隙大小 d 的乘积。由于间隙的击穿主要决定于电场游离方式,而电场游离取决于在电子的自由运动过程,是否能获得足够的动能。

由电子的动能 $W=eE\lambda_e$ 可知,E(电场强度)和 λ_e(电子的自由行程)是两个主要因素。越大气体分子越易游离则击穿电压 U_{jc} 越低,即 U_{jc} 与 W 成反比。在均匀电场中,电压为 $U=Ed$。为了获得同样的电场强度 E,间隙 d 愈大,需要的电压 U 愈高;电子的平均自由行程 λ_e 与气体压强 P 成反比,所以 $W=eE\lambda_e \propto \dfrac{1}{Pd}$,也就是说,击穿电压 U_{jc} 是 Pd 的函数。

图 3.15 是铜电极在空气中时的击穿电压 U_{jc} 的 Pd 实验曲线,或称巴申曲线。在曲线中可以看出,存在着击穿电压 U_{jc} 的最小值,也即意味着间隙最容易被击穿。该最小击穿电压 U_{jcmin} 在空气中是 270～330 V,在氢气中约为 220 V。

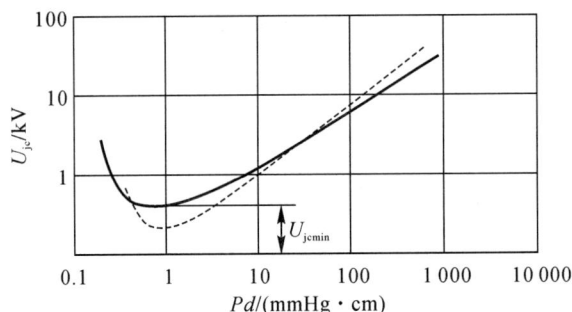

图 3.15　铜电极在空气中的击穿电压 U_{jc} 与 Pd 关系曲线(实线为实验测出,虚线为计算得出)
注:1 mmHg=133.3 Pa

从曲线中可以看出,当 Pd 大于某一数值(该数值所对应的击穿电压 U_{jc} 就是最小击穿电压 U_{jcmin} 时,U_{jc} 随 Pd 的增大而增大;当 Pd 小于此值时,U_{jc} 随 Pd 的减小而增大。因此,我们可以得出一个重要的结论,增大间隙中气体的压力,或者将间隙置于高度真空的环境中,都可以提高间隙的击穿电压 U_{jc}。

飞机飞行于高空中,大气压力较低,在同样的电极距离时,Pd 值较小,因此飞机电器电极间的击穿电压应比地面时低,飞机电器容易在高空中产生气体间隙的击穿故障。可见,在飞机维修厂的内修车间进行接触器、继电器的参数测试时,要先测试其不相互接触的各点之间的耐压能力,或称为抗电强度,以判断器件是否合格,如果测试耐压能力不合格,其绝缘材料或触点应更换。

3.4 触点间电弧的产生与熄灭

3.4.1 触点间金属液桥的产生

在触点开断或吸合过程中，触点间隙的气体放电现象并不一定要像前面介绍的固定电极间隙气体放电现象相同。

当电路断开使触点分离时，触点间的压力逐渐下降，使接触电阻逐渐增大，接触面积变小，从而使触点的温度升高，当温度上升到金属熔点之后，触点接触处的金属局部熔化，随着触点的分离，熔化的金属液体被拉接在两个触点之间，成为维持电流的通道，这种现象叫作金属液桥。

金属液桥存在的时间很短，可能会由于局部温度上升而汽化，或者由触点继续运动被拉断。金属液桥断开后，可能出现以下三种情况。

1. 金属液桥断裂瞬间形成短弧

短弧形成的条件是，除了触点开断时要满足其电流值小于燃弧电流 I_{rh}，电路电压高于燃弧电压 U_{rh} 而低于巴申曲线最低点所对应的电压——最小击穿电压 U_{jcmin} 外，在触点断开过程的初期，或闭合过程的末期，或触点振动期间，其间隙的距离小于 $10^{-7} \sim 10^{-5}$ cm，甚至更小，此时，间隙中的电场强度极强，在阴极会产生场致发射，便会形成短弧，其持续时间只有 10 us。

2. 触点间隙被击穿而产生火花放电

若触点电路开断时，其电流值小于燃弧电流 I_{rh}，触点间隙电压达到击穿电压最小值 U_{jcmin} 时，而且电路中存在着电感，则触点间隙被击穿后产生火花放电。

3. 触点间直接生成电弧

由于开断电路时其电流及电压达到其极限燃弧电流和极限燃弧电压，所以才直接生成电弧。而由于生成电弧之后，电弧成为电流的通道，所以不会形成火花放电。

触点在吸合过程中也会产生放电现象。触点关合过程中，由于触点产生"回跳"现象，使触点产生类似于开断过程中产生的放电现象。所以也会产生短弧、直接生成电弧或火花放电等现象。

对于直流电路和交流电路，产生电弧的极限燃弧电流及极限燃弧电压的大小是不同的。对于直流电路，产生电弧必须满足极限燃弧电流和极限燃弧电压，而对于交流电路，其产生电弧的最小电流随电压不同而不同，它们的数值见表 3.1 和表 3.2。

*3.4.2 触点间电弧的放电区域的划分

实验证明，在直流电路中，当触点开断电路时，只要电路中电压在 $10 \sim 20$ V 之间，电流在 $80 \sim 100$ mA 之间，触点之间便会生成电弧，飞机电器开关所开断的电路容量很大，不可避免地会产生电弧，因此有必要进一步介绍电弧放电区域的划分，以及触点间电弧的特点及维持稳定燃烧的条件。

表 3.1 直流电路中不同触点材料和介质条件的 U_{rh} 和 I_{rh}

材　料	介质条件	U_{rh}/V	I_{rh}/A
银	湿度 45% 的空气	12	0.3～0.4
银	干燥的氮气	13	0.8
银	含氧气 1% 的氮气	12	0.32
银	120℃	12	0.25
银-铜—10(含铜 10%)	—	12	0.25
铂	—	15～17.5	0.7～1.0
铂-依—10(含铱 10%)	—	20	0.8～1.1
铂-铱—7(含铱 7%)	—	—	2.5
钯	—	14	0.6～0.8
金	—	11.5～15	0.38
金-镍—10(含镍 5%)	—	15	0.4
铑	—	13	0.8
钨	在空气中	15～17.5	1.0～1.4
铜	在空气中	12.3	0.4～0.6
铜	在氢气中	18～32	1.3
铜	在氮气中	14	0.6
汞	—	22	3.0

表 3.2 交流电路中不同电压和触点材料的电流大小

		电压有效值/V			
		25	50	110	220
		最小电流幅值/A			
材料	碳	—	5	0.7	0.1
	钨	12.5	4	1.8	1.4
	铜	—	1.3	0.9	0.5
	银	17	1	0.6	0.25
	青铜	—	0.7	0.4	0.3
	锌	0.5	0.5	0.5	0.5
	铁	—	1.5	1.0	0.5

1. 电弧放电区域的划分

按电弧放电区域的空间电荷分布及电位分布来划分,弧光放电间隙可以分为三个区,即阴极压降区、阳极压降区及弧柱区,各区特点如图 3.16 所示。

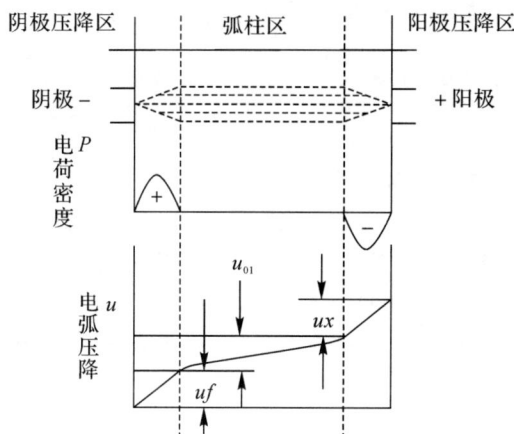

图 3.16 电弧区域划分及电位分布

(1)阴极压降区。阴极压降区的长度约等于电子的平均自由行程,约为 10^{-4} cm。在此区域内聚集着大量的正离子,从而在阴极附近形成正离子层(或称空间电荷层),使阴极电位急剧改变,阴极区电场强度升高(平均达 $10^6 \sim 10^7$ V·cm^{-1}),使正离子加速向阴极运动,轰击阴极表面产生带电粒子,二次电子发射和强场发射这两种游离方式起着重要的作用。阴极压降的数值随阴极材料和气体介质而不同。

(2)阳极压降区。阳极压降区长度约为阴极区的几倍,阳极不会发射正离子。在阳极附近也同样形成空间电荷层,电荷是由弧柱中的电子流及阳极高温时发射的部分电子。由于是电子组成的电荷区,故称阳极附近形成的电荷区为负空间电荷区,同时该电荷区使阳极电位产生急剧改变,从而形成阳极压降。其数值与阴极压降接近,由于阳极压降区较长,所以阳极压降区电场强度较小。阴极压降及阳极压降的数值几乎与电流大小无关,一般可以认为是常数,只与相应的电极材料及气体介质有关。

(3)弧柱区。弧柱区的温度通常可达 6 000~15 000 K。高温使大量的气体产生热游离,使弧柱具有很好的导电性,而且电流越大,温度就越高,游离程度也就越高,弧柱的电阻就越小。因此电弧具有当电流增大时电压下降的特性。弧柱区正负带电粒子数相等,称为等离子体。当电极距离很小,阴极压降或阳极压降与弧柱压降相比,后者可以忽略时,此种电弧称为短弧柱。当两极间距离在几个厘米以上,以致弧柱压降远大于阴极压降或阳极压降时,此种电弧称为长弧。

2.维持电弧稳定燃烧的条件

要维持电弧稳定燃烧,主要取决于以下两个条件。

(1)弧柱区的高温。弧柱中的温度极高,通常在 6 000~15 000 K,以保证其低电阻状态。而且具有当电流增大时电压下降的特性,是因为高温使大量气体热游离,使弧柱具有良好的导电性,所以电流越大温度就越高,游离程度就越高,弧柱电阻就越小。

(2)阴极压降区的强电场。虽然阴极压降很低,但由于阴极压降区极小,所以阴极压降区的电场强度极高,从而使阴极产生强烈的场致发射。场致发射提供足够的电子流,是产生电弧放电的根本原因。

归根结底,电弧的燃烧取决于高温,能否维持电弧稳定燃烧取决于弧柱是否能保持低阻状态,因此要使电弧熄灭,有效措施是冷却电弧,以加强去游离。

3.4.3 直流电弧的特性与熄灭

1. 直流电弧的伏安特性

(1)直流电弧的伏安特性的定义。直流电路中,电弧的电流 I_h 和电弧的电压 U_h 之间的关系曲线,称为直流电弧的伏安特性。如图 3.17 所示,电源电动势为 E,电弧在触点 1 和 2 之间燃烧,可变电阻 R 用于改变流过电弧的电流 I_h。如果我们维持弧长不变的条件下,给定每一电流之后稍停一些时间(大于几百微秒),等弧柱中的发热和散热过程达到平衡后,测量弧隙两端的电压,则如此测得的 U_h 和 I_h 之间的关系曲线,称为直流电弧的静态伏安特性,如图 3.18 所示。

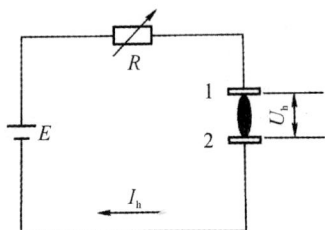

图 3.17 测量直流电弧电路　　　　图 3.18 直流电弧的静态伏安特性

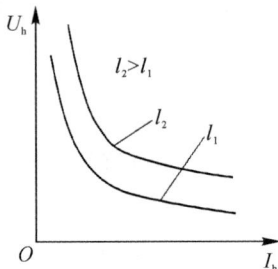

(2)直流电弧的静态伏安特性的特点。

1)当电弧的长度不变时,电弧电压 U_h 随电流 I_h 的增大而减小。其原因是 I_h 升高,弧柱输入功率 P_h 增大,使弧柱温度升高,直径增大。这样一方面引起弧柱散发的功率 P_S 增加,另一方面使弧柱电阻 R_h 剧烈减小,从而使电弧电压 U_h 下降。

2)在同样电流下,电弧电压 U_h 与电弧长度 l 有关。因为当电流相同时,弧柱电压随 l 增加而提高,使电弧的静态伏安特性也提高。

直流电弧的伏安特性不仅跟电弧的长度有关,还与电极材料、弧隙间的介质种类、气压、温度、介质相对于电弧的运动速度、介质作用于电弧的方式等有关。

2. 直流电弧的稳定燃烧点及熄灭条件

(1)直流电弧的稳定燃烧点。以 RL 电路为例,如图 3.19 所示,找出直流电弧的稳定燃烧点,可以列出其电路电压平衡方程式为

$$E = I_h R + L\frac{\mathrm{d}I_h}{\mathrm{d}t} + U_h$$

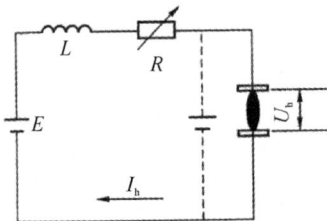

图 3.19 带电弧的直流电路

在稳定的条件下，$\dfrac{\mathrm{d}I_h}{\mathrm{d}t}=0$，因此上式可以简化为 $E=I_hR+U_h$，再把其进行适当整理，可以得出 $E-I_hR=U_h$，该式的右边 U_h 是电弧电压，它与 I_h 关系就是电弧的静态伏安特性 $U_h=f(I_h)$。式子中的左边是电源提供的电压，它与电流的关系 $E-I_hR=f(I_h)$，称为电路伏安特性。我们将这两条曲线都画在同一个坐标系中如图 3.20 所示。可以看出，这两条曲线的交点应该是电路的稳定工作点，也就是电弧的稳定燃烧点。这里可以采用干扰法判断，2 点才是真正稳定燃烧点。

首先，我们来分析"1"点的情况，此时，其电弧电流的大小是 I_1。如果有某种外界的干扰，引起电弧电流大于 I_1，则电路的工作状态进入"1"点和"2"点之间的区域，电流随时间变化的速率大于 0，即 $L\dfrac{\mathrm{d}I_h}{\mathrm{d}t}>0$，这意味着，电弧燃烧越来越旺，电弧电流继续增大，一直到达"2"点的电流 I_2 为止。相反，如果在某种原因的干扰下，引起电弧电流小于 I_1，则电路的工作状态进入"1"以左的区域，此时，$L\dfrac{\mathrm{d}I_h}{\mathrm{d}t}<0$，电流随时间变化的速率小于 0，这意味电弧燃烧趋向于熄灭，电弧电流将继续减小直到 0。因此，我们可以判断，"1"点不是稳定的燃烧点。

接下来分析"2"点的情况，"2"对应的电流是 I_2。若由于某种原因的干扰使电弧电流增大，工作状态进入"2"点右边的区域。此区域的 $L\dfrac{\mathrm{d}I_h}{\mathrm{d}t}<0$，电弧电流将减小而返回到"2"点。若由于某种原因的干扰使电弧电流减小，则电路的工作状态进入"1"点和"2"点之间的区域，电流随时间变化的速率大于 0，即 $L\dfrac{\mathrm{d}I_h}{\mathrm{d}t}>0$，电弧电流将增大而返回到"2"点。由此，我们可以判断"2"点是真正的稳定燃烧点。

(2)直流电弧的熄灭条件。通过对直流电弧的稳定燃烧点的分析可知，只要两条曲线没有交点，电弧的伏安特性处处都高于电路的伏安特性，这样电路不会有稳定燃烧点，且电弧会逐渐熄灭。用数学表达式表示为

$$U_h>E-I_hR$$

如果上式两边分别乘以 I_h，则 $U_hI_h>EI_h-I_h^2R$，该式中的左边表示电弧消耗的功率，而右边表示电源提供的功率。该式说明，如果电源提供的功率小于电弧消耗的功率，电弧就会熄灭。

3. 直流电弧的熄弧途径

为了使电弧熄灭，必须消除稳定燃烧点，也就是说必须使图 3.20 中的两条曲线 $E-I_hR=f(I_h)$ 和 $U_h=f(I_h)$ 不能有交点，故可采用下面两条途径。

(1)使 $U_h=f(I_h)$ 曲线提高，使其脱离电弧伏安特性曲线(见图 3.21)。这样使电弧所需的燃弧电压高于电源所能提供的电压，电弧就会熄灭。一般是通过拉长电弧或人工冷却电弧的方法来达到熄弧目的，适用于电压较低、容量较小的场合。

(2)使 $E-I_hR=f(I_h)$ 特性下降而陡度增大，从而脱离电弧伏安特性曲线。一般是通过增大线路电阻(在熄弧的过程中串入电阻)的方法来达

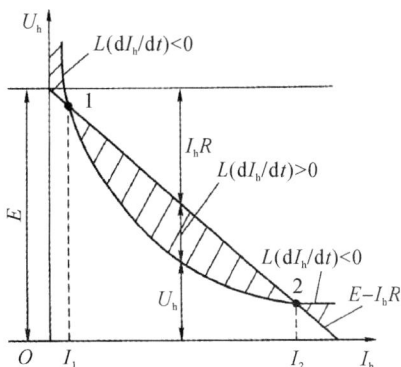

图 3.20 电弧与电路伏安特性曲线

到(见图 3.22)。在高压大容量控制场合也采用此方法。

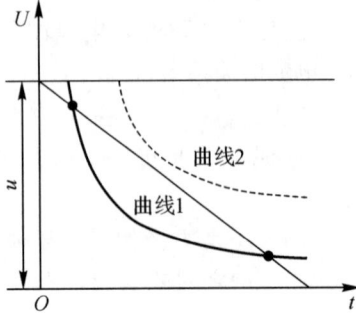

图 3.21　提高电弧伏安特性曲线

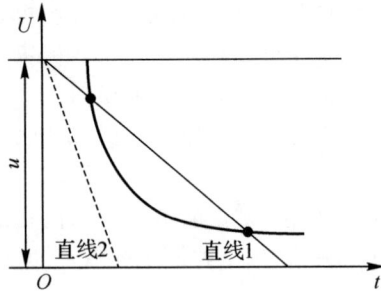

图 3.22　降低电路伏安特性曲线

4. 直流电弧的熄弧时间及过电压

(1)直流电弧的熄弧时间。当满足电弧熄弧条件时,电弧并不能立即熄灭,而只是开始趋向熄灭。即使是电弧熄灭,也需要一定的时间,其原因是电路存在的电感和弧柱具有热惯性。

熄弧过程消耗在电弧的能量是包括电源供给的能量(除消耗于负载的能量之外)和电感储存的能量。因此要等电感中能量释放完,电弧才能熄灭。电感愈大,则储存的能量愈多,电弧则愈难熄灭,熄弧时间就越长。

(2)直流电弧熄灭时的过电压。为了减轻电弧对触点和灭弧室的烧损以及降低它们的温升,一般希望熄弧时间越短越好。但由于电路不可避免存在着电感,当熄弧时间过短,则 $\dfrac{\mathrm{d}I_{\mathrm{h}}}{\mathrm{d}t}$ 过大,那么电感中将产生很大的自感电势。它和电源电压一起加到弧隙两端和与其相连的电气设备上,其数值是电源电压的好几倍,通常称为过电压。过电压的产生,一方面可能使弧隙击穿,使电弧继续维持燃烧一段时间;另一方面,可能使电气设备绝缘击穿,可能引起灾难和事故。因此,在直流电路中,如果没有采取措施限制过电压的数值,则不可以过分减小熄弧时间。

3.4.4　交流电弧的特性及熄灭

由于飞机的用电量增大,触点所控制的电流高达几百安培,而且现代民用客机把交流电源作为机上的主电源,所以研究交流电弧的特性及熄灭原理就显得更加重要。

1. 交流电弧的特性

交流电的瞬时值随时间变化,并且每个周期内两次通过零点。电流过零时电弧会自己熄灭,以后又重燃,因此,交流电弧一直处于动态过程中。所以说,交流电弧是一个不断熄灭又不断重燃的动态电弧。

图 3.23 为交流电弧的伏安特性曲线。该特性是建立在以下条件下:①电弧稳定燃烧;②弧长不变;③介质对电弧的冷却作用不太强

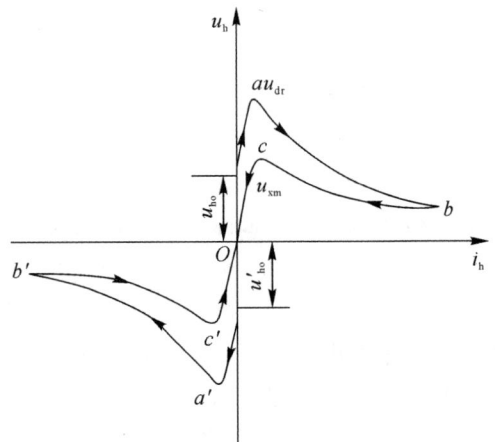

图 3.23　交流电弧的伏安特性

烈;④电弧电流随时间按正弦规律变化。

从电流过零时开始分析。电流过零时,电弧自己熄灭,此时弧柱变冷,变细,弧柱电阻增大。但电源电压很快就迫使电流向上方向通过。此时电弧电压以很陡的斜率上升,如图 3.23 中的 OA 部分。随着电弧电流的增大,于是弧柱变热,变粗,弧柱电阻迅速下降,当 u_h 达到点燃电压 u_{dr}(见图 3.22 中 a 点)时,触点间隙重新击穿,电弧又重燃,并且随着电弧电流的增大电弧电压下降,如图 3.23 中的 ab 段。当电弧电流到达最大值 b 点后并减小时,电弧电压随着电弧电流的减小而上升,如图 3.23 中的 bc 段。随着电弧电流的减小,而电弧电压到达最大值(见图中 3.22 中 c 点)后,电弧电压是会随着电弧电流的减小而急剧下降,如图 3.23 中 CO 段。到达 c 点后,电弧熄灭,故称 c 点电压为熄弧电压 u_{xm}。

由于"热惯性"的原因,特性中的 bc 段低于 ab 段。电流过零时电弧熄灭了一段很短时间,通常称为零休时间。由于零休时触点间隙仍残存着带电粒子,所以在重燃时交流电弧的点燃电压,比直流电弧的点燃电压要低。

当交流电弧的幅值不变时,弧柱的热惯性越小,介质对电弧的冷却作用愈强,则交流电弧的点燃电压小和熄弧电压越高,且愈靠近纵坐标轴。

电流在负半周时,电弧的伏安特性处于坐标系的第三象限,其形状与电弧电流的正半周期完全相同。

2. 交流电弧的熄灭

交流电弧的熄灭原理与直流电弧有所不同,是由于交流电弧有一个"零休"时间,所以交流电弧的熄灭,可以利用"零休"时间使电弧不重燃,最终使其熄灭。

交流电弧过零之后,出现这样一对矛盾,即是:

(1)弧隙中的介质恢复过程。弧隙中的游离气体从导电状态迅速转变为绝缘状态,即游离的气体中带电粒子复合转变为中性粒子,使触点间隙之间的绝缘介质增加,绝缘能力提高,使弧隙能够承受电压的作用而不发生击穿的过程。一般用介质恢复强度 u_{jf} 的变化来表示这个过程。

(2)弧隙的电压恢复过程。由于熄弧后电路将被断开,电源电压在过零后反方向加到弧隙两端的触点上,并逐渐增大,试图将触点间隙重新击穿,用恢复电压 u_{hf} 表示这个过程。

弧隙的介质恢复过程企图使弧隙由原来的导电状态向绝缘状态转化,而弧隙的电压恢复过程企图使弧隙的电压提高,将弧隙击穿。电弧是否重燃取决于这两个过程的矛盾,但一般情况下,只要交流电弧电流过零,采用适当的灭弧措施,就可防止电弧重燃,从而使电弧熄灭。如图 3.24 所示,当介质恢复强度曲线 1' 与恢复电压曲线 2 有交点时,则交流电弧能够重燃;加强灭弧措施后,介质恢复强度曲线 1 与恢复电压曲线 2 不再有交点,则交流电弧就无法重燃。

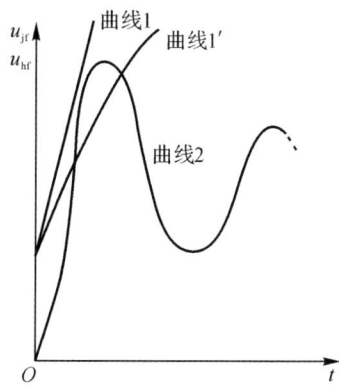

图 3.24　介质恢复强度与恢复电压曲线

3.4.5　飞机电器常用的几种熄弧方法

1.气体吹弧

飞机电器的气体吹弧是利用电弧本身产生的高温,使某些灭弧物质受热后产生大量气体吹熄电弧。如现代大型客机中的接触器的罩盖,就是用石棉——有机硅基树脂制成的,当电弧产生时,石棉受热产生大量气体,这些气体通过外力作用吹断电弧,并且使灭弧室的气压增大,加强了去游离,从而使电弧熄灭。

2.磁吹弧

(1)外加磁场吹弧原理。图 3.25 为磁吹灭弧原理图。外磁场方向和图面垂直并指向图面,电流方向如图 3.25 中箭头所指。电弧因受电磁力的作用向距触点较远的地方拉长,受冷却而加强消游离过程,从而使电弧熄灭。外加磁场可由永久磁铁产生,也可由专用的灭弧线圈产生。

(2)自磁吹弧原理。飞机电器有的利用触点导电片的电流产生的磁场来进行磁吹灭弧,如图 3.26 所示,这种方法称为自磁吹弧。图 3.26(a)是继电器中常用的一种结构。

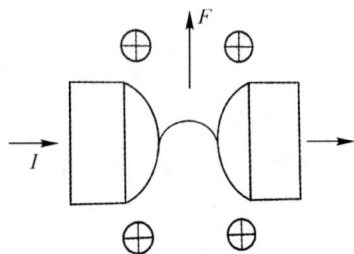

图 3.25　外加磁场吹弧

电流 I 在触点间隙处建立的磁场为 B,电弧在这个磁场中受到力 F 的作用而被拉出触点间隙。图 3.26(b)是接触器中采用的一种自磁吹弧结构。在这一结构中,动触点与静触点的安装角是 ϕ,这使得动触点中的电流 I_2 与静触点中的电流 I_1、I_3 之间也产生了 ϕ 的夹角。动、静触点中的电流在水平方向上的投影是同方向的,因此,它们在触点间隙中建立的磁场相互抵消。但它们在垂直方向的投影是反方向的,因此电流的垂直分量受到电磁力的作用,使电弧向上(左边断点)或向下(右边断点)拉长而熄灭。这种方法在飞机电器中经常采用。

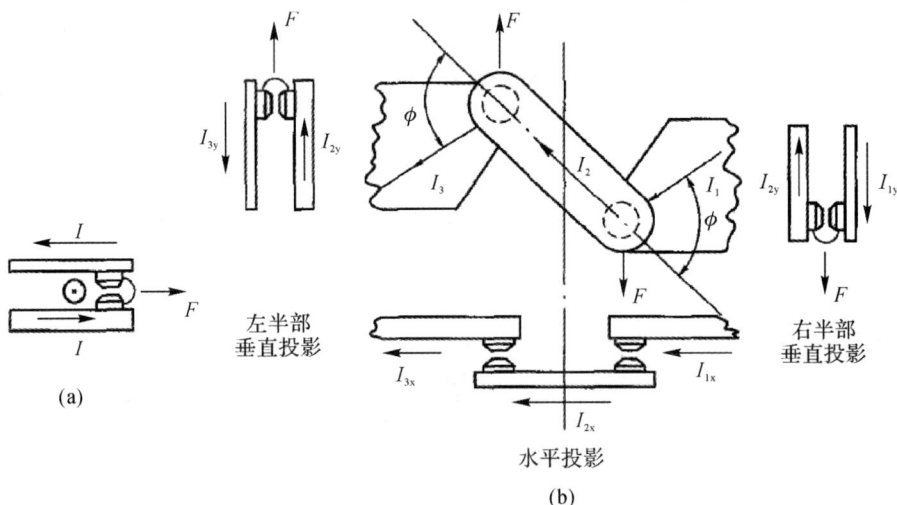

图 3.26　磁吹灭弧
(a)常用结构;(b)自磁吹弧结构

用双断点触点断开电路时,如图 3.26(b)所示,当动触点向上运动与静触点分离时,在左右两个触点间隙中将会产生两个彼此串联的电弧。这样在相同的外电压作用下,电弧上的电压降是单断点触点的 2 倍,因此电弧的静态伏安特性升高,从而因破坏了燃弧的条件而使电弧熄灭。采用双断点触点灭弧对于断开具有几十伏电压的直流电路特别有效。

3.石英砂间隙熄弧

这种方式常用于电路保护装置的熔断器中。在熔断器中放置石英砂粒,当形成电弧时,由于高温及金属蒸汽压力的作用,使电弧中带电质点向周围扩散而渗入石英砂粒的空隙中,使电弧受冷却而加强了去游离,最后使电弧熄灭。

4.玻璃管式保险丝熄弧

此常用于小功率的熔断器中。金属熔丝被封装于玻璃管中,当电路过载或短路时,熔丝被熔断,这时将产生电弧,但由于管内压力的增大而加强了去游离,另外,管内热量将由管壁及管脚传递出去,起到冷却作用,从而使电弧熄灭。通常管内充入惰性气体或抽真空,使电弧更快熄灭。

5.加速弹簧装置熄弧

飞机上的普通开关或自动保险开关,利用弹簧的弹力来加速触点的分断速度,从而加快电弧熄灭。

3.5　火花放电的原理及熄灭

3.5.1　火花产生的原理

触点断开时,如果电路电流小于极限燃弧电流,则在金属液桥断裂后不会发生电弧。但是,由于电路中电感的存在,自感电势将会使触点间出现高电压。当触点间的电压达到间隙的击穿电压时,便产生火花放电。

火花放电与电弧放电不同,它是由于触点间隙被击穿引起电路忽通忽断的一种不稳定放电现象。而电弧放电是在满足极限燃弧参数的条件下,在金属液桥断裂后,在触点间隙中生成的一种连续放电现象,而且电弧可以稳定燃烧。

火花放电主要是电感中储存的能量引起的,火花放电不稳定的原因在于触点间隙具有的电容效应。火花放电的原理图如图 3.27 所示,L、R 代表电感负载。触点断开时由于电路中存在着电感,而动静触点相当于电容的两个极板,所以当触点断开时,储藏在电感内的能量要释放出来,对动静触点充电。如果触点间隙的电压 U 升到 $270\sim$ 330 V 时使触点间隙击穿,则积存于触点上的电荷也释放

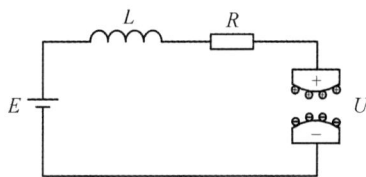

图 3.27　火花放电的原理图

出来,火花放电就产生。当放电终止,电感又释放能量,再次给触点充电,触点电压再度升高,间隙又被击穿而放电,如此往复,随着触点间距不断增大,击穿电压需要更高,直至间隙增大到一定距离以后,才使电路真正断开,电感内的储能也就通过多次火花放电转变为热能而消耗掉了。

火花放电会使触点产生电气磨损,并且会产生高频信号,严重干扰无线电通信,必须设法消除。

3.5.2 火花放电的熄灭原理及灭火花电路

由上面分析可知,产生火花放电是因为电路中电感储存的能量,所以我们只要设置附加电路,将电感中的能量消耗掉,就可以使电路不形成火花放电现象,或降低触点间过电压,缩短放电时间。

灭火花电路一般用于直流继电器中。因为继电器的控制对象主要是接触器、断路器、电磁阀及各种控制电器的电磁线圈,以及某些信号回路,虽然触点的长期工作电流,即额定电流一般都是很小的,但由于继电器其触点压力一般取得很小,而且控制大都是电感性负载,所以需要设置灭火花电路。熄灭火花一般有两种途径,一种是给电感线圈提供一条释放能量的通道,当触点断开时,电感的能量可以通过辅助通道释放掉,如图 3.28(a)(c)(d)所示;另一种途径是限制触点断开时的电压,如图 3.28(b)所示,其电容两端的电压不能突变,当触点断开时,加于触点两端的电压很小,当电容两极板电压升高之后,触点已断开一定的距离。

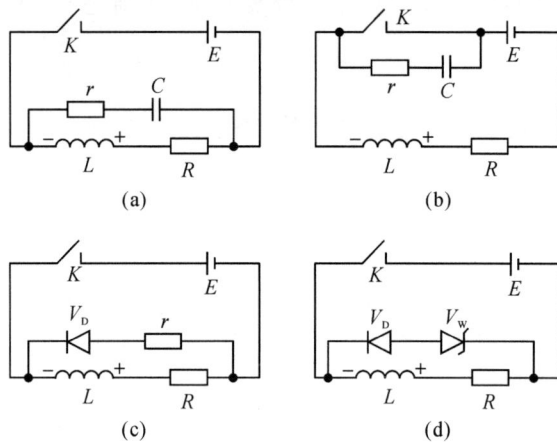

图 3.28 常见灭火花放电路
(a)(c)(d)给电感线圈;(b)限制触点断开时的电压提供释放能量的通道

3.6 触 点 弹 跳

3.6.1 触点的弹跳

触点吸合过程中,经常会发生机械振动,使静触点产生闭合→分离→闭合过程的重复,称为触点弹跳。其产生的原因有两个方面:动静触点相互碰撞而产生弹跳和触点系统的电动力使触点产生弹跳。

1.动静触点相互碰撞而产生弹跳

假设有一触点系统如图 3.29 所示,动触点为 a,静触点为 b,触点间隙为 s,行程为 Δs,衔铁为 M。在触点闭合过程中,动触点 a 以速度 v_0 与固定触点 b 相碰撞,如图 3.29(a)所示。碰撞结果使动触点 a 以 v_{20} 速度反弹,如图 3.29(b)所示。在动触点 a 弹回的过程中,触点弹簧因压缩而产生一个反对动触点 a 的力,促使 a 的运动速度降低到 0,如图 3.29(c)所示。接着动触点 a 又向静触点 b 运动,再产生第二次碰撞,如此循环到最后停止,动静触点完全闭合。

如图 3.30 所示为触点产生弹跳的振动曲线。图 3.30 中 x 是振动振幅，x_m 是振幅最大值。

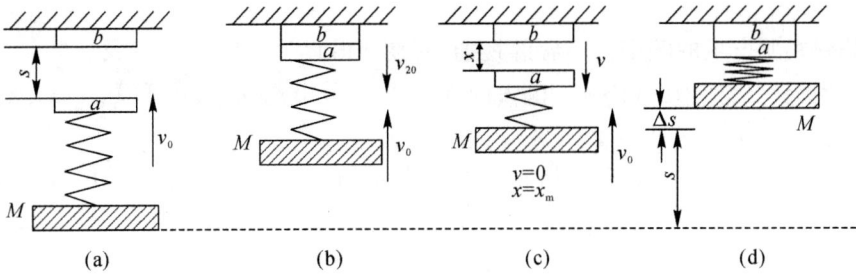

图 3.29　触点碰撞振动情况分析

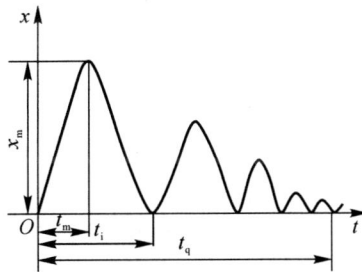

图 3.30　触点回跳幅值与时间关系

2. 触点系统的电动力使触点产生弹跳

这种情况常发生于触点间有短路电流流过的触点中。触点的电动力是由接触点的电流强烈收缩而引起的。接触点处的电流线产生收缩而畸形，使动、静触点间的部分电流线几乎互相平行，且方向相反，使动静触点产生相互排斥作用的电动力，当该力较大时，会使动触点推开一定，使流过触点的电流减小或为零，但在电磁吸力的作用下又重新闭合，如此交替进行，使触点产生振动，如图 3.31 所示。

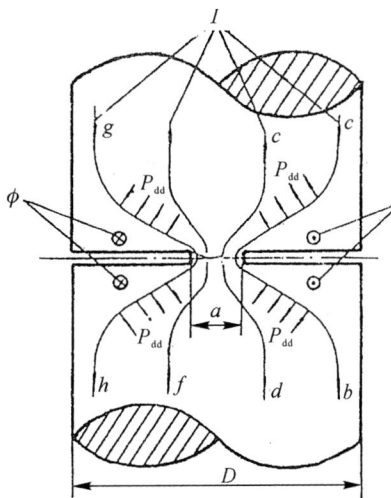

图 3.31　触点间的电动力

3.6.2　削弱触点弹跳

触点的弹跳所产生的危害是不容忽视的,它使触点失去控制电路的作用,而且会在触点间交替产生电弧。特别是在电路发生严重过载或短路的情况下,触点重新闭合之后,会发生"熔焊"现象,使动静触点不能再打开。

减弱触点弹跳现象通常采用"柔性碰撞"原理。如图3.32所示,动触点和传动部件(拉杆)的连接是柔性的,是由缓冲弹簧来产生缓冲作用。一般是将弹簧预先压缩一段距离,使动触点片以一定压力

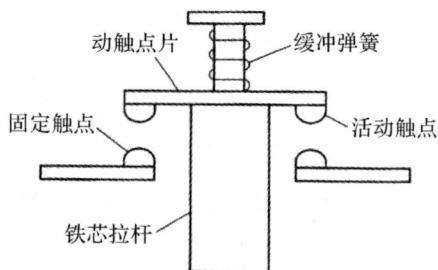

图 3.32　柔性碰撞原理

作用于铁芯拉杆的台肩上,从而产生一个预压力,通常称为触点初始压力。当动铁芯吸合而带动拉杆下移,动触点刚碰到静触点,而动触点片稍离开拉杆台肩时,触点间压力很快达到缓冲弹簧的初压力,适当调整好该初始压力,可以使触点弹跳减弱。

从理论上说,在闭合过程中要完全消除触点的振动既不可能,也没必要。只要将振动的幅度降低到不引起电气磨损,或者虽有电气磨损却并不显著就行。因此,一些飞机电器如接触器,规定触点闭合时的"回跳"时间,若不超规定值,则该产品可用;若超过规定值,则要进行调整或更换有关组件。

3.7　触点的电气磨损

触点在工作过程中,由于各种原因会使触点产生磨损,其磨损一般有机械、化学、电气磨损三种形式。电气磨损是触点磨损的主要形式,是由于触点在开断和关合过程中,伴随着产生金属液桥、电弧和火花放电等现象,引起了触点材料的损耗及变形。

触点电气磨损有两种形式,即液桥的金属转移和电弧、火花的烧损。

3.7.1　液桥的形成及金属转移

实验证明在负载较小时,由于液桥的作用,触点在多次操作以后,其阳极金属减少形成凹坑,而阴极金属增多,形成针尖。这种现象我们称为金属转移。

液桥造成的金属转移目前还未见到很完善的解释,但实验证明,金属液桥上的温度分布是不对称的,当负载电流较小时(Ag、Mg、Ni触点当电流<0.2 A时),一般阳极触点温度高于阴极触点,金属液桥的断裂点就发生在最高温度点附近,使阳极向阴极产生金属转移。因此在控制弱电流的继电器触点中,常常会出现阳极凹坑,阴极针尖这种现象,图3.33(a)(b)所示。而负载电流较大时(Ag、Mg、Ni触点当电流>0.2 A时)阴极附近的液桥温度较高,从而造成阴极向阳极产生金属转移,使阳极出现尖状突起。如果所控制的电路不够产生电弧的条件,也不够产生火花的条件时,则液桥磨损成为触点磨损的主要形式。

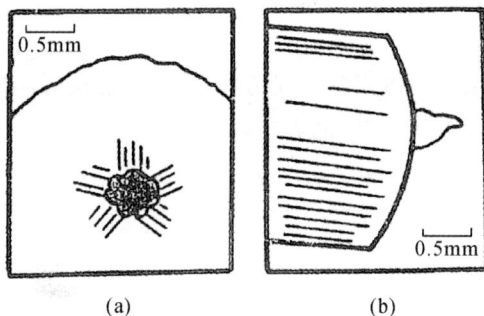

图 3.33 触点的金属转移
（铂铱合金触点动作 106 次后产生的液桥磨损）
(a)阳极触点；(b)阴极触点

3.7.2 电弧磨损和火花磨损

1.火花磨损

火花放电是在触点之间的电压超过 270～330 V(空气中)，使触点间隙击穿产生火花放电，是正离子轰击阴极，使阴极遭受磨损。

2.电弧磨损

电弧磨损可分为短弧、弱弧及强弧磨损三类。

(1)短弧磨损。短弧是产生于触点的开断初期和触点的关合的末期，在触点发生弹跳期间也会产生短。只要电路电压大于生弧电压 U_{rh}，电流小于生弧电流 I_{rh}，触点间隙小于 10^{-7}～10^{-5} cm 时，都可以生成短弧。生成短弧，主要是电子轰击阳极，加热阳极，使其金属蒸发，故阳极磨损，并也产生金属转移。

(2)弱弧磨损。当电压大于生弧电压 U_{rh}，电流大于生弧电流 I_{rh}，又小于某一极限电流 20 A 时，触点间隙会产生弱弧。此时的磨损主要是正离子轰击阴极，使阴极磨损。同时，会产生阴极向阳极发生金属转移，是因为此时触点间隙不大，电弧的温度不特别高。

(3)强弧磨损。当电流大于 20 A 时，触点将产生大功率的强弧磨损。这时电弧的温度极高，触点间隙较大，而且有电动力吹弧作用，使液态金属从触点表面吹出，以致同弱弧的磨损情况不同。由于高温、大间隙及电动吹弧等原因，使触点产生金属蒸汽扩散和飞溅的现象较严重，所以阴阳极都受到磨损。但电弧使阳极温度高于阴极，可见阳极磨损是主要的。

3.交流电弧的磨损特点

控制交流电路的电器触点，当电流小于 20 A 时，触点不会产生金属转移，触点磨损只表现为触点表面状况的恶化。是因为交流电每个周期内电流的方向要发生改变，而且电流要两次过零，所以使交流电路的电器触点的磨损远小于直流电路。但当交流电流大于 20 A 时的强弧磨损也是十分严重的。

3.7.3 触点的电气磨损综合分析

触点在一个工作循环(关合一次，开断一次)中，可能经历几种不同的放电类型。例如，电器触点开断一条电路时，在触点开始分离之前，触点之间可能产生金属液桥，在触点刚刚分离时,触点可能出现短弧,随着触点间隙的增加,将会随电路参数的不同而出现火花放电或电弧放电。其闭合过程也是一样的。

要掌握在电路的一定条件下触点的磨损情况,即根据触点的电压及电流的大小,分析其在一个工作循环内可能出现的磨损类型,见表3.3。

表 3.3　触点磨损区域划分

序　号	区　域	条　件		磨损类型		主要磨损电极
		触点电压 U	工作电流 I	开断过程	关合过程	
1	无磨损区	$U<U_{jcmin}$ 或 $U<U_{c2}$	$I>I_0$	—	—	—
2	液桥区	$U_{c2}<U<U_{rh}$	$I>I_0$	液桥	液桥	阳极
3	短弧区	$U_{rh}<U<U_{jcmin}$	$I_{rh}>I>I_0$	液桥+短弧	液桥+短弧	阳极
4	火花区	$U>U_{jcmin}$	$I<I_{rh}$	液桥+短弧+火花	液桥+短弧+火花	阴极
5	弱弧区	$U>U_{rh}$	$I_q>I>I_{rh}$	液桥+短弧+弱弧	液桥+短弧+弱弧	阴极
6	强弧区	$U>U_{rh}$	$I>I_q$	液桥+短弧+强弧	液桥+短弧+强弧	阳极

注:表中 $I_0\approx0.05\sim0.06$ A;$I_q\approx2$ A;I_{rh} 为燃弧电流,U_{rh} 为燃弧电压;U 为触点上的电压;$U_{qc2}\approx2$ V 是形成金属液桥的最小电压;U_{jcmin} 是触点的最低击穿电压,在空气中是 $270\sim330$ V。

要特别注意的是,在纯电阻负载中,触点上的电压与电源电压是相等的;在开断感性负载的过程中,触点电压都大大超过 U_{rh},甚至超过 U_{jcmin}。一般情况下,在开断感性负载电路的过程中,只要电感量不是很小,均会出现电弧和火花放电。

现代飞机电源电网主干线路上使用的接触器上,触点所控制的电流都在几百安培以上,经过多次操作之后,触点的磨损都比较严重,结合飞机维修厂机务维修的可行性,可以采取以下措施减轻触点磨损。

(1)加强熄弧和灭火花措施,减少产生的电荷及缩短熄弧时间,如冷却措施等。

(2)调整触点间隙和超行程,保证触点正常工作。

3.7.4　飞机电器触点的维护方法

有关触点的常规维护方法可以分为下列三种情况加以说明。

1. 触点不干净

针对此种情况,可采用触点的专用清洁剂清洁触点表面,并用压力为 20 psi 的干燥压缩空气清洁。

2. 触点出现轻微凹痕、烧损

针对此种情况,可用薄的细纹锉刀,移动锉刀横过触点表面来清洁,然后用压力为 20 psi 的干燥压缩空气彻底清洁。如果锉刀不能清除干净,可使用专用的不锈钢刷子来清洁触点上的粉末和杂质,但不要用锋利的刷子除去银版,也不要锉平触点。

3. 触点有焊缝或深坑

如果触点有焊缝或深坑,则要更换。请参照图3.34所示的磨损情况来决定是否更换触点。

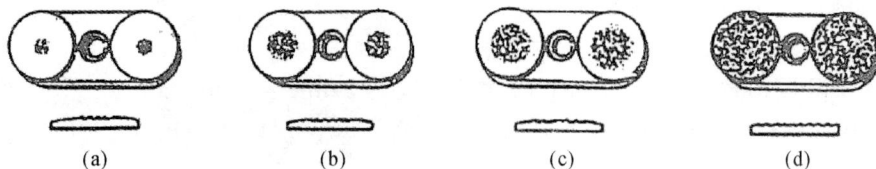

图 3.34 触点磨损情况维护决断图

(a)(b)可用;(c)(d)不可用

图 3.34(a)、图 3.34(b)可用,图 3.34(c)和图 3.34(d)不可用,应更换。图 3.34(a)是从厂家送来的新产品,微小的痕是由于制造之后进行产品检验产生的,属正常情况。图 3.34(b)为触点是在飞机上使用过的,凹槽面积小于触点总面积的 50%,为可用。图 3.34(c)为触点是在飞机上使用过的,凹槽直径占触点直径的 70%,或凹槽面积等于或大于触点总面积的 50%,为不可用。图 3.34(d)为触点面积完全被凹槽占据,为不可用。

4. 维护触点要注意的事项

(1)清洁触点的工作应由经培训的专业技术人员完成;

(2)绝对不能用砂纸或砂布清洁触点,否则砂粒会进入触点表面,产生电弧而使触点损坏。

【拓展阅读】

夺命电弧

——瑞士航空 111 号航班瑞士航空

111 号航班是从美国纽约肯尼迪国际机场飞往瑞士日内瓦国际机场的定期航班。1998 年 9 月 2 日凌晨,该航班在加拿大。哈利法克斯机场附近海域因飞机中起火导致仪器失灵发生空难。失事客机属于瑞士航空一架编号为 HBIWF 的 MD—11 三发宽体客机,飞机在冲入大西洋后粉碎性解体,全机 229 人无一生还。

当地时间晚上 8 时 18 分,瑞士航空 111 号班机从纽约肯尼迪国际机场起飞前往瑞士的日内瓦国际机场。飞机飞至 33 000 ft 高空时,正副机长都嗅到机上空调系统有怪异气味,再过 4 min,两位机员已可以看见有白烟冒出。但烟味及白烟只在驾驶舱出现,客舱并没有此现象,因此机员认为是驾驶舱空调出了问题。这时机长希望在就近机场作紧急着陆,于是联络上波士顿罗根国际机场表示机上有紧急状况。可是波士顿塔台则指示该客机飞往位于加拿大,但比较近的哈里费斯国际机场(Halifax International Airport)。

晚上 10 时 19 分,飞机已飞至离哈里费斯机场 56 km 处,要求下降高度至 21 000 ft,并向航空交通管制表示要放掉机上燃油准备作紧急着陆。可是,机上的电子元件一个接一个的失灵,在晚上 10 时 24 分,机长宣告飞机已进入紧急状态,并向管制员表示必需“立即”降落。可是机上的灯光、导航仪器及自动驾驶系统都已失效。结果飞机在 10 时 25 分与航管失去联络,飞机坠毁前一分钟,二号引擎被关掉;最后以时速 350 kn 坠落在大西洋海面。

调查员通过检查飞机的配线图,发现了引发火警的元凶就是头等舱的娱乐系统。当时的娱乐系统最大缺陷就是在运行的时候消耗大量电能,从而产生大量的热。致使客舱的温度大幅提升,这个设备并未安装过载保护和冷却装置。调查员认为,机长在关闭客舱灯光的时候并未切断娱乐客舱娱乐系统的电源。这些耗电大户仍在运行,从而导致娱乐系统的过热现象。但运输安全局却认为真相并未水落石出。调查人员认为,飞机娱乐系统的问题还不足以造成 111 号航班失事。

在调查员又发现了更多的机身残骸，经过长达数周的分析检验，调查冗余，终于发现了新的证据，一段有问题的电线。另外，客机填充用的绝缘层在明矾广泛应用，而且也通过了航空的可燃性测试。调查员突然决定："嗯，受测材料必须在短时间内自行熄灭。"调查员决定改变调查方向，开始研究助长火势的可燃物。这次终于找到了答案，在驾驶舱后方的密闭空间内，一段电线产生了电弧。电弧引燃了绝缘物质，而绝缘物又点燃了其他材料，比如塑料。飞行员并不知道火势蔓延的多快，他们

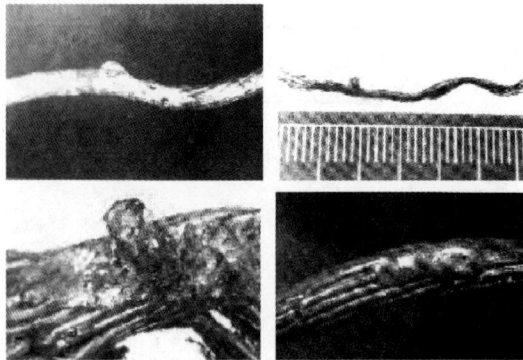

图 3.35　过热的线和融化的铜

在发出了紧急信号后 14 min，大火就已经摧毁了整个驾驶舱的电，黑匣子也随即失去了作用。

运输安全局花费四年半，耗资四千万美元用于调查事件真相，这也是加拿大规模最大的灾难调查，他们做出了很重要的一项结论，民航飞机上绝不能使用易燃材料。经历这次劫难之后，瑞士航空决定移除所有飞机的易燃绝缘材料，他们也对检查程序进行了更改，缩短了飞机失火时，飞行员做出决定的反应时间。此事件。对原本经营状况不好的瑞士航空无疑是雪上加霜，间接导致公司在 2001 年 10 月破产，并于 2002 年 3 月重新成为重组为瑞士国际航空。

瑞士航空公司在头等舱和公务舱加装的高级个人娱乐系统，无疑是吸引乘客的一大亮点，在长途飞行当中，乘客可以在自己的位置上上网，甚至可以通过信用卡来进行赌博游戏。然而对于飞机的电路系统来讲，这样的一套装置无疑是加重了系统的负担，更致命是加装改造破坏了电网控制系统的逻辑严密性，并没有对这个系统设置单独的开关，在必要的时候无法将它关闭，在瑞士 111 号航班上，由于过热的电线引燃了绝缘层导致火灾，造成了坠机。另外就是易燃的绝缘材料导致了火势的迅速蔓延。惨痛的经历告诉我们，飞机上的改装、加装和材料的选择都必须谨慎处理。

习　　题

1.什么是电接触？

2.导致飞机电器产生故障的根源是什么？

3.触点按连接方式的不同可以分为哪三类？

4.触点按接触方式的不同可以分为哪三类？

5.触点三种接触方式本质的区别是什么？各适用于什么样的电路？

6.可分接触在电路中的作用是什么？

7.单断点和双断点各适用于什么样开关电器？

8.触点的四个工作状态是什么？每个工作状态有什么样的要求？

9.两个金属相接触的时候，在接触区域有几个电阻？分别是什么？

10.什么是接触电阻？形成接触电阻的原因是什么？

11.哪些因素会影响收缩电阻值？

12.膜电阻可以分成哪四类？其成因分别是什么？

13. 作为航空开关电器触点的常用材料,银的优缺点有哪些?

14. 作为航空开关电器触点的常用材料,铂的优缺点有哪些?

15. 什么是温升? 触点产生温升的原因是什么?

16. 如何判断触点接触是否良好?

17. 提高电接触可靠性的方法有哪些?

18. 激励和游离的概念是什么? 区别是什么?

19. 游离的方式有哪些?

20. 去游离的方式有哪些?

21. 气体击穿分为哪两个阶段?

22. 自持放电分为哪三个阶段?

23. 影响击穿电压值的因素有哪些? 如何提高击穿电压值?

24. 金属液桥是如何形成的? 金属液桥断开后有哪三种情况发生?

25. 触点间电弧放电可分为哪三个区域?

26. 电极电压同哪些因素有关?

27. 直流电弧的静态伏安特性是什么? 描述直流电弧的静态伏安特性的两个特点?

28. 直流电弧熄灭的条件是什么? 直流电弧熄弧的途径是什么?

29. 影响直流电弧熄灭的两个因素是什么?

30. 交流电弧伏安特性的特点是什么? 交流电弧应如何熄灭?

31. 什么是零休时间?

32. 飞机电器常用方法常用的几种熄弧是什么? 每种方法的原理是什么?

33. 触点间火花放电发生的根本原因是什么? 火花放电的危害有哪些?

34. 灭火花电路的原理是什么? 举例说明有哪些电路可以实现?

35. 什么是触点间的弹跳现象? 产生触点弹跳的原因有哪些? 如何削弱触点弹跳?

36. 触点磨损一般有几种形式? 主要形式是哪种磨损?

37. 触点的电气磨损可以分成哪两类? 其磨损的形式是什么?

38. 触点的常规维护方法有哪些? 进行维护时的注意事项有哪些?

第4章 航空电器

现代飞机是一个庞大而复杂、自动化程度很高的系统,它包括电源、照明、空调、供气、燃油、发动机、起落架等子系统。在这些系统中要用到各种各样的开关电器元件,它们起着功能起始、切换、控制各单元电路顺序工作以及保护电气线路等作用。下面介绍一些典型的开关电气设备。

4.1 飞机上使用的机械式开关

手动开关是开关电器中最简单的一种,一般由两个接触片组成。通过动接触片的运动完成触点的断开与接通。动触接片被称为"刀",当"刀"只能连接一个接触片提供一条电流通路时,这种开关称为单刀-单掷开关,如图 4.1(a)所示。在许多电路中,为了顺利完成通、断操作,常常需要不同类型的开关联合使用或采用组合集成开关。例如,图 4.1(b)所示的开关可以同时控制两个电路的通、断,因此称其为双刀-单掷开关。在这种开关中,其双刀是相互隔离的。图 4.1(c)(d)分别是单刀-双掷开关和双刀-双掷开关。

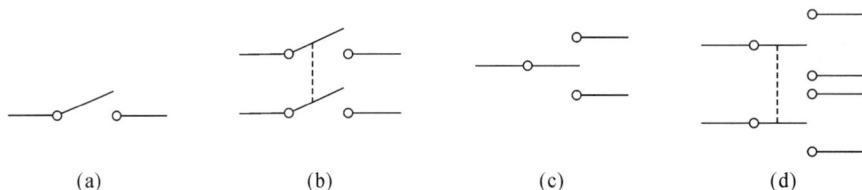

图 4.1　手动开关的种类和符号
(a)单刀-单掷开关;(b)双刀-单掷开关;(c)单刀-双掷开关;(d)双刀-双掷开关

除了上述对开关的命名方法之外,还可以用扳钮的位置来命名。例如,用弹簧将接触片锁定在一个位置接通电路,这种开关称为单位开关。如果开关可以被设置在两个位置,比如,一个位置是断开电路,而另一个位置是接通电路,这种开关称为双位开关。而开关可以被设置在三个位置,如中心位置是"断开"位而其他两个位置都是"接通"位,这种开关称为选择开关。

下面将介绍飞机上常用的几种典型的机械式开关。

1.扳钮开关

扳钮开关有时也称为转换开关,它在电路中可以完成一般开关功能,应用相当广泛。典型的扳钮开关如图 4.2 所示。

在一些实际应用中,扳钮开关可以控制几条独立的电路。图 4.3 就是在某些飞机上利用一组扳钮开关同时接通三条电路的例子(通开关置于"system off"位)。另外,它也可以通过分离扳钮来控制不同的线路。当松开扳钮时,它在弹簧的作用下又恢复到原位。

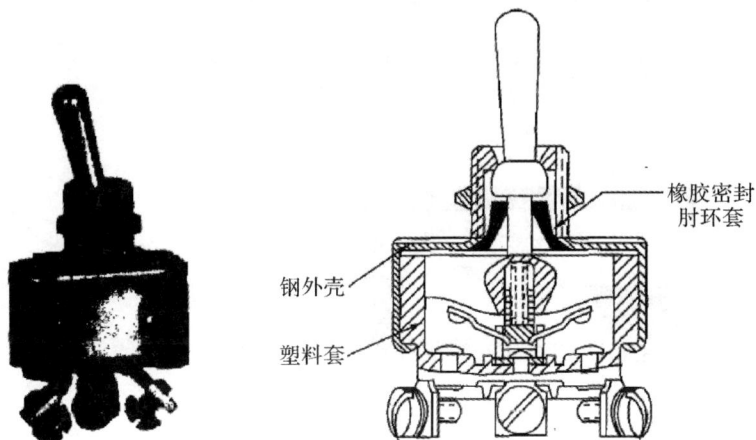

图 4.2 扳钮开关

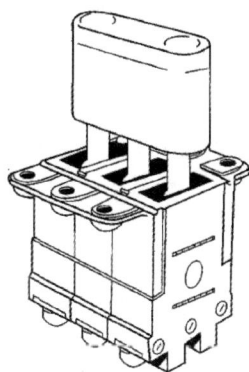

图 4.3 带锁的扳钮开关

2.按钮开关

按钮开关主要应用于短时间的操纵。例如,当电路将要接通或断开的瞬间,或线路将要被转换的时刻。另外,按钮开关在断开一个线路时,还可以接通另一个或多个其他线路(通过分离触点)。基本按钮开关用按钮操纵弹簧柱塞,推动一个或多个接触片,从而使固定触点之间实现电气连接。开关触点也设计成功能相反的两组触点,即"动合"触点和"动断"触点。为了在按钮开关上提供警告和显示功能,在半透明屏后安装一个微型灯泡。当点亮灯泡时,按钮显示屏上将以相应的颜色显示出,例如"On""Close"或"Fail"等字样。

简单型按钮开关的结构和照明型按钮开关如图 4.4 所示。

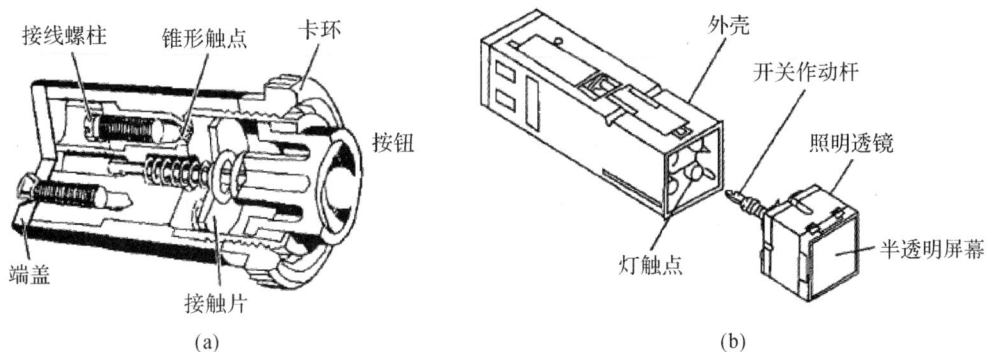

图 4.4 按钮开关
(a)简单型按钮开关;(b)照明型按钮开关

3.微动开关

微动开关是一种特殊类型的开关。在飞机电气设备中,它是应用最广泛的一种开关。它可以完成不同系统和组件的安全控制。"微动开关"的含义是,开关触点的"通"与"断"之间的距离很小(大约千分之一英寸)。触点的"通""断"运动由预先绷紧的弹簧驱动,其原理如图4.5所示。长弹簧片是支撑悬臂,调节杆承受着弹簧片的反作用力。短弹簧片以弓形的形状固定。在非工作状态,长弹簧片末端的触点与上固定触点接通。当用力压低调节杆时,长弹簧片向下弯曲,其触点与下固定触点接通。如果去掉调节杆的力,长弹簧片在弹力的作用下将恢复到初始位置。

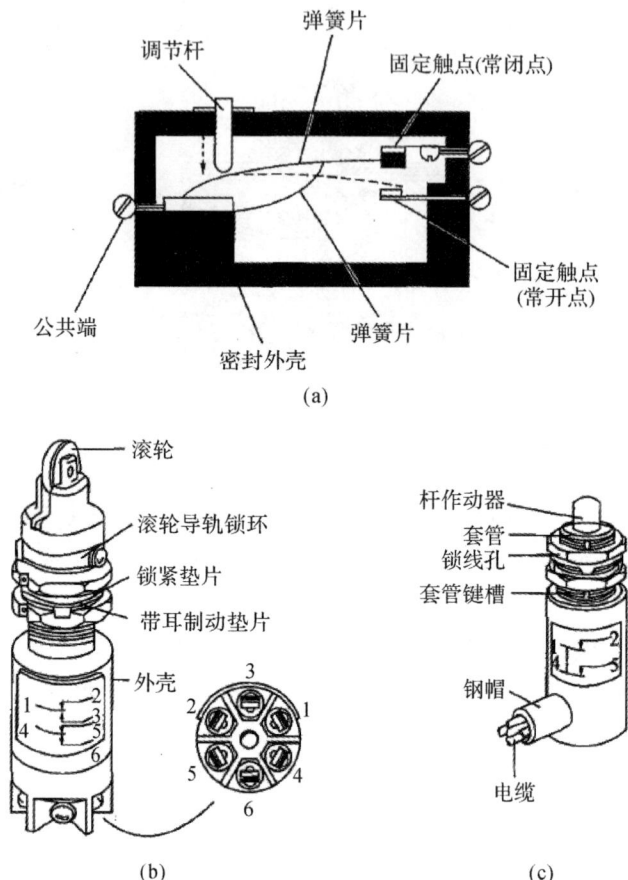

(a)

(b)　　　　　　　　　　　　　(c)

图 4.5　微动开关原理图

(a)按钮式微动开关;(b)簧片滚轮式微动开关;(c)杠杆滚轮式微动开关

作动微动开关的方法主要取决于为系统提供作动信号的方式,一般可以通过杠杆、滚轮或凸轮来完成。开关的转换既可以由人工控制,也可以由电气控制。微动开关的工作周期由调节杆的运动决定,这就使触点的动作具有了一定数量的预行程,也就是说,在开关断开之前,微动开关可以自由地运动,即允许一定量的超行程运动。开关的触点如图 4.5 所示,其触点在充有惰性气体氮的密封容器中工作。

另外,飞机上使用的还有水银开关、压力开关、热敏开关和近控开关等,此处不再详述。

4.2　航空接触器

4.2.1　概述

接触器是一种用于远距离控制交流、直流主电路或大容量电路的通断的控制开关。在航空上的应用,主要用于飞机上的主发电机向主汇流条供电的连接开关,或发电机的励磁线圈的控制开关。可以通过驾驶员手动或自动控制系统控制这些接触器工作。接触器主要由电磁系统和触点系统组成,电磁系统是感应动作机构,触点系统是执行机构。

由于现代民用飞机向大型化、宽体化方向发展,机上设备的增加将使电能需求量急剧增加,如 B777 飞机的主交流发电机单机容量是 120 kV·A,每相输出的额定电流达 330 A,若是起动发电机,其冲击电流可达 1 500 A 以上,因此对接触器的要求越来越高。要求接触器要有大的触点压力和触点断开距离,故对其电磁系统的要求是产生的吸力和行程都要大,一般是选用吸入式电磁铁作为动作机构。触点接触形式采用面接触形式,有专门的灭弧装置和较强的触点弹簧,确保触点断开时产生的电弧或火花尽快熄灭,延长触点的使用寿命和电路工作的可靠性。

航空接触器种类繁多,按照触点所控制的电路性质分,可以分为直流接触器和交流接触器(飞机上的交流接触器仍采用直流电源作为交流接触器的线圈电源)。按电磁机构的不同,可以分为单绕组接触器、双绕组接触器和磁锁型接触器。本节重点是介绍单绕组接触器、双绕组接触器和磁锁型接触器的基本结构、工作原理和技术参数等。

4.2.2 单绕组接触器

单绕组接触器在现代飞机上常用于只需短时工作,触点可承受较大负载的控制电路,如用于控制 APU 发动机的起动电动机,操纵飞机舵面或调整片电动机的工作。下面先介绍普通的单绕组接触器的结构、组成、动作原理,工作特性及一般接触器的主要技术参数的意义。

1.普通单绕组航空接触器的结构、动作原理

图 4.6 为普通单绕组航空接触器的结构原理图。其电磁系统包括固定铁芯、可动铁芯(衔铁)、导磁壳体、线圈、返回弹簧等组成;触点系统主要由可动触点、固定触点、缓冲弹簧、拉杆等组成,接触器的触点系统属于双断点常开结构。当线圈通电后,电磁吸力克服了返回弹簧的初反力,使衔铁向固定铁芯运动,并由拉杆带动活动触桥与固定触点接触,实现电路的接通;当线圈断电或线圈电压小于或等于释放电压时,衔铁在返回弹簧的作用下,使衔铁带动活动触桥断开电路。这里缓冲弹簧的作用是用于减轻触点闭合时产生的回跳程度,延长触点寿命。

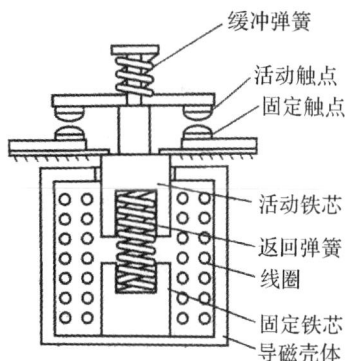

图 4.6 单绕组航空接触器结构原理图

由于缓冲弹簧压在动触桥上,在装配时已有一定的预压力,此预压力在触桥的触点与固定触点相接触时即传递到两者之间。使触点压力迅速增大到缓冲弹簧的预压力,从而减轻触点的弹跳。

2.接触器电磁机构中的参数

为了进一步理解和掌握接触器的动作原理,主要参数的检测的调整,我们先了解接触器电磁机构中的几个参数的定义及意义。

(1)磁间隙:是指衔铁与固定铁芯之间的气隙。它的大小决定了接触器的衔铁的活动行程、触点的断开距离。

(2)工作磁间隙:是指衔铁运动的活动行程。

（3）剩余磁间隙：是指衔铁在电磁吸力作用下向固定铁芯运动到 $F_{吸}=F_{反}$，衔铁停下来后衔铁与固定铁芯之间的距离。剩余磁间隙的大小影响接触器的释放电压。

（4）触点间隙：是指触点断开状态活动触点与固定触点之间的距离。它的大小决定着触点断开的绝缘程度，对大负荷控制电路，要求触点间隙要大。

（5）触点超行程：是指触点在衔铁的带动下运动到动静触点相接触之后衔铁继续运动的距离。它的大小决定着触点压力的大小及触点工作的可靠性，是接触器的一个重要参数。

3. 接触器的吸力-反力特性

吸力-反力特性是接触器的工作特性，是描述接触器的电磁吸力与气隙、反力与气隙以及吸力与反力的配合关系。图 4.7 是单绕组接触器的吸力-反力特性。横坐标是气隙 δ，纵坐标是吸力和反力。图中曲线①是吸力特性，其吸力是随气隙的减小而迅速增大，呈非线性。曲线②是总的反力特性（即是 $ABCD$ 折线），在 AB 段，只有返回弹簧压缩；BC 段是触点刚闭合，缓冲弹簧起作用，故特性由 B 点跃至 C 点；CD 段是缓冲弹簧和返回弹簧共同起作用。曲线③是接触器释放过程的吸力特性。由图中曲线配合可知，要使铁芯顺利吸合，必须使吸力特性处处高于反力特性，使 $F_{吸}>F_{反}$；要使接触器顺利释放，必须使吸力特性处处低于反力特性，$F_{吸}<F_{反}$。

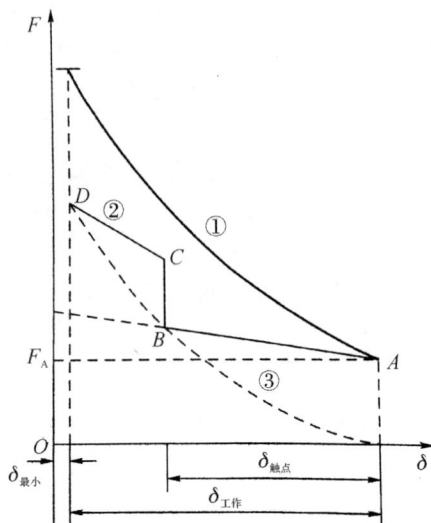

图 4.7 单绕组接触器的吸力-反力特性

4. 接触器的主要技术参数

在飞机维修厂内修车间，对接触器进行定期检查或排故首先要检测其主要技术参数，并以此作为维修依据。航空接触器的主要技术参数有：

（1）吸合电压和释放电压。吸合电压是指能使吸力处处高于反力，保证接触器顺利吸合的线圈最小电压。吸合电压的大小取决于返回弹簧的初始反力及初始磁间隙的大小。返回弹簧的初始反力越大，或者初始磁间隙越大，则吸合电压越高；反之，则吸合电压越低。

释放电压是指能使吸力处处低于反力，保证接触器顺利释放的线圈最高电压，释放电压的大小由接触器返回弹簧及缓冲弹簧的终反力、剩余磁间隙所决定。

（2）额定负载。其指主触点或辅助触点能控制触点允许通过的额定电流值。由于接触器控制的负载类型和电流性质不同，所以其触点可靠地接通和分断电流的大小也不同。如 P/NA-703CD 起动接触器，其主触点工作电流为 400 A，在短时 30 s 内可接通 1 000 A，在控制起动机时能承受 1 500 A 的瞬间冲击电流。

（3）额定电源电压。其指使电磁继电器长时间正常工作的电压。

（4）机械寿命和电气寿命。其指接触器的机械活动部件的动作次数和触点的分断次数。在理想情况下，接触器的电气和机械寿命是应相近的。但由于主触点在工作中常会受到电弧烧损，尤其航空接触器主触点控制的电流达几百安培以上，其电气寿命一般是机械寿命的一半。一般的接触器其机械寿命是 10 万次，电气寿命是 5 万次。

（5）动作时间/动作时间一致性。动作时间包括吸合时间和释放时间，要求吸合时间和释放时间越短越好，有利于触点灭弧和熄火花。动作时间一致性是指主触点、辅助触点各自之间动作时间的时间差,要求触点动作的一致性要高,即动作时间差越短越好。

(6)触点接触压降。由触点闭合之后的接触电阻引起的压降。触点接触压降是衡量接触器触点接触电阻的大小,反映触点磨损程度或污染程度的技术参数。对于不同型号的接触器,其触点接触压降大小不同。

(7)耐压能力与绝缘电阻。耐压能力或称抗电强度,是指接触器不相联系各点之间的耐电压击穿能力。绝缘电阻是接触器由绝缘材料隔断的各点之间的电阻值。这两个参数在进行接触器参数测试时必须进行,是决定接触器是否合格的首要条件。

4.2.3 双绕组接触器

通过对单绕组接触器的吸力反力特性曲线分析可知,铁芯吸合之后,由于磁间隙减小,线圈磁感应强度增大,使电磁吸力远远大于反力。线圈磁感应强度的增大,必然使电磁铁的体积和重量增大,线圈发热加剧。实际上,电磁铁吸合之后,所需磁感应强度(对应于线圈电压)并不大。因此,双绕组接触器依据此特点而设计,在单绕组的基础上增加一组绕组,使接触器的体积和重量降低,热损耗减少,可靠性也提高,特别适合于需要长时间工作的场合使用。目前,飞机上使用的双绕组接触器有两类,即串联型双绕组接触器和并联型双绕组接触器。下面分别介绍它们的基本结构、工作原理及技术参数。

1. 串联型双绕组接触器

(1)基本结构。图 4.8 是串联型双绕组接触器的原理图。该接触器有两组绕组,即吸合绕组(close coil)和保持绕组(hold coil),它们是互相串联的。吸合绕组的导线较粗,匝数少,而保持绕组的导线较细,匝数多,因此,吸合绕组电阻较小,保持绕组电阻较大,在电磁吸合之前,保持绕组由一对安装于壳体底部的辅助常闭触点短接,辅助触点的断开由拉杆下端塑压的绝缘头推动的。在铁芯吸合过程中,触点已接触,且铁芯运动到距台座 0.6~0.7 mm 时,拉杆下端的绝缘法便将辅助触点断开,使保持绕组与吸合绕组串联,共同产生电磁吸力,使接触器保持吸合。

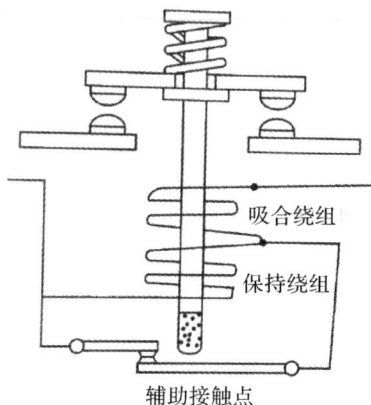

图 4.8 串联型双绕组接触器原理图

(2)工作情况。图 4.9 是串联型双绕组接触器的吸力-反力特性曲线。当线圈接上电源时,只有吸合绕组产生磁场,使铁芯由 δ_1 运动到 δ_3,其吸力特性如图中曲线①;在 δ_3 位置辅助触点断开,保持绕组同吸合绕组串联,铁芯由 δ_3 运动到 δ_4,其吸力特性如图中曲线②。图 4.9 中 δ_2 是触点闭合时铁芯位置。在保持绕组接入瞬间,由于线圈回路的电阻增加,线圈电流减小,产生的电磁吸力减小。故吸力特性由曲线①下降到曲线②。由曲线图可知,虽然保持绕组的接入,使电磁吸力减小,但在吸合全过程,电磁吸力总是大于弹簧的反力。

虽然吸合绕组可承受较大电流,但由于作用时间短,且吸合之后两个绕组保持工作的电流较小,所以线圈温升可以降低,电磁铁的体积和质量也可以大大减小。另外,串联型双绕组接触器由于吸合绕组匝数少,电感小,同时由于导线粗而可承受较大电流,所以有时也把吸合绕组叫作加速绕组。

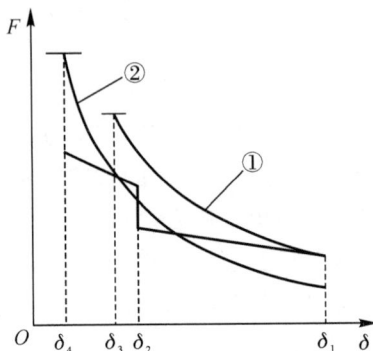

图 4.9　串联型双绕组接触器的吸力-反力特性

2. 并联型双绕组接触器

并联型双绕组接触器在现代飞机的电源系统用得较多。

(1)基本结构。图 4.10 是并联型双接触器的原理图。该接触器的电磁线圈有两组线圈,按并联关系连接。同串联型双绕组接触器一样,也称为吸合绕组和保持绕组,而且吸合绕组其导线较粗,匝数较少,阻值较小,只有 $3.5\ \Omega(\pm20\%)$;保持绕组其导线较细,匝数较多,阻值较大,可达 $55\ \Omega(\pm20\%)$。

(2)工作原理。在接触器未吸合之前,吸合绕组由一对辅助触点并入电路中。当线圈通电时,吸合绕组和保持绕组都通电,共同产生电磁吸力使铁芯运动,使接触器触点闭合。在接触器闭合之后,辅助触点断开,使吸合绕组断电,此时只有保持绕组产生电磁吸力维持接触器闭合。图 4.11 是并联型双绕组接触器的吸力-反力特性。图 4.11 中曲线①是吸合绕组和保持绕组共同作用时的吸力特性,曲线②是保持绕组单独作用时的吸力特性,e 点是保持绕组在接触器闭合位的电磁吸力。折线 $abcd$ 是接触器弹簧的反力。

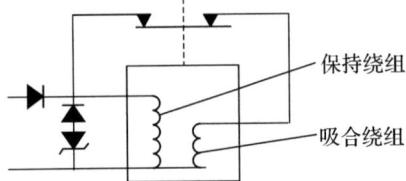

图 4.10　并联型双绕组接触器的原理图

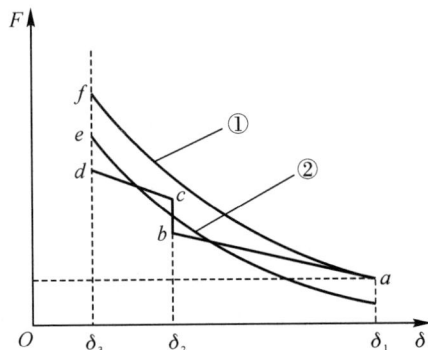

图 4.11　双联型双绕组接触器的吸力-反力特性

并联型双绕组接触器除了同串联型双绕组接触器所具有的体积小、重量轻、线圈热损耗较小的优点外,虽然吸合触动时间没有串联型的短,但由于吸合全过程两组都同时起作用,所以可靠性较高,故目前在飞机上广泛应用。

4.2.4 磁锁型接触器

现代大型民用飞机的电源系统单机容量很大,工作时间长,要求控制电源主干线的接触器触点要有较大压力,以承担大负荷,但要求线圈电流尽量小,以降低温升,缩小接触器的体积和重量,这是不可避免的一对矛盾。虽然双绕组接触器的线圈发热问题有所改善,但线圈发热问题没有完全解决。对于机械自锁型接触器,由于锁定机构是采用机械装置,可靠性不高。

磁锁型接触器克服了双绕组及机械自锁型接触器的缺点,其锁定机构采用永久磁铁锁定,使触点在闭合状态,线圈可断电,不仅能保证触点在闭合状态有足够压力,而且线圈发热问题也彻底解决。在相同控制功率下,其体积和重量比其他类型接触器小得多。在现代的大型飞机中,普遍使用磁锁型接触器作为主交流接触器发电机向主汇流条供电的控制开关。如B737系列、B747、B757及B767等飞机的主交流发电机、APU发电机、外电源向主汇流条供电的控制开关都采用磁锁型接触器。这些接触器结构形式多样,但其基本原理相同,下面以波音系列飞机上使用的三刀单掷磁锁型电路接触器为典型进行介绍。三刀单掷磁锁型电路接触器如图4.12所示。

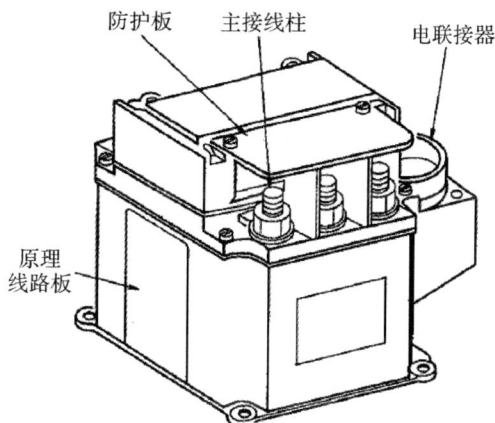

图4.12 三刀单掷磁锁型电路接触器

1. 基本结构

图4.13是接触器线圈组件分解图。如图4.13所示,为了加强导磁效果,在线圈架之间安装了两块导磁钢板。两块永久磁铁柱成对角线地安装于上下两块导磁钢板之间,上端N极,下端S极。另外一条对角线也安装导磁钢柱,在每个导磁钢柱与上边导磁钢板之间分别有一片铜质磁隔离片。除了同其他类型接触器一样,如在可动触点桥上安装缓冲弹簧,以及在可动铁芯和固定铁芯之间安装返回弹簧之外,在可动铁芯与作动板之间安装了垫圈弹簧,用于缓冲可动铁芯与固定铁芯之间由于吸合而产生的碰撞。它主要由触点系统和电磁系统两部分组成。

(1)触点系统。主触点由三对面接触形式的触点组成,采用单投桥式双断点结构。每对主触点由绝缘罩分别隔开,利于灭弧。它有六对常闭和六对常开辅助触点,以及两个常闭和两个常开线圈触点。三对主触点分别通过专用接线柱同外电路连接。辅助触点和线圈触点通过连接器的销钉同外电路连接。

(2)电磁系统。它的磁场由两部分组成。一部分是电磁线圈产生的磁场,当电流通过线圈的常闭触点时,其磁场产生的电磁吸力使电磁铁吸合;当电流通过线圈的常开触点时,其产生的磁场用于抵消永久磁铁磁场使电磁铁释放。另一部分是永久磁铁产生的磁场,其磁吸力用于保持接触器闭合。铁芯采用平头铁芯以提高闭合状态的吸力,反向串联后并联于线圈两端的两个稳压。

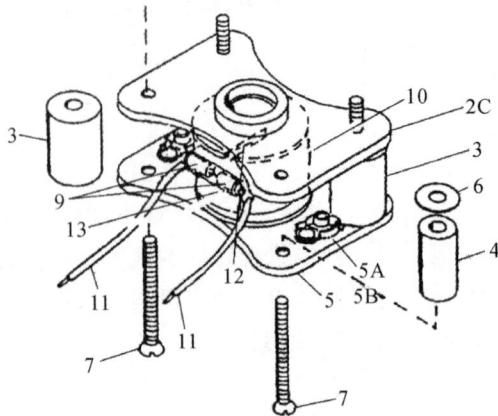

图 4.13　接触器线圈组件分解图

2C—最上部底板;3—永久磁铁;4—导磁钢柱;5—最底部底板;6—铜质隔磁垫片;10—电磁线圈

2.工作原理

图 4.14 是磁锁型电路断路器接触器在断开和锁定状态及吸合和释放过程的磁通路径图。

(1)断开状态。此时线圈无电流,铁芯气隙最大,永久磁铁的磁通经上下两个导磁钢板及导磁柱构成闭合回路,使导磁钢柱的上端感应出 S 极,永久磁铁的磁通不经过铁芯。其磁通路径如图 4.14(a)所示。

(2)吸合过程。此时线圈通电,线圈产生的磁场通过铁芯与导磁柱及上、下导磁钢板成闭合回路。铁芯的上端是 S 极,导磁柱的上端被感应出 N 极。随着铁芯气隙的减小,有少量由永久磁铁产生的磁通通过铁芯,同样产生磁吸力,促使铁芯闭合。其磁通路径如图 4.14(b)所示。

(3)锁定状态。此时线圈断电,只有永久磁铁产生的磁通保持铁芯闭合。由于此时铁芯气隙接近零,铁芯磁阻比带有铜质隔磁垫片的导磁钢柱小,所以永久磁铁的磁通只通过铁芯构成闭合回路,使铁芯处于锁定状态,其磁通路径如图 4.14(c)所示。

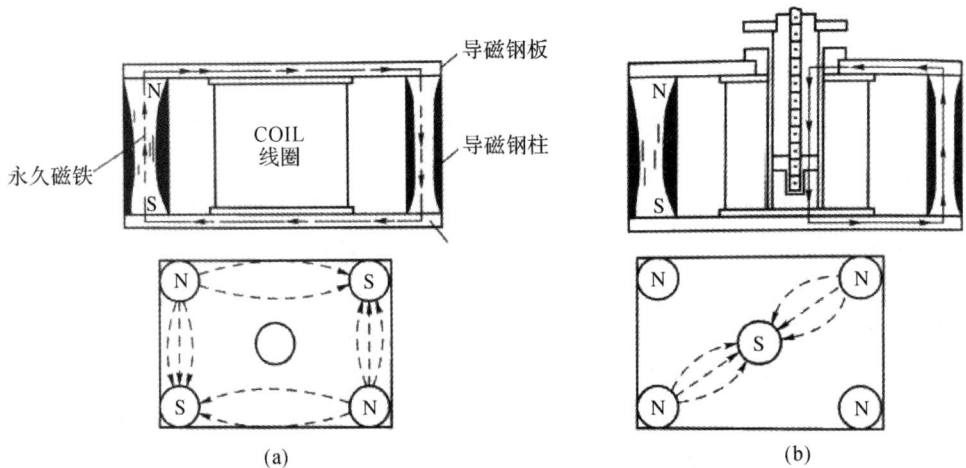

(a)　　　　　　　　　　　　　　　　　　(b)

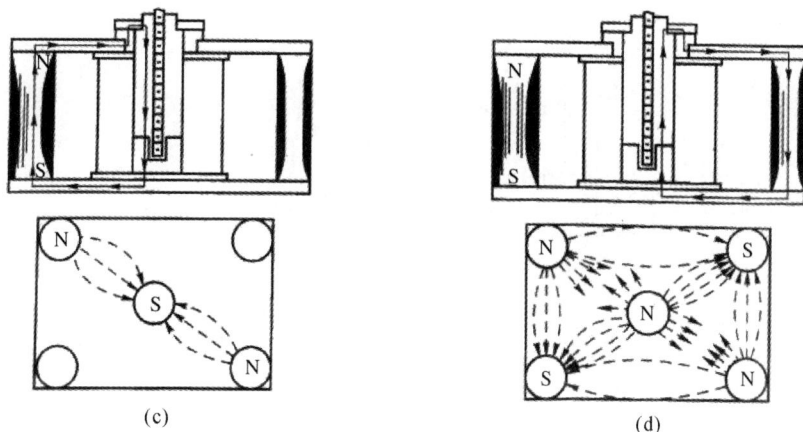

图 4.14 磁通路径图
(a)断开状态;(b)吸合过程;(c)锁定状态;(d)释放过程

(4)释放过程。此时线圈通电,使铁芯产生上端 N 极,下端 S 极的磁场,与永久磁铁的磁通相对抗,削弱通过铁芯的永久磁铁的磁通,当永久磁铁产生的磁吸力小于反力时,电磁铁释放。由于铁芯气隙的增大及线圈磁通抵抗,永久磁铁的磁通通过导磁钢柱构成闭合回路。其磁通路径如图 4.14(d)所示。

磁锁型电路接触器的原理电路如图 4.15 所示。它有 3 对常开式单向投掷的主触点 $T_1 - L_1$,$T_2 - L_2$,$T_2 - L_3$,7 对常开式和 7 对常闭式辅助触点。它的磁场由两部分组成,一部分是永久磁铁,另一部分是由电磁线圈产生的电磁场。电磁线圈有"吸合"和"脱扣"两个绕组,闭合绕组通过自身的辅助常闭触点与外电路正线连接,跳开绕组通过辅助常开触点与正线连接,两者共用地线。当线圈未通电时,由于弹簧的作用使主触点和辅助触点保持在它的初始位置。当有 5 V 的直流电压加到吸合绕组上时,产生的电磁力将克服弹簧力,使活动铁芯加速移向固定铁芯,到气隙很小(接近于零)时,连杆使辅助常闭触点断开,吸合绕组断电,由永久磁铁作用完成最后的行程并作为接通以后的保持力。这时,主触点闭合,辅助常开触点闭合而常闭触点断开。辅助常开触点的闭合,也为跳开绕组的通电作好了准备。

要使触点恢复初始状态,必须给"脱扣"绕组通电,使活动铁芯与固定铁芯之间气隙处产生的电磁磁通去抵消永久磁铁的磁通,当两者的合成磁通很弱时,其磁化力小于弹簧力,最终由弹簧推动连杆使主触点断开,继而辅助触点转换,同时将自身脱扣绕组断电。

4.2.5 机械自锁型接触器

机械自锁型接触器的原理图如图 4.16 所示。当吸合线圈通电后,接触器吸合并被机械锁栓定于闭合位置,吸合线圈则依靠串联的辅助触点自行断电,不再消耗电功率。接触器需要释放时,只要接通脱扣线圈,利用脱扣装置解除机械闭锁,就可以在返回装置的作用下回复到释放位置。实用的机械自锁接触器可以有各种各样的机械锁栓和脱扣装置,具体结构此处不再讨论。

这种接触器为电磁吸入式,在结构上具有如下特点:

(1)具有两组线圈,一组是吸合线圈,另一组是脱扣线圈。

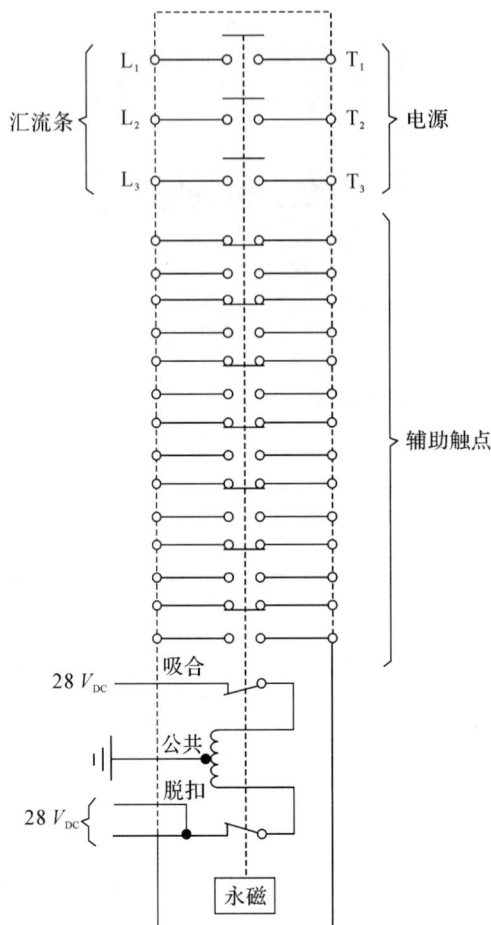

图 4.15 磁锁型电路接触器的原理

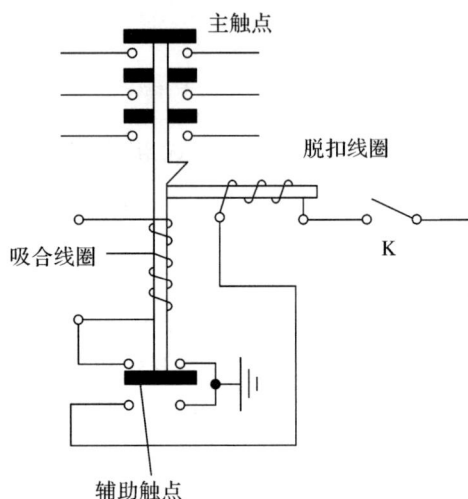

图 4.16 机械自锁型接触器的原理图

（2）具有机械锁定机构，当吸合线圈通电时，接触器接通处于锁定在接通状态，此时，即使接通线圈断电，接触器也不会释放，只有脱扣线圈通电，将锁打开，才能使接触器断开。

（3）装有目视指示器，可以判定接触器的工作状态。所谓目视指示器就是在接触器线圈壳体侧面上开有一个小窗孔，当接触器处于断开状态时，小窗显示白色，当接触器处于接通状态时，小窗不显示。

4.3 航空继电器

航空继电器是飞机、飞行器上广泛应用的自动电气开关，是最基本的飞机电器元件之一。它的作用是反应某一输入信号的变化，对电流不太大（一般小于 25 A）的电路进行控制。它是一种自动、远距离操纵的控制器件，在飞机上主要用于电源系统、自动控制系统、遥控系统中、控制接触器的线圈、转换控制信号等。航空继电器种类较多，飞机上用得较多的有电磁继电器、电子继电器、舌簧管继电器、极化继电器及延时继电器等。我们主要讨论应用较多的电磁继电器、延时继电器和特种继电器（特种继电器包括极化继电器、舌簧继电器和热敏继电器）的基本结构及工作原理。

4.3.1　航空电磁继电器的基本结构和动作原理

电磁继电器是利用电磁能转换为机械能而实现被控电路通断控制作用的。图 4.17 是电磁继电器的典型结构原理,一般由三部分组成,即电磁系统、接触系统和附属部分,最关键的是电磁系统和接触系统,是决定电磁继电器的工作可靠性的关键部件。

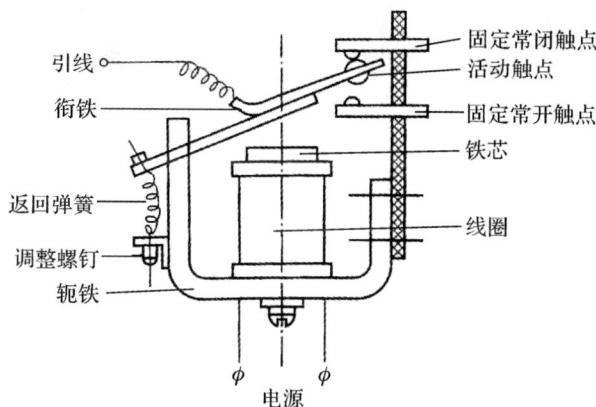

图 4.17　电磁继电器的典型结构原理

当给线圈通电后,在轭铁、铁芯、衔铁及工作气隙所组成的磁路内就产生磁通,由此产生电磁吸力,吸引衔铁向铁芯的方向靠近,如图 4.17 所示。当线圈中的电流达到一定值(即是吸合值),吸力克服返回弹簧及接触簧片的反力,衔铁被吸引到铁芯极面贴紧的位置,衔铁的运动同时带动接触系统使触点转换,常开触点闭合,常闭触点断开。当线圈断电后,电磁吸力消失,衔铁在返回弹簧的作用下,回到初始位置,触点也跟着恢复到原来状态。

1. 电磁系统

电磁系统是由线圈与磁路(包括铁芯、轭铁、衔铁及气隙)等构成的实现电磁能转换的组件。线圈的功能是通电后用以产生磁场,是继电器的"心脏"。铁芯位于线圈的中心孔内,一般采用高导磁的软磁材料,用于集中线圈产生的磁通,以提高磁导和磁场强度。轭铁作用是形成一条磁阻最小的闭合磁路,同时起支撑铁芯、线圈、衔铁或其他零件的作用。衔铁是电磁系统中的可动部件,起导磁作用外,它是一个驱动机构,推动接触系统,实现继电器切换电路的功能。对于航空大功率继电器的电磁系统常用吸入式电磁铁结构。

继电器的铁芯和铁轭的结构形式可有多种,图 4.18 列出了常见的三种形式。其中图 4.18(a)为 U 形,图 4.18(b)为倒 E 形,图 4.18(c)为盘式,它的铁轭是一个圆盘。三种形式的磁系统,中间都是圆柱形铁芯,电磁线圈就绕在该铁芯上。当通有直流电时,就会产生一定方向的磁通,如图中虚线所示。磁通的方向按线圈的绕向和电流的方向用右手螺旋法则确定,如图 4.18(a)所示。磁力线的特点是互不相交的,它总是企图找出磁阻最小的路径而形成一个闭合回路。图 4.18 中 δ 为气隙,它的磁阻比铁的磁阻大得多,只有通过这里的磁通才能对衔铁产生电磁吸力。

2. 接触系统

接触系统的组成形式因继电器的结构不同而异。对于航空大功率电磁继电器的触点采用面接触形式,其主触点接触系统多采用多极单投双断点结构,如应用于波音飞机上的继电器 P/N A419.062613－05－07系列及 P/N BH－316 A,属于此类。

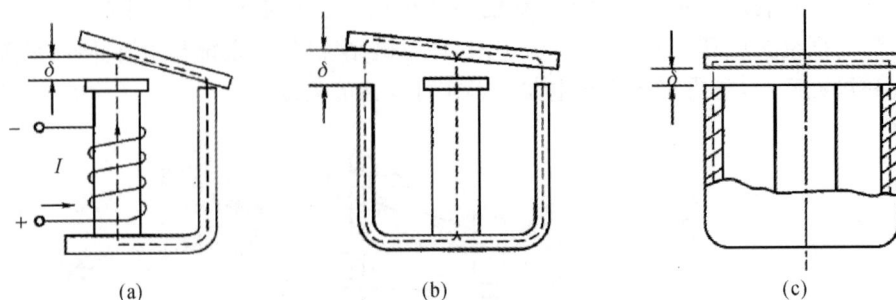

图 4.18　拍合式磁系统结构
(a)U 形;(b)倒 E 形;(c)盘式

对于大功率电磁继电器的辅助触点及中小功率电磁继电器的触点一般采用点接触形式,其接触系统可设计为一对或多对触点组,这种接触系统的簧片是弹性的,触点直接铆装在簧片上或触点与簧片两者合为一体,簧片之间是用绝缘片隔开。触点有动静触点之分,动触点是指继电器工作时,触点组件中由驱动件直接驱动的接触件或触点,静触点是指继电器工作时,触点组件不主动动作的接触件或触点。

3.附属部分

电磁继电器的附属部分一般指的是驱动机构及返回机构。驱动机构是一个能量传递机构,将衔铁动能传递给接触系统的组件。一般继电器的驱动机构与衔铁连成一体,只要衔铁运动就会带动它去推动接触系统。返回机构是促使继电器的衔铁返回到初始状态的组件,返回机构一般有三类:一是弹簧(或簧片),二是永久磁钢,三是重力;一般航空电磁继电器的返回机构对于大中功率继电器多采用返回弹簧,小功率继电器采用簧片的弹力。

4.电磁继电器分类

(1)按触点的容量分,可分为四类,即大功率继电器(DC:$P \geqslant 150$ W;AC:$P \geqslant 500$ V·A),中功率继电器(DC:$P \leqslant 150$ W;AC:$P \leqslant 500$ V·A),小功率继电器(DC:$P \leqslant 50$ W,AC:$P \leqslant 120$ V·A),微功率继电器(DC:$P \leqslant 5$ W;AC:$P \leqslant 15$ V·A)。

(2)按结构规格分为五类,即大型继电器(最长边大于 8 cm),中型继电器(最长边大于5 cm;小于 8 cm),小型继电器(最长边小于 5 cm),超小型继电器(最长边小于 2.5 cm),微型继电器(最长边小于 1.0 cm)。

(3)按磁路结构可分为两类:一类是衔铁偏转方向与线圈上所加信号电压极性无关,叫非极化继电器,另一类是衔铁偏转方向随线圈上所加信号电压极性改变而改变,称为极化继电器。

(4)按控制线圈所感受的信号性质可分为电压继电器和电流继电器。电压继电器的线圈与电源回路并联,匝数较多,线径较细,匝间与层间绝缘性能好;电流继电器的线圈与电源回路串联,匝数较少线径较粗,能通过较大的电流,匝间与层间绝缘性能要求不高。

(5)按触点所控制的电流性质分,可以分为交流继电器和直流继电器。但航空电磁继电器无论交流或直流,其线圈通入的是直流电,如果通入线圈接线钉的是交流电,也是由继电器内部附装的整流电路把交流电整流为直流电再加到线圈两端的。

(6)按继电器的封装情况可以分为敞开式、封闭式和密封式三类,敞开式继电器不做任何防护,其接触系统可与大气相通,封闭式继电器由外壳封装起来,但主体可与大气相通;密封式继电器主体完全由外壳和密封材料封装起来,外壳内外几乎没有气体交换。航空电磁继电器都采用封闭式结构,大部分采用密封式结构。应特别注意的是,对于航空中小型以下继电器,都采用密封结构,而且是只作一次性使用,有故障不作维修,只需更换新的同型号的继电器。

4.3.2 电磁继电器的动作时间

电磁继电器由于线圈存在着电感,铁芯有涡流,衔铁运动需要时间,故电磁继电器吸合和释放都需要一定时间,本部分主要介绍电磁继电器吸合和释放时间的相关因素,并进一步提出加速和延迟继电器动作的方法。

依据控制电路的要求,按动作时间长短可分为一般控制继电器、快速继电器、延迟吸合继电器和延迟释放继电器。动作时间为 $0.05 \sim 0.15$ s 之间为一般控制继电器,动作时间在 0.05 s 以下为快速继电器,动作时间在 0.15 s 以上为时间继电器。

1.电磁继电器的吸合时间和释放时间

电磁继电器的吸合时间是指从给继电器加上额定电压开始,到接触点完成动作为止的一段时间。它包括两部分,一部分是电流由零上升到衔铁刚要动的吸合触动时间,另一部分是从衔铁开始运动到最后闭合位置所需的吸合运动时间。前者主要是电磁惯性引起,后者主要是机械惯性,而且吸合触动时间占主要部分,因此减小吸合时间的方法主要是减小电磁线圈电路的时间常数。

同理,继电器的释放时间包括从线圈断开电源瞬间开始,至衔铁开始作返回运动的一段释放触动时间和衔铁开始返回运动到回到原位所需的释放运动时间。一般也希望断开电路要快,即释放时间要短。缩短释放时间的方法除减小电磁惯性外,设计时减轻衔铁质量和增大弹簧刚性都可以达到目的。

2.电磁继电器加速吸合的方法

(1)加速吸合的途径。由电磁继电器的吸合时间可以看出,要加速吸合,可以采取:

1)使线圈电路的时间常数减小,使吸合时间减小。

2)减小继电器运动部件的质量,减小衔铁与铁芯的磁间隙,增大电磁吸力,可使吸合时间减小。

(2)加速吸合的具体措施。

1)串入加速电阻 R_g。在继电器的线圈回路内串入加速电阻 R_g,并提高电源电压,确保稳定电流值不变。此时时间常数为

$$\tau' = \frac{L}{R + R_g}$$

可见,使继电器的吸合时间减小。R_g 的大小是根据最小稳定电流来选择的。

没有加速电阻时,电路时间常数较大,电流上升曲线如图 4.19 中曲线 A 所示。串联加速电阻后,电流上升曲线如图 4.19 中曲线 B 所示,时间常数减小为 τ'。若继电器的吸合电流 $I_{吸}$ 不变,则串联加速电阻后,继电器的动作时间由 t_1 减小为 t_1'。

2)在加速电阻 R_g 上并联一个电容器 C。在 R_g 两端并上电容 C,可以进一步减小吸合触动

时间如图 4.19 所示。因为当线圈接入电压的瞬间，电流不必通过 R_g，而是通过对 C 充电形式流过线圈，从而使线固电流增长加快。线圈电流达到稳定值以后，电容器不再起作用，电路的稳态电流也不变。一般来说，并联电容之后的吸合时间可比只有加速电阻的吸合时间再减少一半以上。

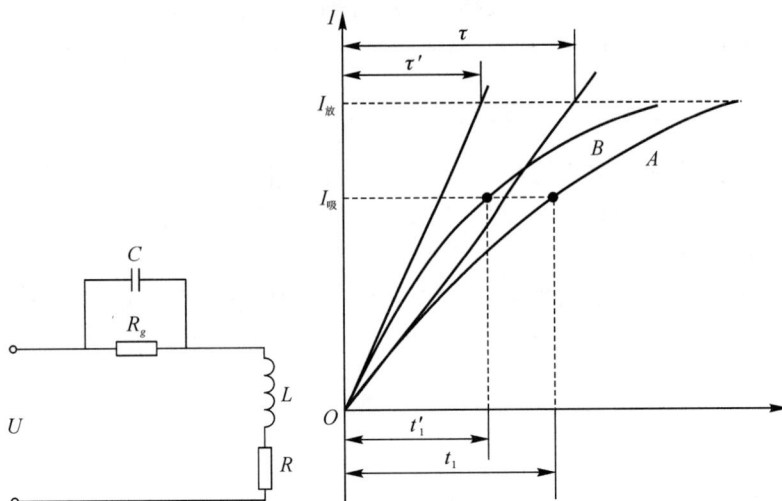

图 4.19　串联加速电路和电流时间曲线

对于上述加速吸合的第 2)条途径，减小运动部分的质量，即减小衔铁的质量，由于制造厂生产该器件时已经调整好，因此在机务维修工作中不做要求。

3.继电器的延时动作的方法

(1)延时吸合的措施。采用阻容延时吸合和采用空气阻尼装置方法。

1)阻容延时吸合电路。如图 4.20 所示，在继电器的线圈两端并上电容 C，然后再串上电阻 R_g。由于电容两端的电压不能突变，故初接电源时，电源 U 通过 R_g 对 C 充电，C 上的电压逐渐上升，则线圈的电流才逐渐增大，当电流增大到动作电流时，继电器才开始动作，因此，采取这种办法可使吸合时间延长，通常可延长 0.1～0.4 s。延长的时间与 C 成正比，但要注意 C 不能选得太大，否则会延长释放。

2)采用空气阻尼装置的延时吸合继电器。图 4.21 为某种类型空气阻尼吸合延时继电器的结构图。其主要特点是它的活动铁芯是由空气阻尼器构成的。空气阻尼器由石墨柱和唧筒组成，石墨柱套装在唧筒内，两者之间经过精加工而构成比较紧密的滑动配合。欲将石墨柱压进唧筒时，不能立刻压进去，必须将唧筒内的空气由两者相贴合的缝隙中慢慢挤出，这种空气产生的阻尼作用使运动速度减缓。同样，欲将石墨柱与唧筒分离，其运动速度也不可能很快。在这种继电器唧筒作为活动铁芯，同时也是电路的活动触点。当继电器线圈未通电时，唧筒式活动铁芯套在石墨柱上并由弹簧顶住，这时活动触点与固定触点分开，控制电路是断开状态。

当接通继电器线圈电源后，经过触动时间，电磁吸力大于弹簧反力和空气阻尼器的阻力，活动铁芯开始缓慢地向固定铁芯运动，最后活动铁芯底部与固定触点相接触，使被控制电路接通。电路的电流由电源正极经固定接触点-活动接触,点(唧筒)-石墨柱-电源负极，即电流要经过石墨柱和唧筒之间的间隙，另外石墨电阻也较大，所以这种延时继电器只能控制微弱的电流。它的吸合延迟时间可达 20 s。

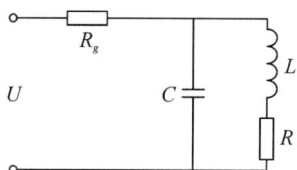

图 4.20 阻容延时吸合电路　图 4.21 空气阻尼吸合延时继电器结构

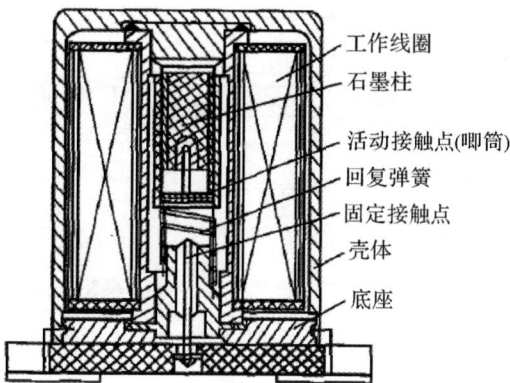

（2）延时释放的措施。

1）继电器线圈并联电阻 R_g。如图 4.22 所示，当开关 K 断开时，继电器线圈与 R_g 形成闭合回路，线圈中的电流按指数规律衰减到零。但这种电路在正常工作时电阻 R_g 要消耗电能。

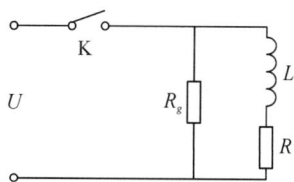

2）在继电器线圈两端并联二极管。由于在继电器的线圈两端并联 R_g 延时办法会消耗电能，所以如果把 R_g 改成二极管 D，如图 4.23 所示，则可解决此问题，同时又能达到延时释放的目的。

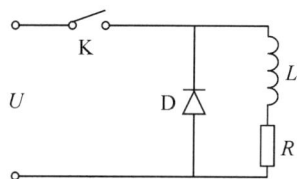

图 4.22 继电器并联电阻的延时释放电路

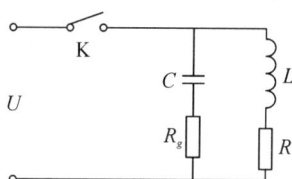

3）在继电器两端并上 RC 串联支路。如图 4.24 所示，在继电器的线圈通电工作时，电容 C 已被充电，在线圈断电时，电容 C 通过 R_g 放电，从而使释放时间延长。R_g 作用是限制 C 的充电和放电电流。

图 4.23 继电器并联二极管的延时释放电路　图 4.24 继电器并联 RC 串联支路的延时释放电路

4）附加短路环阻尼装置。这是在设计制造时已经做好的一种释放延时措施，如图 4.25 所示。短路环可以用铜、铝良导体制成或短路线圈代替阻尼套筒。

由于阻尼套筒的存在，当电门断开时，线圈电流下降，铁芯内磁通要下降，于是在短路的阻尼套筒内产生感应环流，这个电流的作用是反对磁场衰减的，从而使电磁吸力下降变慢，达到延时的目的。这种方法可以产生 5 s 以上的释放延时。另外，这种办法对吸合时间的影响也比较大。

延时电路的常用符号，如图 4.26 所示，延时电路有两种常用符号。其中图 4.26(a) 应用于电气电子电路中，图中举例的"X"为延迟时间的数值，"SEC"为时间单位，一般用秒表示。图 4.26(b) 为延时继电器控制线圈的符号。

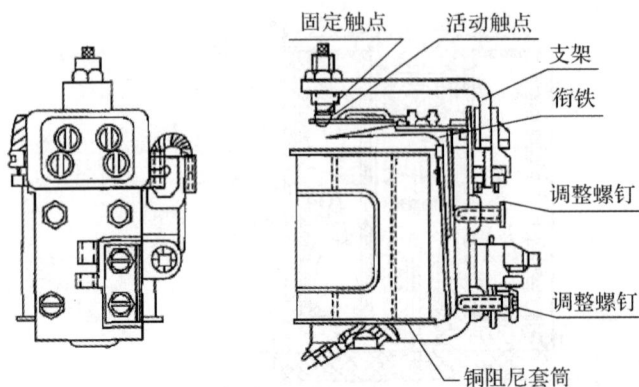

图 4.25　具有阻尼套筒的延时继电器　　　　图 4.26　延时电路的常用符号

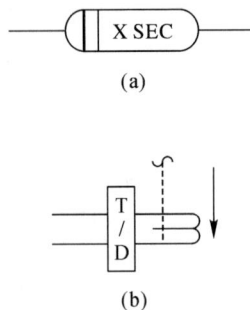

4.3.3　极化继电器

在飞机上,一些应用场合需要继电器能反映输入线圈信号的极性,极化继电器具有这个特点。因为极化继电器的衔铁偏转方向随线圈上所加信号电压极性的改变而改变。极化继电器工作时,其工作气隙内存在两个互相独立的磁通,一个是由永久磁铁产生的磁通,称为极化磁通 Φ_m。另一个是由工作线圈产生的磁通,称为工作磁通,用 Φ_g 表示。而工作磁通的大小及方向是由通入线圈的电流大小及极性所决定。如运-7飞机上用于感受电路的反流大小的反流割断器,就采用极化继电器用于感受电网流向发电机的反流,如果反流达到 $25\sim50$ A,则自动切断发电机的输出电路。

1.极化继电器的工作原理及特点

图 4.27 为极化继电器的结构原理图。图 4.27 中 Φ_m 是由永久磁铁产生的,Φ_g 是由线圈产生的工作磁通。

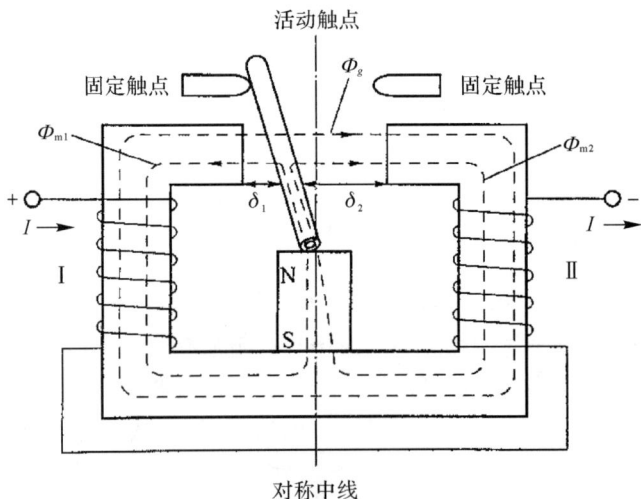

图 4.27　极化继电器结构原理图

(1)当线圈电流为零时,$\Phi_g=0$,Φ_g 在气隙 δ_1 和 δ_2 分为两路磁通 Φ_{m1} 和 Φ_{m2}。若衔铁处于中立位,则 $\delta_1=\delta_2$,那么 $\Phi_{m1}=\Phi_{m2}$,所以其产生的吸力是 $F_{m1}=-F_{m2}$,使衔铁在中立位的合力为

零,处于平衡状态,但这种平衡状态不稳定,若外界干扰,则会向一边偏移。若衔铁向左边偏移,则 $\delta_1 < \delta_2$,那么 $\Phi_{m1} > \Phi_{m2}$。所以,$F_{m1} > F_{m2}$ 使继电器处于左边的吸合位。

(2)若线圈通入如图 4.27 所示的方向的电流时,而且衔铁在左边,则:$\delta_1:\Phi_1 = \Phi_{m1} - \Phi_g$,$\Phi_2 = \Phi_{m2} + \Phi_g$,若 Φ_g 足够大,则使 $\Phi_1 < \Phi_2$,那么 $F_1 < F_2$,使衔铁从左边向右边运动,当衔铁越过中立位时,由于 $\Phi_{m1} < \Phi_{m2}$,所以衔铁运动速度加快,并在右边稳定下来,此时线圈断电,由极化磁通保持衔铁处于右边吸合位。若要改变衔铁的位置,则需通入同上述线圈电流极性相反的电流。

由上述分析可知,极化继电器具有以下特点:

1)具有极性。能反映输入线圈的信号的极性。

2)灵敏度高,动作快。因为其电磁系统采用高性能片状材料,可以采用较大面积的磁极,采用高磁能的永久磁铁;触点系统的触点压力很小,行程极小(0.06～0.1 mm),具有弹性的软舌片。灵敏度非常高,动作功率可小到 $10^{-5} \sim 10^{-8}$ W,动作时间可在几毫秒以下。

3)线圈过载能力强。线圈长时间通以 20～30 倍吸合电流也不会烧坏。这一特点在某些桥式电路中特别有用,因桥路严重不平衡时,它可以承受较大的不平衡电流。

4)具有"记忆"能力。也即能把上次通入线圈的电流的极性"记忆"下来。

2.极化继电器的结构

(1)电磁系统的结构。极化继电器的电磁系统一般有串联磁路、并联磁路和桥式磁路。但桥式磁路是较为完善的磁路系统。如运－7飞机上使用的反流割断器的专用极化继电器就是采用桥式磁路系统。这种结构的磁路与电路中的电桥相似,衔铁放置在桥的对角线上,这种结构的衔铁不易饱和,故衔铁的截面积可以做得较小,可做成平衡式,耐震动与冲击,外磁场影响较小,温度稳定性较高。

极化继电器一般有多个绕组,每个绕组的匝数与电阻都不相同,以满足不同使用条件的需要。

触点系统一般可做成两种形式,即硬舌片和软舌片,如图 4.28 所示。①硬舌片触点系统。由于硬舌片担任衔铁的功能,在磁力的作用下不弯曲变形,故与固定触点接触时会产生弹跳现象。②软舌片触点系统。由于触点与衔铁的动作情况一般有三种形式,即双位置中性式、双位置偏式和三位置式,如图 4.29 所示。双位置中式结构,如图 4.29(a)所示,其固定触点对称活动触点安置于两侧,向哪一边偏转由输入信号的极性所决定。双位置偏式在线圈无信号时,只稳定于一边,如图 4.29(b)所示的位置,只有线圈通入使衔铁右移的信号时,衔铁才向右偏转。三位置式的结构如图 4.29(c)所示,当有输入信号时,活动触点将倒向与信号极性相应的一侧,无信号时,活动触点将保持中立位。

3.典型极化继电器介绍

本部分以应用于运－7飞机上的 CJ 型反流割断器的专用极化继电器为例,说明其工作情况。

CJ 型反流割断器的专用极化继电器,具体功用是:当飞机发电机的电压高于电网电压 0.2～1 V 时,自动接通发电机输出电路;当发电机的电压低于电网电压,反流达 25～50 A 时,自动切断发电机的输出电路。

CJ 型反流割断器的专用极化继电器,是采用桥式磁路系统,衔铁为双位式结构。如图 4.30 是该专用极化继电器的结构。其触点系统采用导电的青铜弹簧片,左端固定于衔铁上,右端焊接上银质触点,并与衔铁保持一定的间隙(约 0.15～0.2 mm),起缓冲作用。衔铁上有两组线圈,一组是差动线圈 W_1,跨接在发电机的输出端与电网之间,用于感受发电机与电网的电压差,其线圈较细,匝数较多,另一组线圈是反流线圈 W_2,用于感受电网流向发电机的反流值,串联于发电机的输出电路中,线圈较粗,只有 Ω 形的一匝。

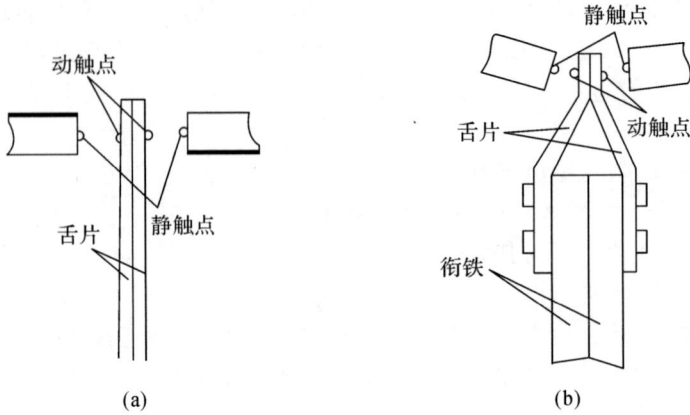

图 4.28　极化继电器的触点系统
(a)硬舌片;(b)软舌片

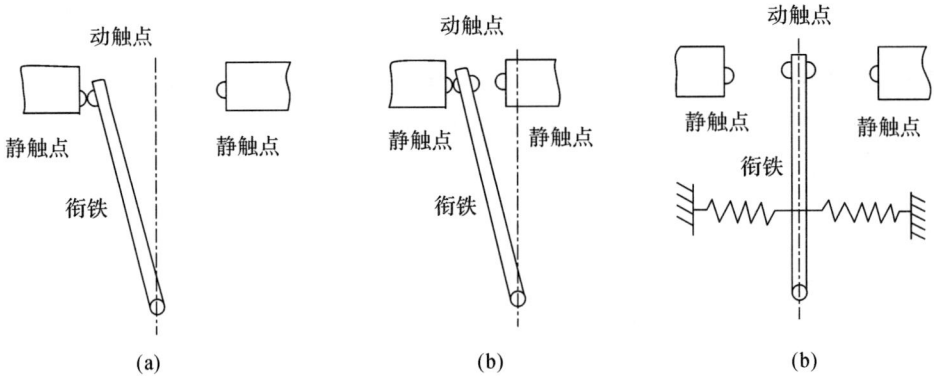

图 4.29　极化继电器触点与衔铁动作情况示意图
(a)双位置中性式;(b)双位置偏式;(c)三位置式

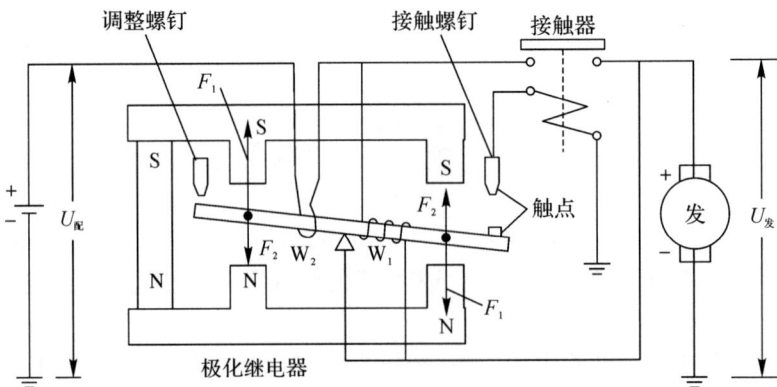

图 4.30　极化继电器触点与衔铁动作情况示意图

为了进一步说明 CJ 型反流割断器的专用极化继电器的工作原理,下面以反流断开情况为例。极化继电器的触点接通后,当发电机电压低于电网汇流条电压时,反流线圈 W_2 有电流从电网向发电机通过,线圈中电流方向及铁芯中的磁通分布如图 4.31 所示。Φ_{m1}、Φ_{m2}、Φ_{m3} 分别是永久磁铁产生的磁通,而反流将在下面和上面两个气隙中都产生大小为 $\frac{1}{2}\Phi_p$ 的工作磁通,其作用是抵消左下和右上气隙的磁通,当反流达到要求数值时,磁通对比达到 $\Phi_{断}$ 大于 $\Phi_{通}$,使衔铁在电磁吸力作用下顺时针方向转动,使触点断开,接着发电机输出接触器断开,切断发电机输出回路。

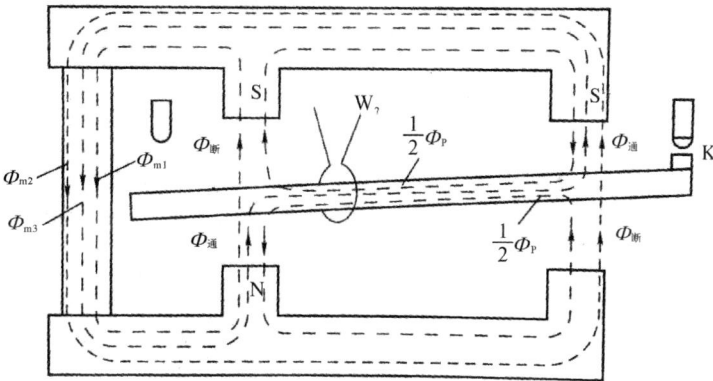

图 4.31 触点 K 接通时磁通分布情况

4.3.4 航空特种继电器

在飞机上除了应用电磁继电器、混合继电器及极化继电器外,也大量使用一些特种继电器,如舌簧管继电器、热敏继电器等。本节重点介绍舌簧管继电器的结构、工作原理及特点,并简要介绍热敏继电器的工作原理。

1. 舌簧管继电器

舌簧继电器由舌簧管和线圈或永久磁铁组成,起通断电路的作用。舌簧继电器的结构原理如图 4.32 所示。舌簧管是舌簧继电器的核心,它由一组舌簧片与玻璃管封装而成,并在玻璃管内充以氮等惰性气体。舌簧片材料的选择除满足高导磁率、高饱和磁感应强度、低矫顽力、良好的导电性和优良的弹性等要求外,还要求其膨胀系数与玻璃管相适应。舌簧接点可以做成常开、常闭与转换三种形式。常开的舌簧片是分别固定在玻璃管两端的,它们在电磁线圈或者永久磁铁磁场作用下,其自由端所产生的磁场极性正好相反,靠磁性的"异性相吸"而使触点闭合。

舌簧管在线圈或永久磁铁的磁场的驱动下,簧片间的间隙就会有磁通通过,并将簧片的自由端磁化,使其分别形成磁性相反的两个磁极,即 N 极和 S 极,从而使两簧片间产生磁性吸力。如果磁性吸力大于簧片的反力,使自由端的两个触点吸合,如果激励磁场被减弱,那么磁性吸力也减弱,当磁吸力小于簧片触点在吸合位置的反力时,两簧片分开,即产生释放。由以上分析可见,干簧管是把一般的电磁继电器的磁路系统、接触系统和弹性反力系统三者合为一体的。

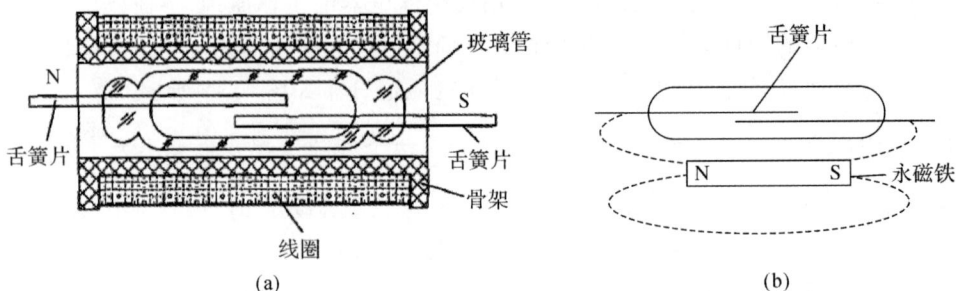

图 4.32　舌簧管电器结构原理

(a)电磁式；(b)永久磁铁式

常闭的舌簧片则固定在玻璃管的同一端,如图 4.33 所示的 A 、B 簧片,它们在电磁线圈或永久磁铁作用下,自由端产生相同极性的磁性,靠"同性相斥"而使触点断开。在常闭舌簧片的基础上在玻璃管的另一端增加一个常开舌簧片 C 就构成了转换式触点的舌簧管。

由以上讨论可知,舌簧继电器具有以下一些特点:结构简单轻巧,舌簧管尺寸常以其直径与长度表示,最小可做到 $\Phi 1.5 \text{ mm} \times 8 \text{ mm}$；触点密封于充有惰性气体的玻璃管中,可以有效地防止污染与腐蚀,增加触点工作的可靠性;触点可动部分质量小,吸合与释放动作时间很快,小型舌簧管的动作时间可小于 1 ms；灵敏度高,吸合功率小,易用半导体器件驱动。但是,它的接点容易出现冷焊与黏连现象;触点距离小,转换容量小,耐压能力弱;簧片为悬臂梁,断开瞬间易出现颤抖现象。

2. 热敏继电器

热敏继电器又称为温度继电器,用于感受温度的变化来控制电路通断,一般有双温金属片温度继电器和热敏电阻温度继电器。

(1)双温金属片温度继电器。图 4.34 为双温金属片的温度继电器结构原理图。图 4.34 中双金属片触点片上层用膨胀系数小的定积钢制成,下层是用膨胀系数较大的铜合金制成。如果常温下双金属片继电器的触点是闭合的,当双金属片高于常温一定值时,将使双金属片自由端向上弯曲,从而使触点断开电路,当温度降低时,触点又自动闭合。双温度金属片式继电器感受温度有一定的范围,准确性较差,而且易产生接触不良故障。

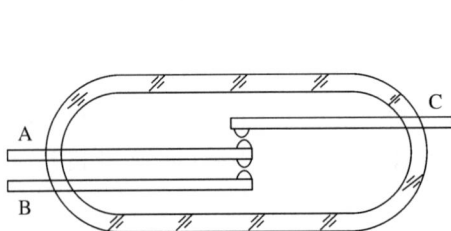

图 4.33　转换式触点式舌簧管继电器

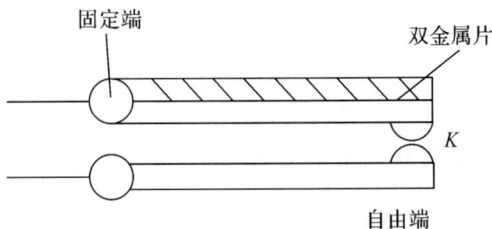

图 4.34　双温金属片温度继电器

(2)热敏电阻式温度继电器。热敏电阻作为感温组件,与晶状体管构成温度继电器,然后再推动电磁继电器工作。图 4.35 是利用热敏电阻作为感温组件的温度继电器。它用热敏电阻 R_t 作为温度与电量的变换组件,用稳压管 Z_1 和射极耦合晶状体管继电器作比较组件,用电磁继电器作执行元件。R_t 是一种负温度系数的电阻,温度高时阻值变小,温度低时阻值变大。

这里 R_t、电阻 R_1 和电位器 R_2 组成分压器，其分压比随 R_t 阻值的变化而发生变化。当温度较高时，R_t 阻值变小，R_t 与 R_2 的分压值之和不能把稳压管 Z_1 击穿，所以 T_1 截止，则 T_2 导通，使继电器 J 通电而吸合；当温度较低时，R_t 和 R_2 的分压之和提高，使稳压管 Z_1 击穿，使 T_1 由截止进入饱和，使 T_2 截止，从而使继电器 J 断电。可以通过调节 R_2 的分压值来调节所测温度的高低。

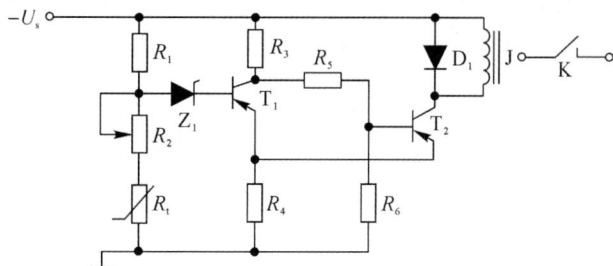

图 4.35　热敏电阻式温度继电器

4.4　飞机电路保护电器

现代飞机的电气系统由大功率发电机、控制元件、各种用电设备和输电线路构成一个复杂的网络，而且机身通常作为电气接地。在这个复杂的网络中，如果不采取有效的保护措施，若电网某处发生故障，往往会涉及其他地方，造成电网的大面积损坏，甚至造成整个系统瘫痪。由于飞机的特殊工作环境，电气系统最容易产生反流、短路、过载、过压和欠压等故障。为此，需要在飞机电气网络中设置保护装置。

根据飞机电网产生故障的类型，电网保护装置可以分为两类。一类是保护电源系统的反流、过压、欠压、过频、欠频等故障的保护装置，这些保护装置常列为电源的一部分，与电源控制设备组合在一起。另一类是保护电路短路和过载的保护装置，这些保护电器有熔断器、自动保险电门等。本章重点介绍后一类电源保护装置的基本结构、工作原理和保护特性。

4.4.1　对电路保护电器的要求

飞机的电路保护电器的功用是，使电器系统在使用过程中若发生短路和过载时，不致引起严重的后果和破坏正常的工作状态。也就是说，电路保护电器能起保护作用，但不能防止短路或过载的产生。由此可见，电路保护电器可以对已发生的短路或过载起保护作用，使各种电气设备装置和线路免遭损坏，使电气系统中的不正常部分尽量缩小在故障处的小区域内。

事实上各种电气设备一般都有一定的过载能力，即使在过载的情况下，电气设备仍能在一定时间内保持正常工作能力。电气设备的过载能力可以用安秒特性来表示。所谓安秒特性是指电气设备的温度达到其绝缘材料所允许的最高温度所需要的时间 $t(s)$ 与负载电流 $I(A)$ 的关系（见图 4.36）。由图 4.36 可知，当电气设备的电流为其额定值 I_e 时，达到允许的最高温度的时间为无限长，这说明电气设备能长时间工作而不会发生过热，其安秒特性是一条平行于时间轴的直线。当电气设备的工作电流超过其额定值时，即为过载。过载电流越大，达到允许最高温度的时间就越短，说明电气设备允许过载的时间也就是越短。图 4.36 中曲线 1（电气设备安秒特性）的右上方的阴影部分是电气设备的过载危险区，过载电流或过载时间如果进入该区域,电气设备就会被烧毁。曲线 1 与额定电流的直线之间区域,成为过载安全区,为了保证保护电器既能充分发挥电气设备的过载能力,又不被烧毁,要求电路保护电器的安秒特性(见图 4.36 中曲线 2)接近且略低于电气设备的安秒特性,这样才能做到保护电器在过载电流和过载时间未超过安全区域不动作,而在过载电流和过载时间接近危险区时,应该立即动作,切断电路。所以要求保护电器必须具备适当惯性。另外,还要求电路保护电器的工作必须十分可靠,应该动作时,能立即切断电路;不应动作时又能不受干扰地正常接通电路。

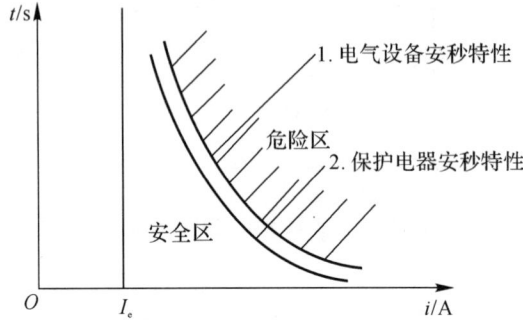

图 4.36　电气设备和保护电器安秒特性

4.4.2　熔断器

熔断器是一种仅有一次性分断功能的过流保护电器,俗称保险丝。由于熔断器的结构很简单,使用方便,价格低廉,在飞机上得到了广泛应用。熔断器由熔断体和熔断器座两部分组合而成。熔断体的形状有丝状、片状或其他特殊形状。熔断器座用来安装熔断体,常用的有插入式、拧入式和螺栓固定式等几种安装方式。一般典型熔断器如图 4.37 所示。

熔断器以串联方式接入被保护的电路中,当被保护的电路发生过载或短路故障时,如果通过熔断器的电流达到或大于某一数值时,在熔体上产生的热量会使温度升高到熔体金属的熔点,于是熔体会被熔断,从而切断被保护电路。

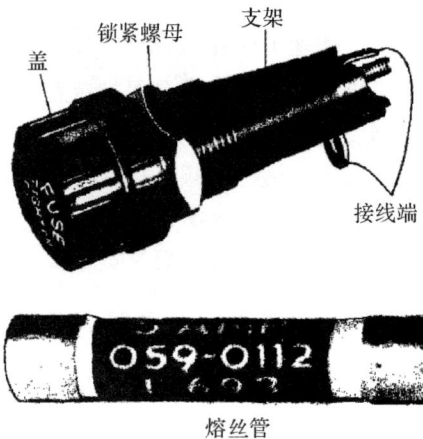

图 4.37　一般典型熔断器

电气设备的电流保护有两种保护方式,即过载延时保护和短路瞬时保护。在过载延时保护中,要求熔断器具有反时限保护特性,其物理过程主要是热融化过程。在短路瞬时保护中,要求熔断器具有瞬时保护特性,具有较高的分断能力和较低的过电压,其物理过程主要是电弧的熄灭过程。

目前,飞机上使用的熔断器品种和规格很多。国际标准化组织(ISO)选定的飞机用的精密熔断器共有 101 种规格(不同外形,尺寸及电流等级)。美国明确用于飞机上的熔断器和熔断器座共六个系列。根据飞机上保护电路的功能不同,可以分为易熔熔断器、难熔熔断器和惯性熔断器三类,下面分别介绍其基本结构、工作原理及应用特点。

1.熔断器类型

(1)易熔熔断器。熔断器的材料的选择一般有两类,即高熔点材料和低熔点材料。低熔点材料一般选用铅、锡、锌、镉、铋等金属,由于它们的熔点低、惯性小,其过载保护的"灵敏度"高,一般用于过载能力较小的用电设备中。高熔点材料一般选用银、铜材料,常选用铜。易熔熔断器选用低熔点材料作为熔丝。飞机上使用的熔断器对于额定电流较小的则用玻璃管封装,内充惰性气体,利于灭弧,提高其分断能力;对于较大额定电流的熔断器,则采用在熔管里填入石英砂,以提高灭弧能力,这里石英砂的作用是冷却、吸收电弧能量。

在英美的飞机上这种管装熔断器在 115 V/200 V 交流电源系统中用得较多。指示性熔断器在其管座的顶端有个与保险丝并联的指示灯,用于交流电路的是氖气灯,用琥珀色透明灯罩;用于直流电路的指示灯是白炽灯,淡色透明灯罩。若熔断器完好,则灯不亮;若熔断器被熔断,则灯点亮,表示此时熔断器已被熔断,电路有故障,方便于机务维修人员及时发现故障电路。其熔管采用陶瓷管作外壳,如图 4.38 所示。

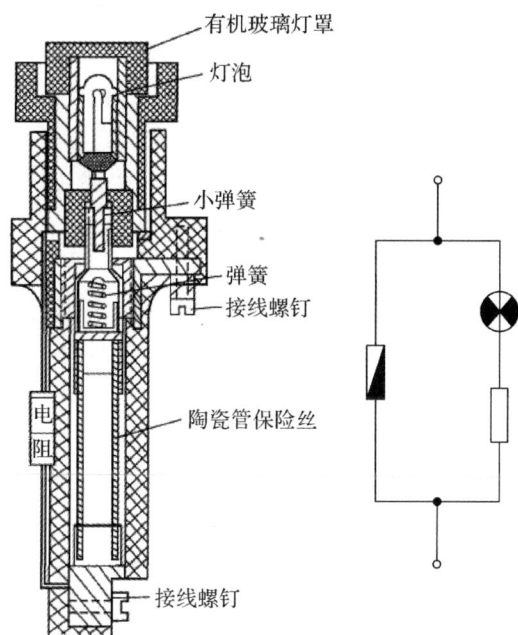

图 4.38　指示型熔断器

(2)难熔熔断器。飞机上采用难熔熔断器作为大电流电路的限流保护电器。如果发电器向汇流条供电的输电线路就采用难熔熔断器来保护。其外形及结构原理如图 4.39 所示,其熔断体材料选用铜板,并裁成如图 4.39(c)的形状,中间部位涂上一层低熔点的纯锡,溶体发热时利用所谓的"冶金效应",使锡在较低温度下先达到熔点,包在铜外层,形成铜质熔体的"溶剂",这种合金的熔点要低得多,从而使熔化系数大大减小(熔化系数是熔化电流与额定电流的比值),过载保护性能大大改善。该种熔断器具有分断较大短路电流的能力,由于熔体本身具有高熔点,涂层面积很小,使得铜熔体固有的高分断能力得以保持。这种结构的熔断器其热容量较大,对于小电流的过载不敏感,但在发生大电流短路时有较明显的限流作用,用于飞机电源系统的短路保护。

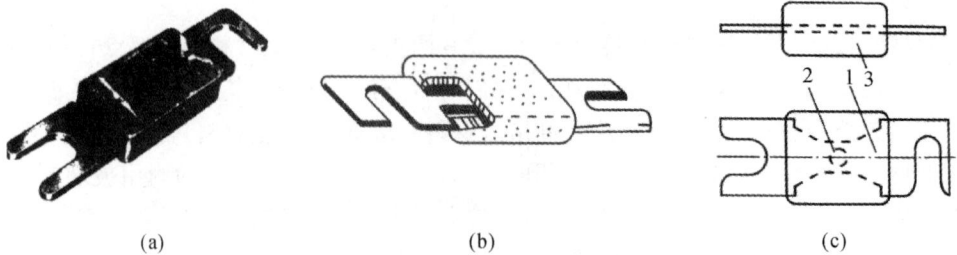

图 4.39　难熔熔断器结构原理
(a)实物外形图；(b)外形示意图；(c)结构图
1—熔片；2—合金；3—石棉水泥外壳

通常难熔熔断器的熔体是用石棉水泥包裹起来的,如图 4.39(c)所示,其中石棉水泥的作用是不仅可以吸收熔体一部分热量,增大熔断器的热惯性,使动作延迟时间长一些,还可以起到加快灭弧的作用。

(3)惯性熔断器。上述介绍的几种熔断器由于惯性较小,在使用中不能满足实际需要,如电动机起动时,其起动电流是额定电流的 4~7 倍,如果采用电流与电动机额定电流相同的易熔熔断器,则在电动机起动过程中就会被熔断;如果采用电流与电动机起动电流相同的易熔熔断器,则电动机过载故障无法保护。惯性熔断器的惯性较上述几种熔断器都大,它既能承受短时大电流的冲击,又能迅速分断短路电流和长时间过载电流。

2.惯性熔断器的结构和保护原理

图 4.40 为国产 GB 型惯性熔断器的外形及原理结构。惯性熔断器的结构是由右半部过载保护和左半部短路保护两部分组成。过载保护部分有较大的热容量,能分断长时间过载电流。过载保护部分是用易熔焊料,将两个 U 形铜片焊接在一起,所用焊料的额定电流与电路允许电流相适应。易熔焊料熔化所需要热量绝大部分是由加温元件产生,并由铜板传导到焊料上,这样使焊料熔化就需要一定的时间,释放时间也就明显拉长了,使熔断器产生较大的热惯性。

惯性熔断器的左半部短路保护部分是一块黄铜熔片,它的额定电流比电路允许电流大得多,在黄铜熔片周围填有石膏粉,起到灭弧作用,短路时大电流可以把黄铜熔片熔断。

3.惯性熔断器的应用

GB 型惯性熔断器有正负极之分,使用时要特别注意极性不能接错,缺口平行于熔体轴线为负极,缺口垂直于熔体轴线为正极,如图 4.40 所示。这是由于加温元件产生的热量是依靠电子在导体中流动时传导到易熔焊料上。如果极性接反则电子在导体中流动的方向改变了,这时加温元件的热量被电子传导到外部导线,焊料受热必将变慢,那么 U 形熔片断开而切断电路的时间变长,这样熔断器就不能起到有效保护作用。

惯性熔断器不管是用来保护电气设备电路或保护电源支路,都应正极接电网的正极(汇流条),而把负极接在电源的正极输出端或用电设备上。

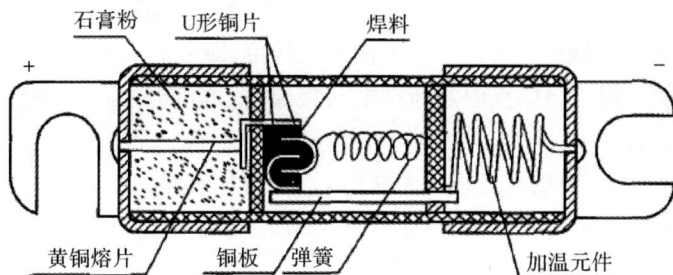

图 4.40　惯性熔断器结构原理

国产 GB 型惯性熔断器的型号代码的含义是：G 代表惯性，B 代表保险丝，数字部分代表额定电流的安培数。对于大额定电流的惯性熔断器（如 GB-100，G-150，GB-200，GB-250 等），当介质温度为 +20℃ 时，于 2 倍额定电流下熔断时间不大于 6 min，介质温度为 +50℃ 时，于 1.02 倍额定电流下熔断时间不小于 30 min，于 6 倍额定电流下熔断时间不小于 0.5 s，对于小额定电流的惯性熔断器（如 GB-5，GB-10，GB-20，GB-75 等），当介质温度为 +20℃ 时，于 1.25 倍额定电流下熔断时间不小于 60 min，于 1.75 倍额定电流熔断时间不大于 30 min，于 6 倍额定电流下熔断时间是 1～20 s。

4.4.3　自动保险电门

自动保险电门一般叫电路断路器，俗称跳开关。它是一种可以重复使用、能自动切断过电流的保护电器，用于飞机上的交直流电网的过载及短路保护。当电路中发生不允许过载或短路时，能按照电路中不同故障电流的延时要求自动切断电路，能手动接通和断开，具有普通开关和电路保护的双重作用。

自动保险电门的工作原理与熔断器相同，都是基于电流的热效应。当通过触点的电流达到预定值时，由于电流热效应使双温金属片发生变形，从而驱动锁定机构，在机械力的作用下强迫闭合的触点断开，保护被断开的电路。自动保险电门反时延的安秒特性，其动作时间与动作电流成反比关系，电流越大动作时间越短。

目前飞机上使用的自动保险电门分为手柄式和按钮式两种。民用飞机上广泛使用按钮式自动保险电门保护电网的安全。本节重点介绍 ZKC 型手柄式自动保险电门和飞机上广泛使用的 LGA 型按钮式自动保险电门的结构及动作原理。

1. ZKC 型手柄式自动保险电门

（1）基本组成。图 4.41 为 ZKC 型自动保险电门的结构原理图，主要由开关机构和保护器两部分组成，开关机构主要由触点、手柄等组成；保护器由双金属片、挡板、恢复弹簧、胶木滑块和卡子组成。

（2）动作原理。

1）开关状态的动作原理。将手柄向左扳，

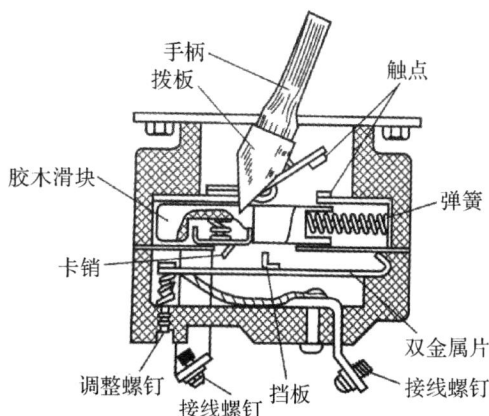

图 4.41　ZKC 型手柄式自动保险电门结构原理图

活动触点与固定触点接通,与此同时,手柄上的三角形拨板带动胶木滑块向右移动,压缩复位弹簧,当胶木滑块下的卡销滑过双金属片下面的挡板后,即被卡住。此时胶木滑块只能停在右边的位置,扳动手柄只能控制触点的通断。电门接通时,电流经左接线螺钉、触点、双金属片、导线、右接线钉形成通路。

2)保护的动作原理。当出现过载或短路时,双金属片发热向下弯曲,使挡板下移,脱离胶木滑块的卡销,在复位弹簧的作用下,胶木滑块左移,使触点断开。

(3)保护特点。ZKC 型自动保护电门虽然双金属片已经向下弯曲,仍可用手柄使电路强制接通。主要实在紧急情况下,以保证电路的接通。但除特殊情况之外,严禁强制接通电门。

2.LGA 型自动保险电门

LGA 型自动保险电门是由英国 COVENIRY 公司制造,同属于 B6A 系列,是属于小型按钮式自动保险电门,其外形如图 4.42 所示。推拉按钮上的白色数字是表示该自动保险电门的额定电流值。LGA 型自动保险电门共有 0.5,1,2,3,5,7.5,10,15,20,30,25,35 和 40 等不同额定电流的规格。它们适用于飞机上直流 28 V 及交流单相 115 V、400 Hz 电路中使用。虽然 LGA 型自动保险电门的额定电流不同,但其结构是相同的,只是对于 3 A 以下的电门,为保证过载能准确切断电路,在双金属片的下面还设置一条加热电阻线,保证有一定的工作温度。

推拉按钮按下之后,使电门接通,这时套在黑色推拉按钮上的"白色标志圈"被压进挂壳体内,看不见白色,表示电门已接通。当发生过载或短路现象时,靠电门内的双金属片的热变形使电门自动跳开,切断了电路,这时推拉按钮在弹簧作用下弹出,露出了"白色标志圈"。该自动保险电门也可当成开关使用,只要把推拉按钮拉出即可。

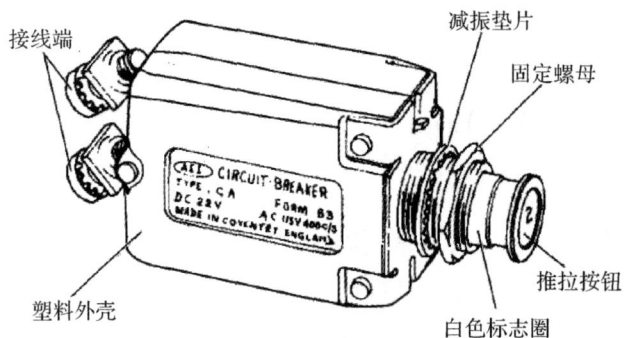

图 4.42　LGA 型自动保险电门外形

【拓展阅读】

新中国民用航空事业的创立

1949 年 11 月 2 日,中共中央政治局会议决定,为管理民用航空,决定在人民革命军事委员会下设民用航空局,受空军之指导,决定任钟赤兵为民用航空局局长。民用航空应由国家经营,但允许私人的飞行器材投资作为股份。中国民用航空局成立,揭开了中国民航事业发展的新篇章。

最初的民航局机构人员由中国人民解放军各级干部,各军政干校、华北革命大学的青年知识分子,社会上招收的学生以及"两航"起义人员构成。其中,"两航"起义归来的大批技术和业务人员,成为新中国民航事业建设中的一支重要的技术业务骨干力量,连同飞回来的飞机以及相关物资设备等,为新中国民航建设提供了最初的物质和技术力量。

但是,对于刚成立的新中国,仅靠两航起义的家底难以推进与发展新中国民航事业。1950年3月27日,中苏两国政府在莫斯科签订了"关于创办中苏民用航空股份公司的协定",该协定约定所成立公司以"平权合股"原则组成,双方各占50%股份。中方以机场、房屋、仓库、修理厂等作为股金,苏方以飞机、通信设备、交通工具、修理厂及苏方境内机场为股金,并派出飞行员、技术人员和大量苏联专家。这个协定的签立,为中国民航翻开了新的一页。

1950年7月1日,中苏民用航空股份公司正式成立,这是新中国民航第一个航空公司。公司共有14架苏联生产的里2型运输机。并先后开辟了北京至苏联赤塔、伊尔库茨克和阿拉木图三条国际航线。中苏民用航空股份公司的成立,不仅打破了帝国主义对新中国对外空中交通的封锁,建立了中国与世界各国的友好往来,也为新中国民航初步建立了一套经营管理制度,配备了比较完善的技术设备,培养了导航、空管、维修等各类技术业务人员,为新中国民航事业的建设做出了贡献。1955年1月1日起,中苏民用航空股份公司中的苏方股份全部移交给中国。

新中国成立初期,军委民航局积极组建民航管理机构和开办临时航空运输业务。于1949年底到1950年上半年,先后组建了天津、广州、重庆办事处和部分航站,担负了北京、天津至重庆、昆明、兰州等地的专包机飞行任务。新中国民航正式在固定航线上经营定期国内航班业务是从1950年8月1日开始的。8月1日上午10时30分,北京号飞机自广州起飞,中午经停汉口,下午6点10分抵达天津。民航139号飞机也于当天上午08:30从天津机场起飞,中午经停汉口,下午6点10分抵达重庆,新中国民航最早的国内航线由此正式开通,史称"八一开航"。人民日报为"八一开航"发表了题为"新中国民用航空事业的开始"的评论。

此后,民航各级机构迅速建立健全,并制定落实各种规章制度,开通的航线和通航城市越来越多,航班数量也快速增加,航空运输总周转量、旅客运输量和货物运输量逐年提高,经营管理水平不断提升,新中国民航步入正常发展轨道。

习　　题

1. 分析单绕组接触器的工作原理。
2. 什么叫触点超行程？超行程的作用是什么？
3. 串联双绕组和并联双绕组的共同点有哪些？
4. 分析磁锁型接触器吸合过程磁路的变化过程。
5. 分析吸合电压和释放电压之间的关系。
6. 如何改变继电器的吸合时间？
7. 延时继电器释放时间的方法有哪些？
8. 阐述极化继电器的工作原理。
9. 用电设备的过载能力用什么来表示？

10. 阐述惯性熔断器的工作原理及反接对惯性熔断器的影响。

11. 自动保险电门和熔断器的区别是什么?

12. 保护电器的安秒特性有什么要求?

下篇 航空电机

第5章 变压器

变压器是一种静止的电气设备,根据电磁感应原理工作的一种常见的电气设备,它是一种将能交流电的电压和电流转换成频率相同的另一种电压和电流的电器,即能实现电能与电能之间转换的电器装置,总体上变压器能够变换电压、变换电流、变换阻抗和变换相位,由于变压器的结构简单、耐用、需要维护的项目少、效率高,所以作为飞机设备,被广泛采用。如飞机仪表设备中的电源变压器、输入变压器和输出变压器等。电源变压器主要是用来变换电压的,以满足各种用电设备不同的用电需要;而输入、输出变压器在变换电压和变换电流的同时,还能变换阻抗,以实现放大器级与级之间、输出级与负载之间的阻抗匹配,从而达到有效地传输电压和传输功率的目的。

5.1 单相变压器的基本组成

变压器基本组成部分均为铁芯和线圈两部分组成,线圈也叫绕组,分为初级绕组和次级绕组,如图5.1所示。

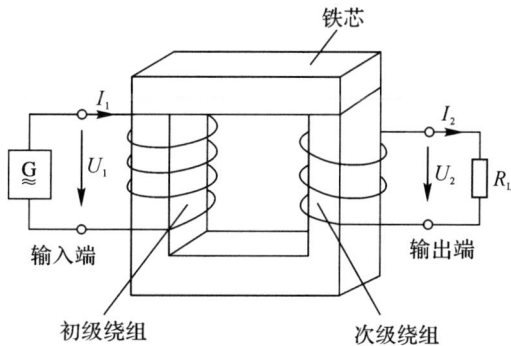

图5.1 线圈(绕组)

5.1.1 单相变压器的铁芯

铁芯构成变压器的磁路,同时也用来支撑线圈。通常为了减少铁损,提高磁路的导磁性能,一般由0.35~0.55 mm硅钢片交错叠压而成,航空上多用0.08~0.02 mm的硅钢片。这种硅钢片导磁性好,磁滞、涡流损耗小,表面有氧化膜或绝缘漆作为片间绝缘以减少涡流损耗。当工作频率更高,要求损耗特别小的情况下,也有用铁镍合金片做铁芯的。

变压器铁芯的结构大致可分为铁芯式(小功率)、铁壳式(容量较大)卷环式三种。

(1)铁芯式-口字型变压器铁芯。图 5.2 为铁芯式-口字型变压器。对小容量的变压器常用两边不等长的Ⅱ形钢片,交错叠成图 5.2(a)的形状。注意每层的接缝是错开的,这样可以减少钢片接缝处的磁阻。线圈就绕在两个铁芯柱上,故称为铁芯式。对较大容量的变压器,为使下料更经济合理,则用条形硅钢片交错叠成,如图 5.2(b)所示。

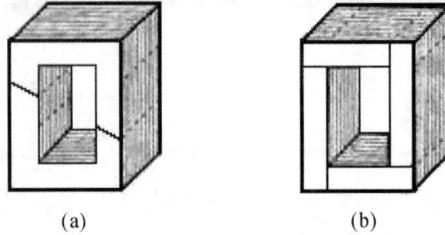

(a)   (b)

图 5.2　铁芯式-口字型变压器铁芯

(a)Ⅱ形钢片;(b)多形硅钢片

(2)铁壳式-日字型变压器铁芯。铁壳式-日字型变压器绕组是绕在中间芯柱上的,因为线圈两侧有铁芯柱,故称日字形,如图 5.3 所示。磁通从中间芯柱出来分左右两路闭合,可见两侧铁芯柱的截面仅需中间芯柱截面之一半。如若中间芯柱的铁芯截面积与口字型芯柱的截面积相同,那么分析可知日字型铁芯用铁量省些。不过,因为绕组全部都绕在一个芯柱上,故线圈的尺寸较大,用铜量较大些。一般用于小功率变压器。

(3)卷环式变压器铁芯。卷环式可分为 C 形、E 形和圆形变压器铁芯。一般用冷轧硅钢片,顺着轧压方向的导磁性能最好,而前两种变压器铁芯很难做到全部磁路都顺着轧压方向。如果顺着冷轧钢片的轧压方向剪成长条,卷成环状,经过浸漆、烘烤等处理,再在两铁柱中间切开成为图 5.4(a)所示形状,称 C 形卷环式铁芯。在铁芯的两柱上套入线圈,再用钢带在底座上固紧,即成单相 C 形卷环铁芯变压器如图 5.4(b)所示。由于磁路全部顺着轧压方向,所以在同样条件下平均磁感应强度值可比冲片的大 20%～30%,而且无边料损失。卷环变压器,从磁性材料的利用到结构形式,都比叠片型变压器合理。所以,在同样情况下,卷环式铁芯变压器比叠片式铁芯变压器轻 20%～30%。

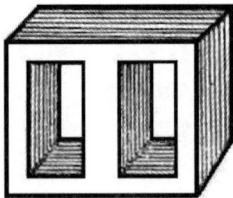

图 5.3　铁壳式-日字型变压器铁芯

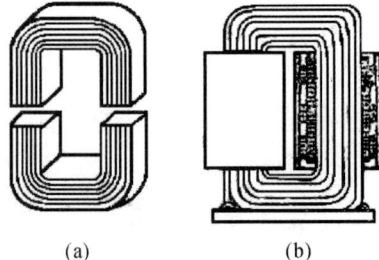

(a)   (b)

图 5.4　卷环式变压器铁芯

(a)C 型;(b)单相 C 形

目前,航空电源变压器几乎都采用卷环式。卷环式铁芯与铁壳式铁芯实际上并无多大区别,只是铁的利用更为合理。卷环式同样可以做成如图 5.5 形状,称 E 形卷环铁芯。与铁壳式相似,在单相变压器应用中,E形铁芯比C形铁芯用铁少用铜多,而且由于结构复杂,变压器总重量常比C形增加。所以,目前航空变压器以采用C形卷环式的为多。

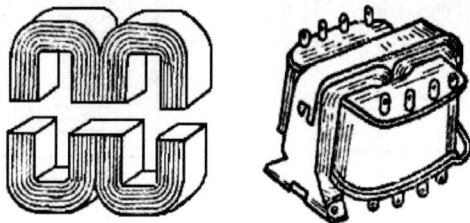

图 5.5　E形卷环铁芯

　　为进一步减少体积与重量,简化结构,小容量变压器也有采用圆形卷环式铁芯的,这种铁芯与C形铁芯加工过程相同,只是不切开,以减少磁阻,并避免了接缝处涡流损耗,铁磁材料得到更好的利用。同样情况下用圆环形铁芯做成的变压器,可比C形铁芯轻20%左右,并且制成的变压器不需钢带固定,可直接用螺杆固定在底板上。但这种铁芯绕线困难,一般用环形绕线机绕制,当导线较粗时绕线机不能胜任,只能手工绕制,而且绕组层间绝缘也难于处理,所以只在小容量、中频低压变压器中应用。

5.1.2　单相变压器的绕组

　　绕组即线圈,是变压器的电路部分,用绝缘导线绕制而成的,有原边绕组、副边绕组之分。与电源相连的线圈称为原边绕组(或称初级绕组、一次绕组),与负载相连的线圈称为副边绕组(或称次级绕组、二次绕组)。

　　绕组也是变压器的主要组成部分,一个变压器至少有两个不同匝数的线圈,如图 5.1 所示,原边绕组匝数以 W_1 表示,副边绕组其匝数以 W_2 表示。也可称电压高的为高压绕组,电压低的为低压绕组。

　　实际变压器中,虽然有铁芯作闭合磁路,但总有一部分磁通不同时匝链初、次级绕组,并经过空气自成回路,称漏磁通。对于初级绕组与次级绕组则分别有初级漏磁通与次级漏磁通。由于漏磁通不同时匝链初、次级绕组,因此不起能量传递作用。为了减小漏磁通,初次级线圈总是置于同一铁芯柱上,而不像图 5.1 中那样分布在两个铁芯柱上。其实际绕法有同心式和盘式两种,图 5.6(a)是同心式,低压线圈在里层,高压线圈在外层,这样高压线圈对铁芯的绝缘性能好一些,而低压线圈对铁芯的要求不高,所以可节省绝缘材料,但高低压线圈之间需用较好的绝缘隔开。同心式线圈由于每层匝数较多,两层之间电压相差较大,需要较高的层间绝缘,特别是高压变压器,使层间绝缘复杂,如图 5.6(b)所示的盘式线圈就可消除这个缺点。盘式线圈通常用于壳式变压器,形如圆盘的高低压线圈交替叠置于铁芯柱上,故亦称为交叠式。一般将低压线圈放在两端,高压线圈在中间,这样可节约线圈与铁轭间的绝缘材料。但由于盘式线圈在盘间的绝缘多而复杂,所以小容量变压器中不常采用。无论同心式或盘式线圈,都应将各低压线圈连接起来而成低压绕组,将各高压线圈连接起来成高压绕组。

　　对变压器线圈的要求是:匝数准确、绝缘良好、结构简单、散热性能好及有足够的机械强度。

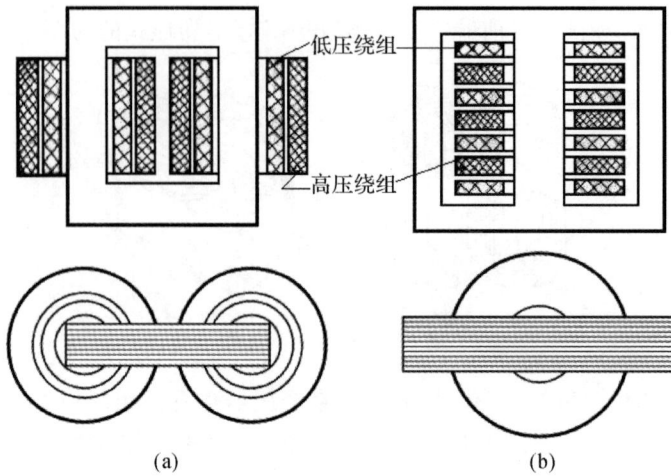

图 5.6　初次级线圈的绕法

(a)同心式；(b)盘式

5.2　理想变压器的工作原理

5.2.1　理想变压器的空载运行

变压器的初、次级线圈虽然在电路上并没有直接联系,但通过铁芯的闭合磁路,使初、次级线圈交链在一起。变压器就是通过闭合铁芯中的交变磁通,利用互感应原理,使初、次级线圈的工作互相联系着和互相影响着,以达到变换电压的目的。

变压器中各电磁量都是随时间而变化的交变量,要建立它们之间的相互关系,必须先规定各量的正方向,单相变压器空载运行原理如图 5.7 所示,按习惯方式规定正方向如下:

(1)电流与电压的正方向一致;

(2)磁通的正方向与产生它的电流的正方向符合右手螺旋定则;

(3)感应电动势的正方向与产生它的磁通的正方向符合左手螺旋定则。

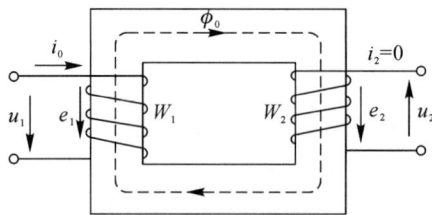

图 5.7　单相变压器空载运行原理

在图 5.7 中,当次级线圈不接负载,而初级线圈接交流电压 U_1 时,初级线圈中只有很小的空载电流通过,空载电流用符号 I_0 表示。I_0 通过初级线圈产生的磁通分为两部分:其中,绝大部分既与初级线圈相连,又与次组线圈相连,这部分磁通称为主磁通,用符号 Φ_0 表示;此外,还有少量的磁通,只与初级线圈相连,而不与次级线圈相连,这部分磁通称为初级线的漏磁通,用

φ_0 表示。和主磁通相比，漏磁通通常很小，可暂且忽略不计。

根据电磁感应原理，交变的主磁通 Φ_0，在初、次级线圈中将分别产生自感电动势 e_1 和互感电动势 e_2。根据法拉第定律，e_1 和 e_2 的大小分别为

$$e_1 = -W_1 \frac{\Delta \Phi_0}{\Delta t} \tag{5.1}$$

$$e_2 = -W_2 \frac{\Delta \Phi_0}{\Delta t} \tag{5.2}$$

式(5.1)和式(5.2)相除得

$$\frac{e_1}{e_2} = \frac{-W_1 \frac{\Delta \Phi_0}{\Delta t}}{-W_2 \frac{\Delta \Phi_0}{\Delta t}} = \frac{W_1}{W_2} \tag{5.3}$$

式(5.1)～式(5.3)说明的是变压器初、次级线圈感应电动势的瞬时值与初、次级线圈匝数之间的关系。但在实际中，要研究的是两个电动势的有效值与线圈匝数之间的关系。可以证明，当铁芯中的主磁通 Φ_0 随时间按正弦规律变化时，初、次级线圈中感应电动势的有效值分别为

$$E_1 = 4.44 f W_1 \Phi_m \tag{5.4}$$
$$E_2 = 4.44 f W_2 \Phi_m \tag{5.5}$$

式中：　　f ——电源的频率，单位是赫兹；

Φ_m——主磁通的最大值，单位是韦伯；

W_1,W_2 ——分别表示初、次级线圈的匝数。

因此，初、次级线圈感应电动势的有效值之比为

$$\frac{E_1}{E_2} = \frac{4.44 f W_1 \Phi_m}{4.44 f W_2 \Phi_m} \tag{5.6}$$

公式 $E = 4.44 f W \Phi_m$ 根据法拉第电磁感应定律公式 $e = -W \frac{\Delta \Phi_0}{\Delta t}$ 得来的。由于通的是交流电，产生的磁场为交变的磁场，假设 $\Phi_0 = \Phi_m \sin\omega t$ ，则

$e = -W \frac{\Delta \Phi_0}{\Delta t} = -W \frac{\mathrm{d}\Phi_m \sin\omega t}{\mathrm{d}t} = W\omega \Phi_m \sin(\omega t - 90°)$ ，感应电动势 e 比磁通 Φ_0 落后 $90°$ 。

则电动势的最大值

$$E_m = W\omega \Phi_m = 2\pi f W \Phi_m \tag{5.7}$$

其有效值为

$$E = \frac{E_m}{\sqrt{2}} = \frac{2\pi}{\sqrt{2}} f W \Phi_m \approx 4.44 f W \Phi_m \tag{5.8}$$

这一公式不仅在变压器中常常用到，而且在交流电机中也常常用到。

式(5.8)表明：在变压器中，初级线圈的感应电动势有效值 E_1 与次级线圈的感应电动势有效值 E_2 之比，等于初级线圈的匝数 W_1 与次级线圈的匝数 W_2 之比。

加在初级线圈两端的电压 U_1，一部分是用来平衡感应电动势 E_1 的，另一部分降在线圈的内阻抗上。通常，由于空载电流 I_0 很小，使线圈的内阻抗压降很小，故 $U_1 \approx E_1$。

变压器空载运行时，次级电流 I_2 为零，次级线圈的内部阻抗压降也为零，此时输出电压 U_2 与 E_2 相等，即 $U_2 = E_2$

因此，
$$\frac{U_1}{U_2} \approx \frac{W_1}{W_2} \tag{5.9}$$

式 5.9 表明：变压器初级线圈的输入电压 U_1 与次级线圈的输出电压 U_2 之比，等于初级线圈的匝数 W_1 与次级线圈的数 W_2 之比。

在变压器中，初级线圈的输入电压 U_1 与次级线圈的输出电压 U_2 之比，称为变压比，用符号 K 表示，即

$$K = \frac{U_1}{U_2} = \frac{W_1}{W_2} \tag{5.10}$$

由式 (5.10) 可看出，变压器的变压比就是初级线圈的匝数 W_1 与次级线圈的匝数 W_2 之比。

变压比 $K < 1$ 的变压器，次级线圈的匝数 W_2 比初级线圈的匝数 W_1 多，输出电压 U_2 大于输入电压 U_1，是升压变压器；反之，变压比 $K > 1$ 的变压器，$W_2 < W_1$，$U_2 < U_1$，是降压变压器。适当地选取初、次级线圈的匝数比，就可以在输入的电源电压 U_1 一定的条件下，从次级线圈输出所需要的电压 U_2，以满足用电设备的需要。

在专业设备中，往往需要从同一个交流电源获得几个数值不同的交流电压，在这种场合可采用电源变压器。在这种电源变压器的铁芯上，除了绕有一组初级线圈外，还绕有几组圈数不同、相互绝缘的次级线圈，如飞机罗盘电源变压器。

5.2.2 理想变压器的负载运行

变压器在变换电压的同时还能变换电流，而且初、次级电流之间也是互相联系的和具有内部规律的。为了弄清变压器初、次级电流之间的关系，下面分两步分析：首先分析变压器接通负载后的物理过程，然后分析初、次级电流之间的数量关系。

1. 变压器接通负载后的物理过程

在图 5.8 的实验电路中，当变压器未接负载时，次级电流为零，电流表 A_2 不指示，这时电流表 A_1 读数很小，说明空载电流 I_0 很小。

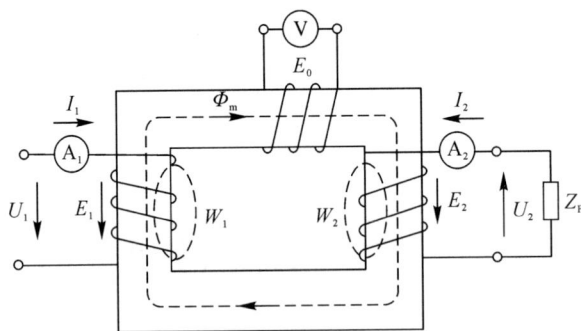

图 5.8　实验电路

在 I_0 的作用下，铁芯中产生交变的工作磁通（即主磁通）Φ_0，并在 W_1、W_2 及 W 中分别产生感应电动势 E_1、E_2 和 E_0。由于电压表的内阻很大，所以电压表 V 的读数基本上就是该线圈产生的感应电动 E，而 $E = 4.44\,fW\Phi_m$，在电源频率 f 和线圈匝数 W 一定的条件下，感应电动势 E 的大小是与磁通 Φ_m 成正比的，因此电压表的读数能反映铁芯中工作磁通 Φ_0 的大小。

当开关 K 接通后，电流表 A_2 有一定读数，这时电流表 A_1 的读数比空载时大；且 I_2 增大时，I_1 也增大，I_2 减小时，I_1 也减小，但是电压表 V 的读数则近乎不变。这说明不管变压器的负载有何变化，其工作磁通 Φ_0 基本上是没有变化的。

下面解释：为什么初级电流会随次级电流而变化，为什么工作磁通 Φ_0 基本不变。

空载时，在空载电流 I_0 作用下，铁芯中产生的磁通 Φ_0 在初级线圈中产生感应电动势 E_1，在忽略内压降的情况下，可以认为 E_1 与 U_1 大小相等、方向相反。

次级接通负载时，次级线圈有电流 I_2 输出，I_2 通过线圈 W_2 将产生磁通 Φ_2，根据楞次定律，磁通 Φ_2 将阻碍工作磁通 Φ_0 的变化，即减弱工作磁通 Φ_0。工作磁通被削弱后，初级线圈的感应电动势 E_1 也相应减小，于是，U_1 与 E_1 失去平衡，使 $U_1 > E_1$，这时初级电流 I_1 要相应增加，从而使工作磁通恢复到原先的数值，使感应电动势 E_1 又与外加电压 U_1 相平衡了。如果次级电流 I_2 继续增加，初级电流 I_1 又相应增加，即又出现上述物理过程。

根据上述，得到如下重要结论：

(1)次级电流 I_2 增加，初级电流 I_1 也相应增加；反之，I_2 减小，I_1 也相应减小。从能量观点来看，这是合乎情理的，因为 I_2 越大，就是负载获得的功率越大，这就要求电源供给更多的功率，因此需使 I_1 增大；反之，I_2 越小，就是负载获得的功率越小，这只要求电源供给较小的功率，因此所需的 I_1 也较小。由此可见，变压器是能够传送功率的。

(2)变压器无论空载运行还是负载运行，铁芯中的工作磁通总是近似等于空载时的主磁通 Φ_0。在忽略内部阻抗的情况下，根据电压平衡方程

$$U_1 = E_1 = 4.44 fW\Phi_m$$

或

$$\Phi_m = U_1/(4.44 fW_1)$$

也可清楚地看出，无论是空载运行还是负载运行，只要 U_1 保持不变，Φ_0 也就保持不变。

2.变压器初、次级电流之间的数量关系

(1)变压器初级电流 I_1 与次级电流 I_2 之比，等于次级匝数 W_2 与初级匝数 W_1 之比。用公式表示，即

$$\frac{I_1}{I_2} = \frac{W_2}{W_1} = \frac{1}{K}$$

现将这一关系式证明如下：

变压器负载运行时，初级电流 I_1 通过线圈 W_1 产生的磁通为 Φ_1，次级电流 I_2 通过线圈 W_2 产生的磁通为 Φ_2。由于负载运行时，铁芯中的工作磁通总是保持空载时的磁通 Φ_0 的数值，也就是说，Φ_1 与 Φ_2 的合成磁通与 Φ_0 相等，于是我们得到变压器的磁通平衡方程：

$$\vec{\Phi}_0 = \vec{\Phi}_1 + \vec{\Phi}_2 \qquad (5.11)$$

由于磁通（Φ）是由磁动势（IW）所产生的，所以，上面的磁通平衡方程又可得到相应的磁动势平衡方程：

$$\overline{I_0 W_1} = \overline{I_1 W_1} + \overline{I_2 W_2} \qquad (5.12)$$

通常，变压器的空载电流 I_0 只有初级额定电流的百分之几，所以，I_0 与初级额定电流相比是很小的。为了突出带负载的变压器初、次级磁动势之间的关系，我们把空载电流 I_0 忽略不计，于是得到

$$\overline{I_1 W_1} + \overline{I_2 W_2} = 0 \quad 或 \quad \overline{I_1 W_1} = -\overline{I_2 W_2}$$

式中负号的意义是：变压器负载运行时，初级磁动势 $I_1 W_1$ 与次级磁动势 $I_2 W_2$，可以近似

地认为大小相等,相位相反。

为了表达初、次级电流与初、次级匝数之间的数量关系,可将上式中的负号去掉,从而得到

$$I_1 W_1 = I_2 W_2 \tag{5.13}$$

$$\frac{I_1}{I_2} = \frac{W_2}{W_1} = \frac{1}{K} \tag{5.14}$$

式(5.13)和式(5.14)说明:当初级线圈匝数比次级少时(即 $W_1 < W_2$),初级电流将大于次级电流(即 $I_1 > I_2$);反之,当初级线圈的匝数比次级多时(即 $W_1 > W_2$),则初级电流小于次级电流(即 $I_1 < I_2$)。因此,变压器具有变换电流的作用。

(2)变压器初级电流 I_1 与次级电流 I_2 之比,等于次级电压 U_2 与初级电压 U_1 之比。用公式表示,即

$$\frac{I_1}{I_2} = \frac{U_2}{U_1} = \frac{1}{K} \tag{5.15}$$

现将这一关系的物理意义说明如下:

变压器在变换电压和电流时,是遵循能量守恒定律的。在忽略变压器局部损耗的条件下,输出功率 P_2 应与输入功率 P_1 等,即

$$P_1 = P_2 \quad 或 \quad U_1 I_1 = U_2 I_2$$

将式 5.15 加以变换得

$$\frac{I_1}{I_2} = \frac{U_2}{U_1} = \frac{1}{K} \tag{5.16}$$

从式(5.16)可以看出,对于升压变压来说,次级电流比初级电流小;对降压变压器来说,次级电流比初级电流大。既然在变压器中通过初、次级的电流不相等,那么,在绕制变压器时,初、次级线圈所采用的导线粗细就可不一样。通过高压线圈的电流较小,导线可以细一些;而通过低压线圈的电流较大,导线就要粗一些。

由于变压器在变换电压的同时还能变换电流,所以在工业上远距离输电时,常采用升压变压器以升高电压,进行高压输电。采用高压输电,输送同样的功率,在输电线上的电流要比电压低时小得多,从而可以大大减小线路上的能量损耗。由于电流不大,输电线可以采用细导线,这样可以节省大量的铜或铝。当电能输送到用电地点后,再利用降压变压器将电压降低,以适应用电设备的需要,同时又防止了高压容易造成的危险。

上面我们根据磁动势平衡方程导出了初、次级电流与初、次级匝数之间的关系式(5.14);根据功率平衡方程导出了初、次级电流与初、次级电压之间的关系式(5.14)。在这两个关系式中,初、次级电流之比都等于变压比的倒数,可见,这两种表达式在本质上是一致的。

5.2.3 理想变压器变换阻抗的原理

变压器在变换电压和电流的同时,还能变换阻抗。下面首先说明阻抗变换的概念及阻抗变换的具体关系,然后介绍阻抗变换的应用。

1. 阻抗变换的概念

变压器的阻抗变换如看图 5.9 所示。在图 5.9(a)中,当变压器接上负载阻抗 Z_L 时,初级电路中就有电流 I_1 通过。在 5.9(b)中,如果把一个阻抗 $Z_L{}'$ 直接接在电源上,若电路中的电流恰好也是 I_1,那么,对电源来说,$Z_L{}'$ 的作用与次级接有负载阻抗 Z_L 的整个变压器的作用是相

当的,或者说是完全等效的。因此,这里把 Z_L' 称为变压器初级电路的等效阻抗。这个等效阻抗就是负载阻抗连同变压器这个整体,对电源所呈现的阻抗,如图 5.9(a)中的方块部分所示。

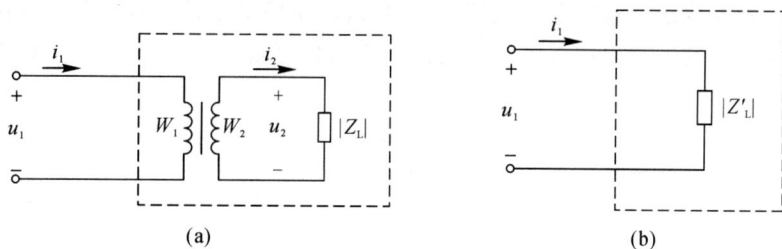

图 5.9　变压器的阻抗变换

(a)负载阻抗;(b)等效阻抗

对电源来说,将一个输出电路接有负载阻抗 Z_L 的变压器,用另一个直接接在电源两端的阻抗 Z_L' 来等效替换,这就是我们通常所说的变压器的阻抗变换。

2. 等效阻抗 Z_L' 与负载阻抗 Z_L 之间的关系

设变压器初级输入阻抗模值为 $|Z_1|$,次级负载阻抗模值为 $|Z_L|$,则 $|Z_1| = \dfrac{U_1}{I_1}$

将 $U_1 = \dfrac{W_1}{W_2} U_2$,$I_1 = \dfrac{W_2}{W_1} I_2$ 代入,得

$$|Z_1| = \left(\frac{W_1}{W_2}\right)^2 \frac{U_2}{I_2}$$

由于

$$\frac{U_2}{I_2} = |Z_L|$$

故

$$|Z_1| = \left(\frac{W_1}{W_2}\right)^2 |Z_L| = K^2 |Z_L| \tag{5.17}$$

由以上可见,次级接上负载 $|Z_L|$ 时,相当于电源接上阻抗为 $K^2|Z_L|$ 的负载。

3. 变压器阻抗变换的应用:阻抗匹配

从阻抗变换公式可以看出,对于降压变压器来说,初级电路的等效阻抗 Z_L' 大于负载阻抗 Z_L;对于升压变压器来说,初级电路的等效阻抗 Z_L' 小于负载阻抗 Z_L。在电子电路中,为了提高信号的传输功率和效率,常用变压器将负载阻抗变换为适当的数值,以取得最大的传输功率和效率,这种做法称为阻抗匹配。

在什么情况下用变压器变换阻抗呢?为了说明这个问题,我们先回忆一下在电工中所学过的"电源输出最大功率的条件",即最大功率传输定律。在一个含有电源电动势,电源内阻和负载电阻的回路中,当负载电阻等于电源内阻时,负载获得最大功率,也就是电源输出最大功率。但是,如果负载电阻与电源内阻不相等,或者说负载不可能与内阻相等而又要求负载从电源取得最大功率时,就需要在电源和负载之间接变压器进行阻抗变换,使负载的等效阻抗与电源的内阻相等,例如,功放的负载,也就是扬声器,功放的内阻在千欧级而扬声器的电阻一般只有几欧,要获得最大功率就要在扬声器前加一个输出变压器使内阻与等效阻抗相等。下面举例说明阻抗变换的应用。

【例题 5.1】在图 5.10 电路中,某交流信号源的电动势 $E = 120$ V,内阻 $R_0 = 600$ Ω,负载电阻 $R_L = 6$ Ω。试求:

(1)如图 5.10(a)所示,信号源输出多大功率? 负载电阻 R_L 吸收多大功率? 信号源的效率多大?

(2)若要信号源输给负载的功率达到最大,负载电阻应等于信号源内阻。今用变压器进行阻抗变换,则变压器的匝数比应选多少? 阻抗变换后信号源的输出功率多大? 负载吸收的功率多大? 此时信号源的效率又为多少?

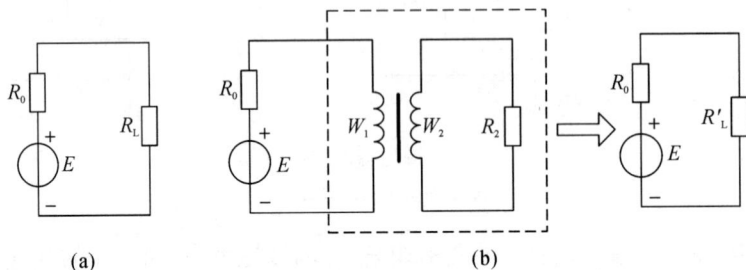

图 5.10

(a)负载与信号源直接相连;(b)变压器进行阻抗变换

解:(1)由图 5.10(a)可得信号源的输出功率为

$$P_i = IE = \frac{E}{R_0 + R_L} \times E = \frac{E^2}{R_0 + R_L} = \frac{120}{600 + 6} = 23.76 \text{ W}$$

负载吸收的功率

$$P = I^2 R_L =$$

$$\left(\frac{E}{R_0 + R_L}\right)^2 R_L =$$

$$\left(\frac{120}{600 + 6}\right)^2 \times 6 = 0.235 \text{ W}$$

效率

$$\eta = \frac{P}{P_i} = \frac{0.235}{23.76} = 0.99\%$$

(2)在图 5.10(b)中,变压器把负载 R_L 变换为等效电阻

$$R'_L = R_0 = 600 \ \Omega$$

变压器的匝数比应为 $\quad \frac{W_1}{W_2} = \sqrt{\frac{R'_L}{R_L}} = \sqrt{\frac{600}{6}} = 10$

这时信号源输出功率为

$$P_i = \frac{E^2}{R_0 + R'_L} = \frac{120^2}{600 + 600} = 12 \text{ W}$$

负载吸收的功率为

$$P = I^2 R'_L = \left(\frac{E}{R_0 + R'_L}\right)^2 R'_L = \left(\frac{120}{600 + 600}\right)^2 \times 600 = 6 \text{ W}$$

效率为 $\quad \eta = \frac{P}{P_i} = \frac{6}{12} = 50\%$

经过(2)(3)两步的计算和比较后发现,利用变压器进行阻抗变换后,电源效率由 0.99%增加到 50%。

*5.3　实际变压器的运行原理

5.3.1　空载时的实际变压器

1.耦合和耦合系数

在具有较宽气隙的变压器中,磁通经过一段空气间隙后,则只剩下一部分磁通仍穿过次级绕组,如图 5.11 所示。其中,一部分磁通流出了铁芯磁路,这可以通过测量绕组上的感应电压来证明。因此,次级绕组产生的电压,将比由匝数计算所得出的电压值小。

当磁通全部或几乎全部流经次级绕组时,变压器处于强耦合。若只是一小部分磁通流经次级绕组,则变压器处于弱耦合。

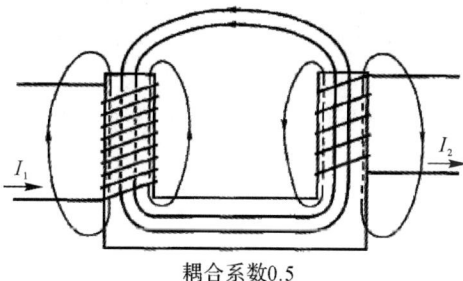

耦合系数0.5

图 5.11　弱耦合

若这时将所测得的电压比去除以匝数比,则可以得出其耦合系数。

$$K = \frac{U'_2}{U_1} \cdot \frac{W_1}{W_2}$$

式中:K　——耦合系数;

U_1——输入电压;

U'_2——测量出的输出电压;

W_1——初级绕组匝数;

W_2——次级绕组匝数。

因此,实际变压器的输出电压,可以用下面公式计算为

$$U_2 = K U_1 \cdot \frac{W_2}{W_1}$$

由此可见,实际变压器的耦合系数小于 1 。

在动力技术方面使用的变压器,其耦合系数基本上接近于 1 ,它被看作无气隙传输变压器。

2.空载电流

理想变压器在两个绕组之间是无缺陷的磁耦合,空载时,理想变压器的初级绕组中没有电流。而实际变压器空载运行时,虽然副边没有功率输出,但原边仍要从电网吸取一部分有功功率来补偿铁芯的铁耗和铜耗。铁耗是交变磁通在铁芯内引起,即磁滞损耗和涡流损耗。铜耗是空载电流在原边线圈内流动引起的。

当变压器的初级加上电压 U_1 时,在初级绕组回路产生空载电流 I_0。它在绕组电阻 R_{Cu} 产生了一部分电压,在绕组的感抗 X_L 上也产生了一部分电压。

在电感上流动的电流形成交变磁场,把这一电流称为磁化电流(I_m)。初级绕组如同电感的作用一样。它使磁化电流 I_m 与初级电压 U_1 之间产生 90°的相位差。

在铁芯被反复磁化的过程中产生了热量,这一热损耗可以等效成一个电阻的损耗,即:铁

损,用等效电阻 R_{Fe} 表示,其铁损电流为 I_R。因此,空载电流 I_0 一部分用于磁化产生交变磁场,一部分被铁损消耗,从而使空载电流 I_0 与 U_1 之间的相位差小于 $90°$。

由磁化电流产生的交变磁场在初级绕组中感应出电压 U_i。这个感应电压是在初级绕组上的电压降,它比输入电压小,如图 5.12 所示。

若给初级绕组提供较小的输入电压,则磁化电流变小,铁芯中的磁通密度下降。而提供较高电压时,其磁通密度和磁化电流则增加。

在变压器中,磁化电流和磁通密度可以自动调整到适应外加输入电压所必需的数值上。

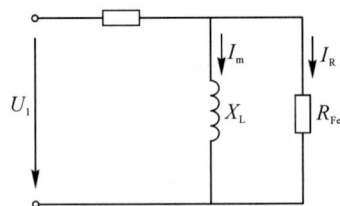

图 5.12　变压器初级绕组等效电路

若给变压器提供过高的输入电压,则会损坏变压器。因为电压很高时,必然在铁芯中产生很大的磁通密度,这就需要有很大的磁化电流,而铁芯在额定电压时已经接近磁饱和了,故磁化电流将急剧上升,最后便导致绕组烧毁。

3. 起动电流

在变压器被接通时,如果电网电压在这一瞬间正好为零,并且在铁芯中还保留着剩磁,其方向正好与即将要产生的磁通方向相同时,这对变压器是相当不利的。若剩磁磁通与励磁磁通保持相同的方向,则变压器的铁芯立即进入磁饱和状态,这时只有很大的磁化电流才能产生必需的电压值。因此,用于变压器输入端的保险丝的额定电流必须是变压器额定电流的 2 倍。

5.3.2　带负载时的实际变压器

1. 漏磁通

实际变压器空载运行时,空载电流建立起空载时的磁场。如图 6.7.3 所示,这个磁场中的一部分磁通 Φ_1 沿铁芯闭合,同时与初、次级绕组相交链,是变压器进行能量传递的媒介,称为主磁通;另一部分磁通 Φ_σ 主要沿非铁磁材料闭合(沿绝缘材料和空气闭合),仅与初级绕组相交链,称为初级绕组的漏磁通。变压器负载运行时,次级绕组中有电流流过,这个电流建立的磁场一部分有削弱主磁场的作用,另一部分只沿非铁磁材料闭合,仅与次级绕组相交链,称为次级绕组的漏磁通。由于铁芯是用高导磁材料制成的,磁导率远比空气大得多,所以变压器运行时,主磁通占总磁通的绝大部分,而漏磁通只占很小的一部分。主磁通在初、次级绕组内感应电势,所以主磁通起传递能量的媒介作用;而漏磁通仅与初级或次级一个绕组相交链,产生的感应电势只会降低电压,不能传递能量。

由于漏磁通的存在,有些情况下,在变压器和传输变压器上必须采取屏蔽措施。

2. 漏磁系数

漏磁系数是指漏磁通与空载时产生的主磁通的比值,用"σ"表示。人们也可以由漏电感来计算漏磁系数,即输出绕组在短路及开路时输入端所分别呈现的电感的比值。

$$\sigma = \frac{\Phi_\sigma}{\Phi_1} \quad \sigma = \frac{L_\sigma}{L_1}$$

式中:σ——漏磁系数;

Φ_σ——漏磁通;

Φ_1——主磁通;

L_σ——漏感；

L_1——初级电感。

变压器具有较大的漏磁时,其漏磁系数近似等于短路电压与额定电压之比。短路电压是指变压器在额定频率下,将输出绕组短路后,使输入绕组内达到额定电流所必需加在输入绕组上的工作电压。由于漏磁通只与一个绕组交链,所以绕组的排列方式对漏磁通系数有很大的影响。在大多数变压器中,其漏磁系数(短路电压与额定电压的比值)按不同的结构型式,分别在 0.1～0.8 (10%～80%)之间,如图 5.13 所示。

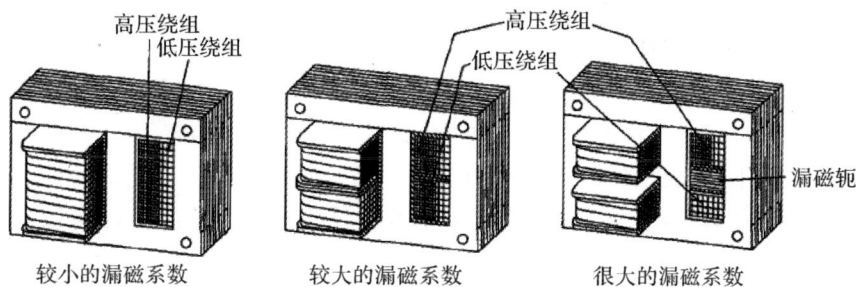

图 5.13　绕组的排列对漏磁系数的影响

3.负载电压

【实验5-1】　变压器的初级线圈匝数 $N_1=1\ 200$ 匝,$N_2=600$ 匝,连接在交流 30 V/50 Hz 的电源上。在次级利用多位开关分别接入不同类型的负载。实验电路如图图 5.14 所示。

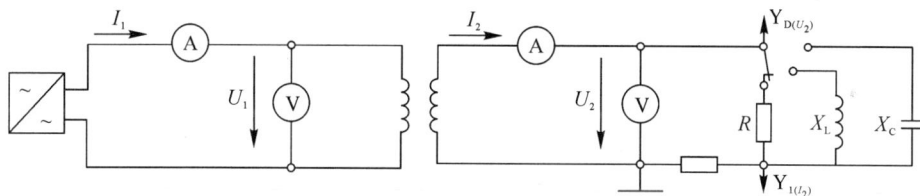

图 5.14　实验电路

然后,通过电流表和电压表读取数值填入表 5.1。

表 5.1　通过电流表和电压表的读取数值

负　载	U_2/V	I_1/mA	I_2/mA	ϕ/(°)
空载	15	14		
$R=85\ \Omega$	9.5	63	110	0
L(带铁芯的 600 匝线圈)	11	33	40	66
$C=25\ \mu F$	24.5	80	200	90
$C=40\ \mu F$	30	175	400	90

从表 5.1 中可以看出:

(1)变压器空载,次级电压由公式 $U_2=U_1\cdot\dfrac{W_2}{W_1}$ 决定；

(2)变压器的负载接电阻和电感时,其输出电压 U_2 下降,而且接电感时下降最大；

（3）变压器的负载接电容时，其输出电压 U_2 上升。

上述结论中的第一种情况在空载变压器时已经进行过分析，在此不再重复。而第二、第三种情况正是我们现在要分析的。

在变压器加载时，将会产生漏磁通，而漏磁通通过线圈的作用就像一个扼流圈，因此，变压器就像一个电源发生器，其内阻是由绕组的直流电阻和由漏磁通作用引起的漏电感所组成的串联电路构成，如图 5.15(a) 所示。

当加上电阻性负载时，由于漏感比较小，整个回路基本上呈电阻性，即：电流 I_2 与电压 U_{02} 之间的相位差很小。由于负载是纯电阻，所以输出电压 U_2 与电流 I_2 同相，经矢量合成可以得到；U_2 电压值只有较小的下降。

当加上电感性负载时，整个回路基本上呈电感性，即：电流 I_2 滞后于电压 U_{02} 的相位角较大，由于负载是电感，所以输出电压 U_2 超前于电流 I_2 一个相位差。经矢量合成可以得出：U_2 电压值比接电阻时下降大。如图 5.15(b) 所示。

当加上电容性负载时，整个回路基本上呈电容性，即：电流 I_2 超前于电压 U_{02} 的相位角较大，由于负载是电容，所以输出电压 U2 滞后于电流 ι 一个相位差。经矢量合成可以得到：电压值将上升。如图 5.15(c) 所示。

可见，变压器的输出电压取决于负载电流以及负载的类型。

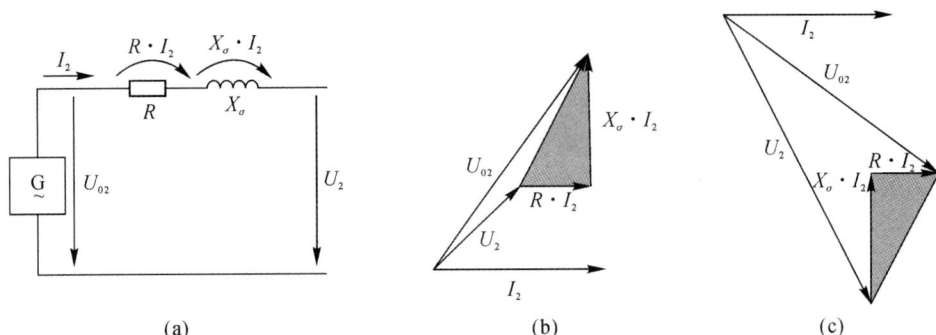

图 5.15 变压器等效电路和不同类型负载的矢量图
(a) 等效电路；(b) 矢量图(二)；(c) 矢量图(二)

对额定功率低于 16 kVA 的变压器，其额定负载电压将在功率铭牌上标出。额定负载电压是指变压器在电阻性负载额定功率时的输出电压。

5.3.3 变压器的外特性

变器负载运行时，有两个主要性能：一是外特性，即二次侧电压随负载变化的关系；二是效率特性，是指效率随负载变化的关系。

1. 外特性

外特性是指变压器一次侧加额定电压、二次侧负载功率因数 $\cos\varphi_2$ 一定时，二次侧输出电压 U_2 与负载电流 I_2 的变化关系，即 $U_2 = f(I_2)$。通常用图 5.16 的曲线表示外特性。由图中坐标用相对值 U_2/U_{2N}，I_2/I_{2N} 表示.也称标幺值。

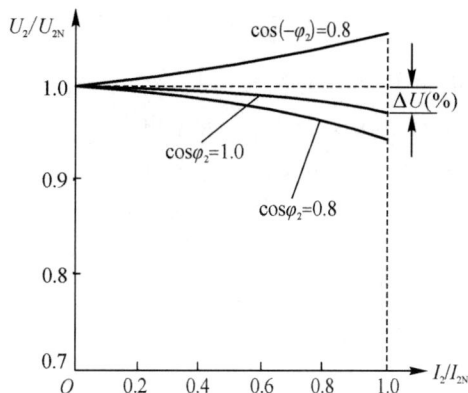

图 5.16　变压器的外特性

由图 5.16 可见,感性负载曲线下降的程度比阻性负载严重,而容性负载的外特性曲线反而上翘,即随着容性负载的增大,输出电压将逐渐升高。因此可以说,容性电流起助磁作用,使 U_2 升;感性电流具有去磁作用,使 U_2 下降所以,在相同的负载电流下,其输出电压下降的程度取决于负载功率因数的大小,负载功率因数越低,端电压下降越多。

2. 电压变化率

电压变化率是变压器负载时二次测电压变化程度的一种度量,当负载电流变化时,变压器二次侧电压电随着发生变化。

假定变压器一次侧接电源电压,二次侧开路时的端电压为额定值,当二次侧接人负载后,即使一次侧电压保持不变,二次侧电压也不再是额定值,负载功率因数为常数,空载和负载时二次侧电压的差值与二次侧额定电压的比位,即电压变化的标么值称为电压变化率 $\triangle U$,用百分数表示,即

$$\Delta U\% = \frac{U_{2N} - U_2}{U_{2N}} \times 100\% \tag{5.18}$$

式中:U_{2N}——二次侧空载电压;

　U_2——负载时的二次侧端电压。

一般变压器的 $\triangle U$ 为 2%～5%,变压器的容量越小,$\triangle U$ 越大。

电压变化率是变压器的主要性能指标之一。负载电流变化时,二次侧电压变化的原因,是变压器内部存在电阻和漏抗而引起内部电压降。二次侧电压的变化程度,即电压变化率的大小,它不仅同变压器本身的阻抗有关,而且与负载的大小和性质有关。

综上所述,当负载为感性,φ_2 角为正值时,电压调整率为正值,即负载时的二次侧电压比空载电压低;当负载为容性,φ_2 角为负值时,电压变化率有可能为负值,即负载时的二次侧电压高于空载电压。

为了保证供电电压的质量,尽量保持二次侧电压的稳定,就需要进行调压。在电力系统中调压的方法很多,如调节发电机出口电压、同步调相机、在负载端并联电容器等。其中普遍应用的方法是变压器调压。

5.3.4　变压器的损耗和效率

变压器输出有功功率 P_2 与输入有功功率 P_1 的百分比称为变压器效率,用 η 表示,即

$$\eta = \frac{P_2}{P_1} \times 100\% \tag{5.19}$$

变压器是静止电器,没有旋转部分的机械损耗,所以效率一般很高,中小型变压器多在 95% 以上,大型电力变压器可达 99%。用直接负载法测量 P_1 和 P_2 来确定效率,很难得到准确的结果,所以在工程中常用间接法,通过求得损耗的方法来计算效率。

变压器的输入功率 P_1,包括输出功率 P_2、铁芯损耗 p_{Fe} 和绕组铜耗 p_{Cu},其输入、输出功率的传递关系如图 5.17 所示。

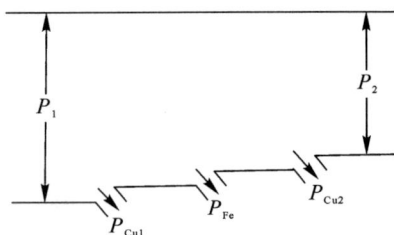

图 5.17　变压器的功率流程图

式(5.19)可变为

$$\eta = \frac{P_2}{P_2 + p_{Fe} + p_{Cu}} \times 100\% \tag{5.20}$$

式(5.20)中铁耗与铜耗之和为变压器的总损耗,即 $\sum p = p_{Fe} + p_{Cu}$。

5.4　三相变压器

前面讨论了单相变压器的基本理论。下面将在单相变压器的基础上介绍三相变压器的一些基本知识。

三相变压器是用来变换三相交流电压的,它的每一相电压的变换关系与单相变压器完全一样,只是在线电压的关系上,会因连接方法的不同而出现不同的特点。

5.4.1　三相变压器的结构特点

将三个相同的单相变压器组合起来,组成三相变压器组,可以用来变换三相交流电压,如图 5.18 所示。

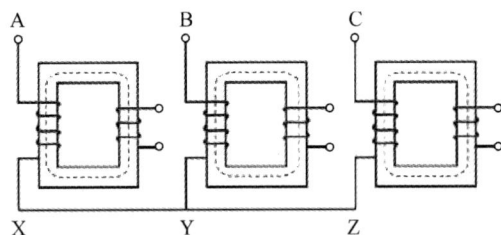

图 5.18　三相组式变压器

常用的三相心式变压器就是在三相变压器组的基础上发展起来的,如图 5.18 所示。首先将三个单相变压器放置,组成三相变压器组。然后把它们靠近,联成一体,如图 5.19(a)所示。这样并不影响三个单相变压器的作用。这时,在公共铁芯柱中通过的磁通是三个单相磁通之和。当三相电源电压对称,三相负载阻抗也平衡时,则初级三相绕组的三相电流相量和为零,即 $\dot{I}_A + \dot{I}_B + \dot{I}_C = 0$,因此,三个单相磁通的相量和也等于零,即 $\dot{\Phi}_A + \dot{\Phi}_B + \dot{\Phi}_C = 0$。此公式表明,在公共铁芯柱中并没有磁通,因此可以把它省掉。这样三相变压器的铁芯就成了图 5.20

(b)的形状。为了便于制造,常把三个铁芯安排在同一个平面上,于是就形成了一个三相心式变压器,如图 5.20(c)所示。

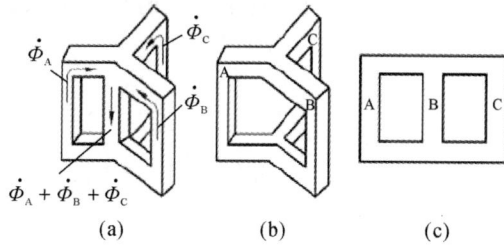

图 5.20 三相变压器的磁路

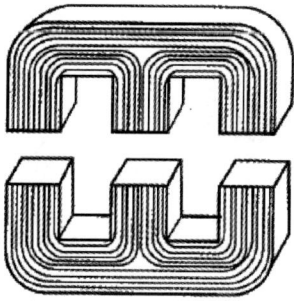

图 5.21 三相卷环式铁芯   图 5.22 辐射形卷环铁芯

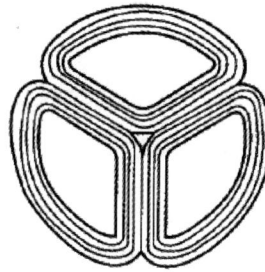

航空 400 Hz 三相变压器,其铁芯一般采用叠片卷环 E 形铁芯,基本形式如图 5.21 所示,这种磁路铁芯中的磁导率较高,体积与重量也较小。

另一种形式是辐射形卷环(Y 形)铁芯,如图 5.22 所示。这种结构的最大优点是磁路对称,因此常被采用,但绕组加工较复杂。

5.4.2 三相变压器绕组的连接

三相变压器的初、次绕组都可以连接成星形或三角形。为了便于连接,绕组的头端和尾端都用符号标明:各相初级绕组的头端和尾端有大写字母 A,B,C 和 X,Y,Z;低压绕组的头端和尾端分别标有小写字母 a,b,c 和 x,y,z;被引出的中性点则标有字母 O。三相变压器的绕组,有四种不同的联接方法:星形-星形(Y/Y),星形-三角(Y/△),三角形-三角形(△/△),三角形-星形(△/Y)。在上面的符号里,分子表示三相初级绕组的接法,分母表示三相低压绕组的接法。如图 5.23 中初级绕组接成星形,低压绕组接成三角形,则表示成 Y/△。

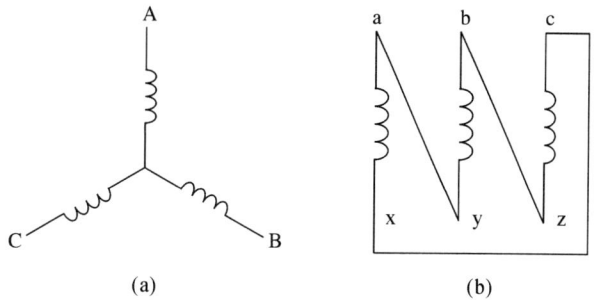

图 5.23 三相变压器绕组的连接
(a)星形连接;(b)三角形连接

连接三相绕组时,必须注意以下两点:星形连接时,应把三相绕组的尾端连在一起;三角形连接时,应把一相的尾端接至另一相头端,依次相连而成闭合回路。如果连接得不正确,输出的次级电压就可能不对称,甚至可能在三角形连接的闭合回路内产生短路电流,将变压器烧坏。绕组的连接方法不同时,初次级对应的线电压之间的相位关系也不同。三相芯式变压器如图 5.24 所示。

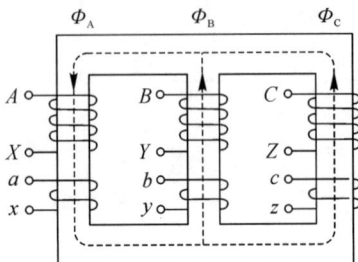

图 5.24　三相芯式变压器

5.4.3　绕组联接方法不同时线电压的变换关系

1.星形-三角形接法

星形-三角形接法见图 5.25 的特点是:初级与次级线电压之比,等于高低绕组匝数比的 $\sqrt{3}$ 倍。因为,初级的线电压为相电压的 $\sqrt{3}$ 倍,而次级的线电压和相电压相等,初次级的相电压之比,等于每相绕组的匝数比 k,故初级线电压与次级线电压之比为 $\sqrt{3}k:1$,即

$$\frac{U_{1l}}{U_{2l}} = \frac{\sqrt{3}\,U_{1p}}{U_{2p}} = \sqrt{3}k$$

因此,初级与次级线电压之比,等于其绕组匝数的 $\sqrt{3}$ 倍。

初级接成星形时每一相绕组所承受的电压,是相同线电压作用下采用三角形连接时的 $1/\sqrt{3}$,这对变压器的初级绝缘很有利,初级输电线路中所用的三相变压器,其初级通常都采用星形连接,道理就在这里。

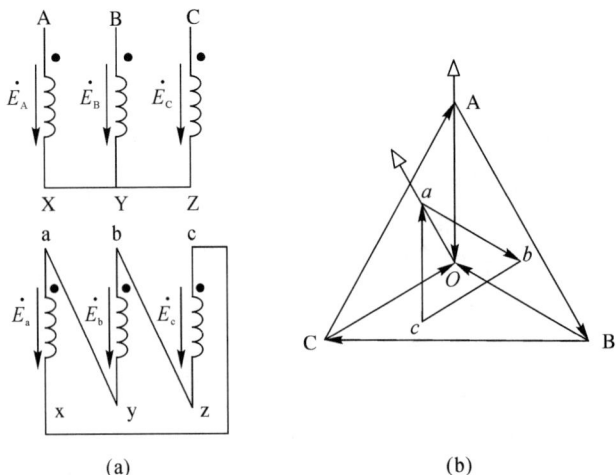

(a)　　　　(b)

图 5.25　星形-三角形接法

2. 三角形-星形接法

三角形-星形接法(见图5.26)的特点是:初次级线电压之比等于匝数比的$1/\sqrt{3}$。

因为初级的线电压和相电压相等,而次级的线电压为相电压的$\sqrt{3}$倍,初次级的相电压之比,等于每相绕组的匝数比k,故初级线电压与次级线电压之比为$k:\sqrt{3}$,即

$$\frac{U_{1l}}{U_{2l}} = \frac{U_{1p}}{\sqrt{3}\,U_{2p}} = \frac{k}{\sqrt{3}}$$

因此,初级与次级线电压之比,等于其绕组匝数的$1/\sqrt{3}$倍。

这种接法的优点在于次级能得到三相四线的系统,可以同时输出两种电压,即相电压和线电压。因此,它常用于低压配电。

3. 星形-星形接法和三角形-三角形接法

星形-星形接法(见图5.27)和三角形-三角形接法的特点是:初次级的线电压或相电压之比,都等于初次级的匝数比,因为,初级的线电压和相电压相等,次级的线电压和相电压也相等,初次级的相电压之比,等于每相绕组的匝数比k,故初级线电压与次级线电压之比也为匝数比k

$$\frac{U_{1l}}{U_{2l}} = \frac{U_{1p}}{U_{2p}} = k$$

因此,初级与次级线电压之比等于其绕组匝数。

Y形接法的三相变压器也可以同时输出两种电压,因而也常用于低压配电中,△接法则常用在大电流的电路中。这样连接还存在着一个优点,即一相绕组由于某种原因断开时,其他两相仍可继续供电。这时绕组的连接,形如V字,故也叫作V形法。在特殊情况下,如果只有两个单相变压器,就可以把它们成V形,来完成三相电的变压作用,但必须注意,其最大输出电流不能超过每一相的额定电流。

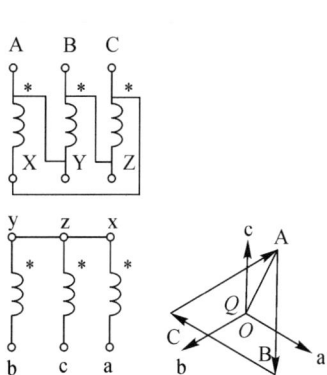

图 5.26　三角形-星形接法

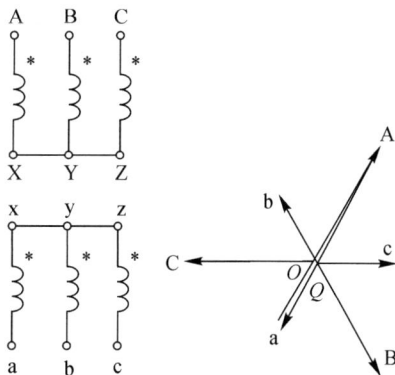

图 5.27　星形-星形接法

5.5　变压器的使用

本节主要介绍:变压器同名端的定义,同名端的用途,同名端的判别方法,变压器的使用,变压器的见故障及其排除方法。

5.5.1　变压器的额定值

大、小容量变压器在使用中所关注的问题不一样。对大型变压器,主要关注其效率和电压变化率。而小功率变压器,因其容量小(有些以传递信号为主),重点不在效率和电压变化率上。小容量变压器在使用中,应注意其额定值、绕组极性及干扰问题。

在使用变压器之前应先了解其铭牌参数,以便根据其额定值正确使用变压器。

(1)额定电压 U_{1N}/U_{2N}。原边额定电压 U_{1N} 是指加到原绕组上的电源线电压,它受变压器绝缘强度和温升所限制。副边额定电压 U_{2N} 是指原边加上额定电压后,副边空载时的线电压。以 V 或 kV 表示。

变压器在使用时,受磁路和绕组所限,原边电压不允许超过额定值。

(2)额定电流 I_{1N}/I_{2N}。在原边加额定电压、副边加额定负载条件下,变压器长时间正常运行时,原、副边绕组通过的线电流称为额定电流。以 A 表示。

变压器在额定电流下运行,绝缘材料不易老化,其使用寿命很长。如果工作电流长期超过额定电流值,变压器的温升就会超过允许范围,使绝缘材料老化,大大缩短其使用寿命。

(3)额定容量 S_N。额定容量 S_N 即额定视在功率,它是额定电压和额定电流的乘积。以 VA 或 kVA 表示。

一般大容量变压器的效率较高,因此额定工作时的初级和次级视在功率基本相等,所以常把原边绕组和副边绕组的容量设计得相等。当然,航空变压器一般效率不太高,所以原边绕组容量要比副边绕组大些。

对于单相变压器,可具体表达为

$$S_N = U_{1N}I_{1N} = U_{2N}I_{2N}$$

对于三相变压器,则为

$$S_N = \sqrt{3}U_{1N}I_{1N} = \sqrt{3}U_{2N}I_{2N}$$

额定容量表示一个变压器所具有的传输电能的能力。

(4)额定频率 f_N。航空电源变压器的额定频率为 $f_N=400$ Hz,地面工频变压器的额定频率为 $f_N=50$ Hz。使用时,对频率不同的变压器不能互相代用。

例如,一台 115 V/400 Hz 的航空变压器不能用在 220 V/50 Hz 的地面电源上。由变压器的有效值表达式 $U \approx E = 4.44Wf_N\Phi_m$ 可知,在匝数 W 一定时,E、f、Φ_m 三者之间存在着制约关系。当 U 不变时,f 和 Φ_m 成反比,若 f 下降,则磁通 Φ_m 上升。因变压器额定电压工作点都设计在磁化曲线临近饱和区,当 f 降低过多使用时,Φ_m 值增大选人高度饱和区,励磁电流会急剧增大,就可能把变压器烧坏。

反之,若升频使用时,显然磁饱和已不是主要问题,而耐压和铁损太大将不允许这样使用。

除上述额定值外,还应注意变压器的连接形式、冷却方式、允许温升及使用条件等。

5.5.2　变压器各线圈的同名端

在变压器各线圈上标出同名端,能指导我们正确地连接电路。下面我们就来说明什么是同名端,同名端的用途和同名端的判别方法。

1.变压器线圈的同名端

变压器是在铁芯上绕两组(或两组以上)线圈组成的。当铁芯中的磁通发生变化时,每组线圈中都会产生感应电动势,因此,在某一瞬间,每个线圈中各有一个端点为正极,一个端点为负极。在同一瞬间,各线圈中电压极性相同的端点,就是同名端。

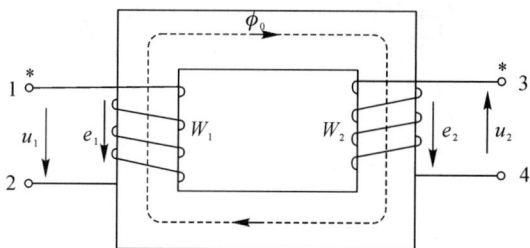

图 5.28 变压器原理图

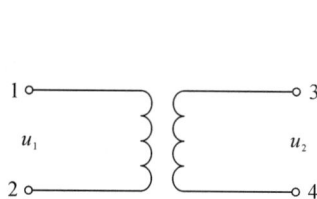

图 5.29 变压器原理图

例如,在图 5.28 所示的变压器中,当铁芯中的磁能是顺时针方向增大时由楞次定律可知,线圈 W 中的感应电动势的方向从 2 到 1,端点 1 是正极,2 是负极;线圈 W 中的感应电动势的方向从 4 到 3,端点 3 是正极,4 是负极。当铁芯中的磁通方向是顺时针方向减小时,由楞次定律可知,线圈 W 中的感应电动势的方向从 1 到 2,端点 2 是正极,1 是负极;线圈 W 中感应电动势的方向从 3 到 4,端点 4 是正极,3 是负极。从上述分析中可以看出:无论铁芯中的磁通怎样变化,在同一瞬间,端点 1 和 3 的极性总是一致的,它们是同名端;端点 2 和 4 的极性也总是一致的,它们也是同名端。在同一磁通变化的作用下,感应电压极性保持相反的端点,例如端点 1 与 4 就叫异名端。我们把一组同名端用同一标记标出,例如标上"*"或"·"这样标出后,另一组同名端则不需标注。在标注了同名端后,线圈的具体绕法及相对位置就不需要在图 5.28 中表示出来了,这时图 5.28 就可以画成图 5.29 的形式。

为了加深对同名端的理解,现进一步说明如下。从图 5.28 中可以看出,当线圈 W 中通入自端点 1 到 2 的电流时,铁芯中的磁通方向是顺时针的;当线圈 W 中通入自端点 3 到 4 的电流时,铁芯中的磁通方向也是顺时针的。我们已知,端点 1 和 3 是一组同名端时,这两个电流在铁芯中所产生的磁通的同方向的。所以也可以说:当变压器的两组线圈中分别通入两个电流,若能使铁芯中产生同一方向的磁通,那么这两组线圈的电流流入端就是一组同名端,这两组线圈的电流流出端也是一组同名端。

根据上述,在图 5.29 的变压器中,两组线圈的同名端是"*"或"·"。

由上所述可知,变压器名线圈的同名端与章第二节所讲的各线圈两端电压的正方向的规定是相一致的。

2.变压器绕组极性的测定

在使用变压器或者其他有磁耦合的互感线圈时,要注意线圈的正确连接。例如,一台变压器的一次绕组有相同的两个绕组,图 5.30 中的 1-2 和 3-4。当接到 220 V 的电源上时,两绕组串联,如图 5.30(b)所示;接到 110 V 的电源上时,两绕组并联如图 5.30(c)所示。如果连接错误,例如串联时将 2 和 4 两端连在一起,将 1 和 3 两端接电源,这样,两个绕组的磁动势就互相抵消,铁芯中不产生磁通,绕组中也就没有感应电动势,绕组中将流过很大的电流,把变压器烧毁。

同样,两个线圈并联时,必须将同名端连接在一起。只有这样才能使变压器正常工作。如果是异名端相连接,也会使变压器烧毁。

总之,在联接变压器各线圈时,并联时必须将同名端连接在一起,串联时必须将异名端连接在一起。

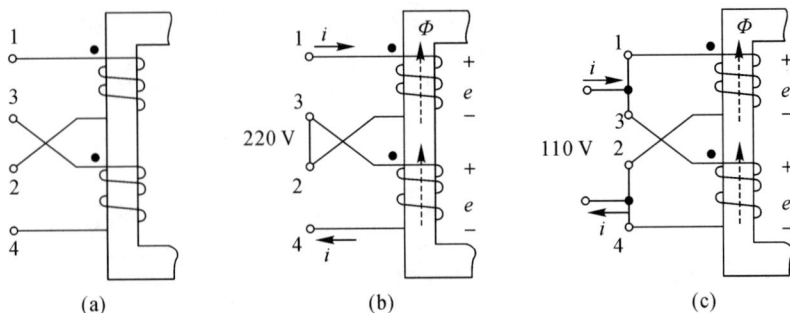

图 5.30　变压器绕组的同名端

(a)两个绕组；(b)串联；(c)并联

为了使变压器的负载电压与输入电压具有同相或反相的相位关系,也必须知道变压器初,次级线圈的同名端,才能正确连接电路。例如,在图 5.31 的电路中,欲使负载电压与电源电压 U 反相,当线圈的端点 1,3 是同名端时,图 5.31(a)的电路连接的正确的;当线圈的端点 1,4 是同名端时,图 5.31(b)的电路连接也是正确的。

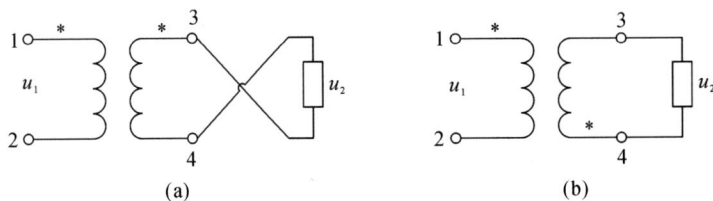

图 5.31　变压器的负载连接

(a)1,3 同名端；(b)1,4 同名端

若电流从两个线圈的同名端流入时,它们在铁芯中产生的磁通方向是一致的,根据这一规律,可以判断已知绕向的变压器线圈的同名端。例如,E 形铁芯变压器各个线圈的绕向一致,所以当电流从每线圈靠近里层的那个端点流入时,它们在铁芯中产生的磁通方向是一致的。因此,通过视察可看出,每个线圈靠近里层的那个端点是一组同名端,靠近外层的那个端点是另一组同名端。

但是,已制成的变压器或电机、电器,由于经过浸漆或其他工艺处理,从外观已无法辨认两线圈的具体绕向,同极性端也就无法看出,这就要用实验方法来测定同极性端了,通常采用下面两种实验方法。

(1)直流法测量同名端——用万用表(指针型)和干电池测量。将变压器的一组待测线圈的两个端点 1,2 通过电阻,电门与干电池相接,另一组待测线圈的两个端点 3,4 接在万用表的正负接线柱上,万用表的转换电门放在测直流电压时量程为 50 V 左右的位置,如图 5.32 所示。

接通电池的瞬间,万用表的指针应有偏转(若看不清指针偏转,可缩直流电压档的量程)。若指针向正方向偏转,则表示接电池正极的那端与接三用表正极的那端是同名端;若针向反方向偏转,则为异名端。

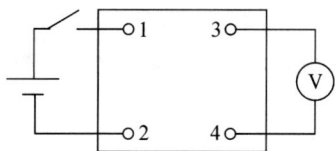

图 5.32　直流法测量同名端　　　图 5.33　交流法测量同名端

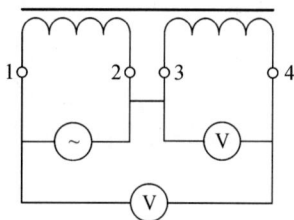

（2）交流法测量同名端。先将待测的两组线圈串联，在另一组线圈上加上交流电压（值应小于该线圈的额定电压），然后用两电压表分别测量各待测线圈的电压和两线圈串联后的总电压，如图 5.33 所示。若两线圈串联后的总电压等于两个线圈的分电压之和，则这两个线圈是正向连接，连在一起的两个端点是异名端；若两线圈串联后的总电压等于两个线圈的分电压之差，则之两个线圈是反向联接，连在一起的两个端点是同名端。

5.6　特殊变压器

5.6.1　自耦变压器

自耦变压器是一种单绕组变压器。在工作原理上，它与双绕组变压器基本相同，但又有一些特点。自耦变压器有单相和三相之分，下面主要介绍单相自耦变压器。

单相自耦变压器有降压和升压两种。图 5.34（a）为降压自耦变压器，初级绕组其匝数是 W_1；次级绕组是初级绕组的一部分，其匝数是 W_2，显然，$W_1 > W_2$。图 5.34（b）为升压自耦变压器，它的初级绕组是次级绕组的一部分，因此有 $W_1 < W_2$。降压，升压自耦变压器的工作原理相同，下面以降压自耦变压器为例来说明。

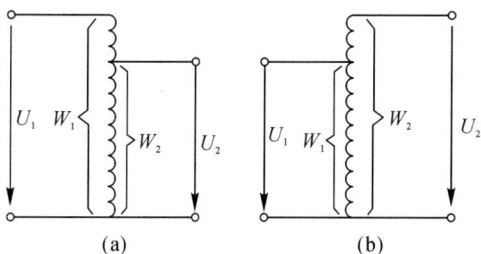

图 5.34　自耦变压器　　　　　图 5.35　自耦变压器的电流分配
（a）降压；（b）升压

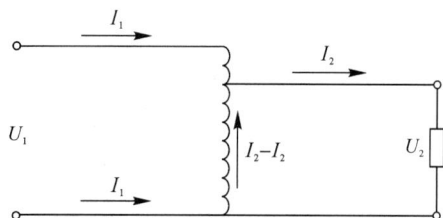

单相自耦变压器与单相双绕组变压器，其变压原理是相同的。例如，空载运行时，空载电流产生的主磁通分别使初、次级绕组产生感应电势 E_1 和 E_2，假设变压器的内部阻抗可以忽略，则有

$$\frac{E_1}{E_2} = \frac{U_1}{U_2} = k$$

下面分析初、次级电路的电流关系。根据能量守恒定律，若忽略内部，则次级负载获得的

功率 $(U_2 I_2)$ 应与初级输入的功率 $(U_1 I_1)$ 相等，即 $U_1 I_1 = U_2 I_2$ ，由此可得

$$\frac{U_1}{U_2} = \frac{I_2}{I_1} = k$$

上式说明，初、次级电路的电流之比等于初、次级匝数比的倒数，这与双绕组变压器也是相同的。

自耦变压器在负载运行时，初、次级绕组的公共部分通过的电流是很小的，这是自耦变压器的一个重要特点，分析如下：

接通负载后，次级电流 I_2 增加，初级电流 I_1 也相应增加如图 5.35 所示。它们的正方向如图所示。此时，磁势平衡关系仍然是由于空载电流 I_0 通常很小，空载磁势 $I_0 W_1$ 可以忽略，于是有

$$I_1 W_1 = - I_2 W_2$$

式中的负号表明，在 W_2 这段绕组中，次级电流 I_2 初级电流 I_1 ，其方向相反，近似互差 $180°$ 。可见，通过 W_2 这段绕组的电流有效值为

$$\frac{I_1}{I_2} = \frac{W_1}{W_2} = \frac{1}{k}$$

上式说明，当变压比 k 近似等于 1 时，初，次级电流相差不多，但通过 W_2 中的电流却很小。因此，W_2 这部分绕组可用细导线来绕，以节约用铜量和减轻重量。然而，当变压比 k 较大时，由于 I_1 和 I_2 的数值相差较大，这种优点就不十分显著了。自耦变压器的变压比通常在 $1 \sim 2$ 之间。

实验室常用的调压变压器，就是一种可改变次级匝数的自耦变压器。它把自耦变压器的抽头做成了滑动接触，通过改变滑动刷的位置，可改变次级线圈匝数，从而能均匀地改变输出电压。为了使滑动接触方便可靠，这种自耦变压器的铁芯做成圆环形，其上均匀分布绕组，滑动触头油碳刷构成，又叫作自耦调压器，如图 5.36 所示。

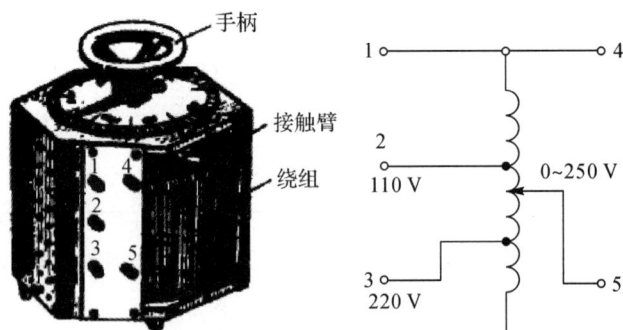

图 5.36　自耦变压器的外形结构和电路图

自耦变压器的缺点在于：初、次级绕组的电路直接连接在一起，高压端的电气故障会波及低压端。如当高压绕组的绝缘损坏时，高电压会直接传到副绕组，这是很不安全的。由于这个原因，使用在低压端的电气设备必须有防止过高电压的措施，而且规定自耦变压器不能作为安全照明变压器，使用时要求接线正确，外壳必须接地，如图 5.37 所示。

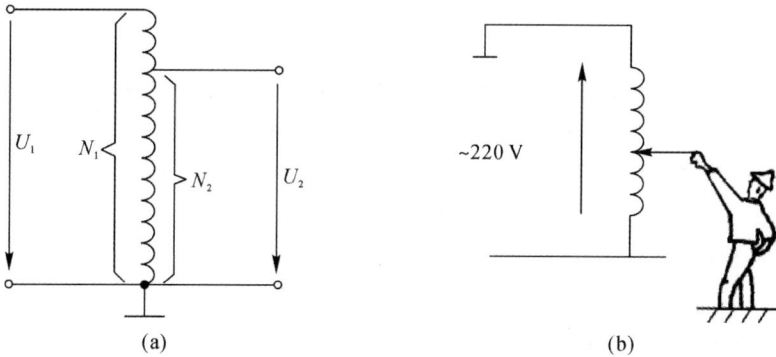

图 5.37　自耦变压器的连接

(a)自耦变压器的正确接法;(b)自耦变压器的错误接法

5.6.2　互感器

互感器是特殊变压器的一种,是一种用于测量的小容量变压器。有电流互感器和电压互感器两种。互感器在飞机控制系统中得到广泛应用。

采用互感器测量的目的一是为了工作人员和仪表的安全,将测量回路与高压电网隔离;二是可以用小量程电流表测量大电流,用低量程电压表测量高电压。

1.电流互感器

(1)电流互感器的结构和工作原理。电流互感器是将大电流变换成小电流的变压器,常与电流表结合使用于飞机上交流发电机的调节和保护系统中。其结构和工作原理与普通双绕组变压器相似,也是由铁芯和原,副绕组两个主要部分组成。特点在于,电流互感器原绕组的匝数很少,甚至仅有一匝串连接在被控电路中,流过被控电流;副绕组的匝数很多,与测量电表直接相连接。如图 5.38 所示。民流表的阻抗极小,所以电流互感器的负载,与普通变压器的短路情况相似。副绕组的电势很小,所以铁芯内的磁通也很小,互感器的励磁磁势也很小。

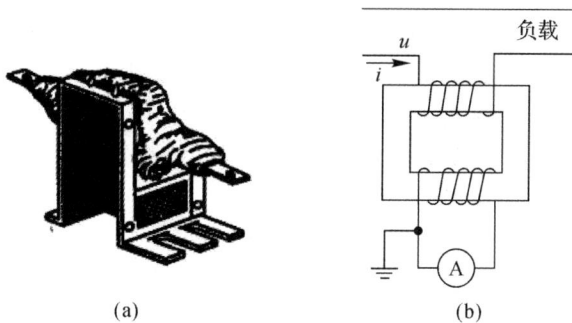

图 5.38　电流互感器结构原理图

(a)构造;(b)接线图

由变压器的磁势平衡关系:

$$I_1 W_1 = I_2 W_2$$

可推导出原绕线流过的被控电流为

$$I_1 = kI_2$$

式中:k——电流互感器的额定电流比。

上式表明,在电流互感器中,副绕组电流与电流比的积等于原绕组即被控电流值。例如,电流读数为 3 A,电流比为 100 时,则被控电流值为 300 A。

(2)电流互感器使用时事项。为了运行得准确和安全,在使用电流互感器时,应注意以下三点:

1)电流互感器在运行中副绕组不得开路,若开路,互感器即成为空载运行,流过原绕组的线路电流全部成为互感器的励磁电流,使铁芯中磁通密度增高很多倍,磁路严重饱和,磁通的波形由正弦波形畸变为平顶波,当磁通交变过零时,将在副绕组中感应很高的尖峰电动势,其峰值可达数千伏,可以造成互感器绝缘击穿也可能人身伤害;且由于磁通密度增大,铁耗增加,铁芯过热,加速绝缘物老化。因此在电流互感器副绕组电路中,绝对不允许接保险丝,副绕组不接电流表时,要把副绕组短接,需检修电流表时必须先把互感器副绕组短接后才能将电流表拆下来。

2)电流互感器的铁芯和副绕组同时可靠接地,以免高压侧绝缘击穿时损坏设备或伤害人员。

3)副绕组负载阻抗要求小于规定的阻抗,感器准确度等级要比所接仪表的准确度高两级。

2.电压互感器

(1)电压互感器的结构和工作原理。电压互感器是用来将高电压变换成便于测量和控制的低电压,其结构和工作原理同小型两绕组降压变压器相同,它实质上就是一个降压变压器,也是由铁芯和原、副绕组两个主要部分组成。它的主要特点在于,原绕组匝数较多,并连接在被控电路中,副绕组匝数较小,直接接在高阻抗的测量控制仪表上,如图 5.39 所示,有很精确的变化。由于所接仪表的阻抗很大,因此,电压互感器的副绕组电流很小,近似等于零,与普通变压器空载运行相近似。

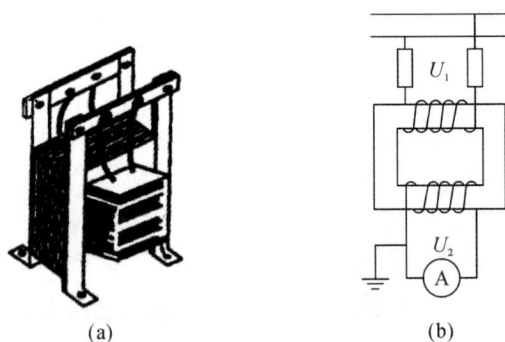

图 5.39　电压互感器结构原理图
(a)构造;(b)接线图

根据变压器原理,电压互感器原绕组与副绕组的电压之比与它们的匝数比相等,即

$$U_1 = kU_2$$

式中:k——电压互感器的变换系数,也称电压互感器的额定电压比,其值等于原、副绕组匝数比。

上式表明,当电压互感器变换系数给定时,被控电压 U_1 即等于 U_2 与变换系数的乘积。

利用电压互感器,可将被测量的高电压变为低电压,然后用电压表来测量这低电压,电压表上的读数乘以倍率就是被测量的高电压 U_1。飞机上交流电压不很高,不需电压互感器作测量电压用;但在飞机控制系统中,常用它来变换电压信号。

(2)电压互感器使用时的注意事项。

在使用电压互感器时,应注意以下两点:

1)电压互感器在运行时副绕组绝对不允许短路。因为原绕阻电压高,如果发生短路,短路电流将很大,足以烧坏互感器。所以在低压侧电路中常串接短路保护器。

2)电压互感器的铁芯和副绕组的一端可靠接地,以防止高压侧绝缘损坏时,铁芯和副绕组带上高压而造成设备或人身安全事故。

【拓展阅读】

1.04 厘米垫圈引发的空难

——中华航空 120 号航班事故

一架波音 737 客机在降落于冲绳那霸机场后,突然飞机右翼的二号发动机燃起大火。客舱内迅速展开疏散计划,等乘客逃离完毕,机场和副驾驶在爆炸的瞬间跳出驾驶舱,随后客机发生几次大爆炸,引发的大火将机身折成三段。火势持续一个小时才被扑灭,幸运的是航班乘务人员临危不惧,有序引导乘客撤离。此次航事故无人伤亡。

中华航空 120 号航班是从中国台湾桃园机场飞往日本冲绳那霸机场的定期航班。2007 年 8 月 20 日这天,120 号航班平稳降落在那霸机场,飞行员按照正常程序关闭了发动机,但是靠窗座的一名乘客却突然发现,客机右侧发动机冒出浓烟。机组人员成员还在执行关闭发动机后的检查单,驾驶舱中火警铃声大响,耳机里也传来了右侧二号发动机火警警告。飞行员立即提醒乘务员做好疏散工作,飞机发动机的火势也由小及大,客舱中的紧张气氛陡然升高。飞行员要在火势蔓延至油箱之前,将乘

图 5.40　120 号航班燃烧时引发的冲天浓烟

客疏散完毕,否则后果不堪设想。客舱中的乘务员也展现出较高的职业素养,要求大家保持安静,先不要拿各种物品和行李。

飞行员允许打开舱门后,乘客在乘务员的引导下有序疏散,随着时间的推移,往常舒适的客舱转瞬就变成火海般的炼狱,这是一场与死神的竞赛。浓烟和大火逐渐涌入客舱,里面的温度也开始升高,有些舷窗在燃烧中破裂。飞机聚集的热量也越来越大,随时都有可能爆炸引发更大的火势。

驾驶员犹建国经过再三确认客舱并无存留存乘客后,和副驾驶曾大伟一起跳出驾驶舱。就在他们刚跳出驾驶舱的窗户时,客机中段发生了第一次的爆炸,随后引发的大火和浓烟更为猛烈,连续的爆炸让机身折为三段。机身尾部在大火燃烧中变形,断裂在地面上。令人惊奇的是,机上的 165 人在短短几分钟内成功上演胜利大逃亡。

事故调查组的人在调查中发现,一根螺栓刺破了油箱。这枚螺钉源自下止挡组件,下止挡组件是机翼前缘缝翼的组成部分。调查员开始检查客机的检修通告,事故调查组前往台北的

中华航空公司总部,要求维修技师重复整个修复过程,其中一名技师重复了整个维修过程。调查员发现,技师在视线范围很狭小的地方工作,所以他基本靠感觉进行操作。这次修复演示暴露出来很多问题,比如一个垫圈不经意间就从技师手中滑落下来,技师很难保证所有零件都严格按照维修手册进行修复程序。调查员发现,这个1.04 cm的垫圈是固定下止挡组件的关键器件,缺失了垫圈整个部件就会失效。

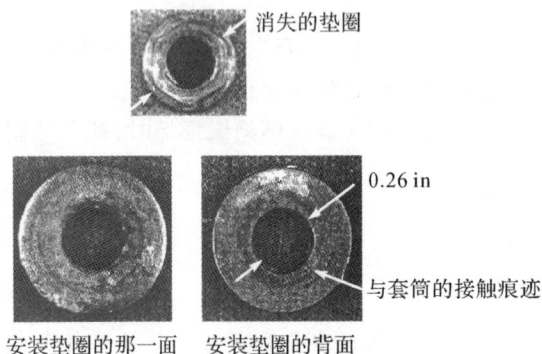

图 5.41　不翼而飞的垫圈

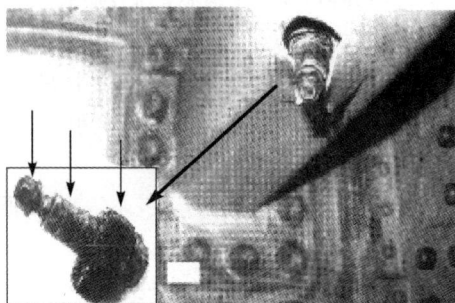

图 5.42　刺破客机油箱的一根螺栓

　　调查员另外发现前缘缝翼结构设计中的问题,飞机设计师在研发客机时,会在前沿缝翼的位置设置一个导轨室。这用以容纳缝隙滑动时的导轨,然而导轨室的空间非常狭小,刚好容纳下导轨,如果稍有外来异物掉进导轨室中,就会导致次生灾害的发生。

　　120号航班事故后,联邦航空局向全球2 000多架第三代波音737运营商发布维修通告,至少有23架客机存在。直挡螺丝松脱现象,有的甚至已经发生击穿油箱事件。日本国土交通厅认为,第三代波音737型客机的设计存在漏洞,相比前代而言是倒退的设计,前代客机即便忘记装垫圈,下止挡组件也不会脱落。前缘襟翼中止挡螺帽太小是波音公司的设计缺陷,要求FAA对波音公司提出安全劝告,并指导波音公司修改设计,将螺帽加大。

　　FAA督促波音航空公司,在为客机运营商制定维修建议时,应详细标明维修工作范围以及合适的维修环境,预防维修差错的发生。波音公司也立刻采取行动,重新设计了下止挡组件,并确保所有类型客机均安装上了改进型部件。中华航空120号航班的悲惨结果告诉我们,机务人员的人为维修差错同样不容忽视。

　　120号航班发生大火爆炸,机身断裂成三截,令人惊奇的是机上157名乘客不到一分钟内安全撤离,不得不称为奇迹,这得益于地面机务人员及时发现问题,空乘人员良好的沟通协作,紧急处理能力,所有人员通力合作才等使得飞机所有人员安全撤离。

习　　题

1.变压器工作的原理是什么?

2.思考一下变压器没有铁芯能不能正常工作?

3.航空变压器使用的是哪种类型的铁芯?

4.铁芯和绕组在变压器中的作用是什么?

5.理想变压器初次级电压和电流与变比的关系是什么?

6.解释一下阻抗变换的含义？

7.阐述最大功率输出定理在变压器中的应用。

8.在图 5.40 中电路,某交流信号源的电动势 $E=200$ V,内阻 $R_0=400$ Ω,负载电阻 $R_L=1$ Ω。试求:

(1)如图 5.40(a)所示,信号源输出多大功率？负载电阻 R_L 吸收多大功率？信号源的效率多大？

(2)若要信号源输给负载的功率达到最大,则负载电阻应等于信号源内阻。若用变压器进行阻抗变换,则变压器的匝数比应选多少？阻抗变换后信号源的输出功率多大？负载吸收的功率多大？此时信号源的效率又为多少？

(3)信号源输给负载的功率达到最大时,初次级的电流是多少？

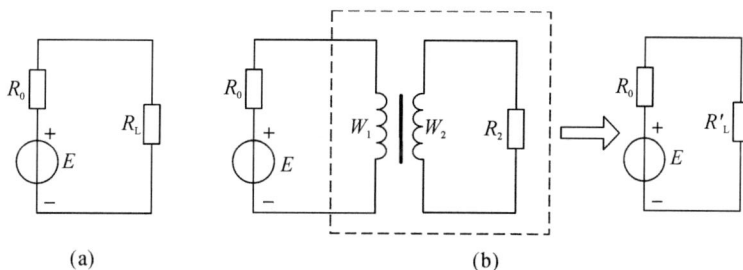

图 5.40　某交流电路
(a)负载与信号源直接相连;(b)变压器进行阻抗变换

9. 什么是耦合系数？

10.变压器接不同性质的负载时其外特性曲线有什么不同？

11.电压变化率和外特性曲线之间有什么关系？

12.三相变压器连接方式不同时线电压之比是什么？

13.变压器额定值的定义？

14.什么是同名端？

15.绕组串并联的时候应怎么连接？

16.用灯泡亮度来判断同名端时怎么判断？原因是什么？

17.自耦变压器的特点是什么？

18.电流互感器在使用时的注意事项有哪些？

19.电压互感器在使用时的注意事项有哪些？

第6章 直流电机

航空直流电机在飞机上得到了广泛的应用。航空直流发电机作为部分小型飞机的主电源,直流电动机由于其优良的性能,目前在飞机上应用得非常普遍。而启动发电机,兼有发电机和电动机双重作用,充分体现了直流电机的特点,在本篇将对直流电机的结构、工作原理及其性能加以分析。

6.1 直流电机的结构

直流电机依照功能分为发电机和电动机,两者虽然在功能不同,但结构却基本一致。直流电机的结构形式很多,但总体上总不外乎由定子(静止部分)和转子(运动部分)两大部分组成。电机的磁极和电枢之间必须有相对运动,因此,直流电机是一种旋转电机。图 6.1 即为航空直流电机的结构图。

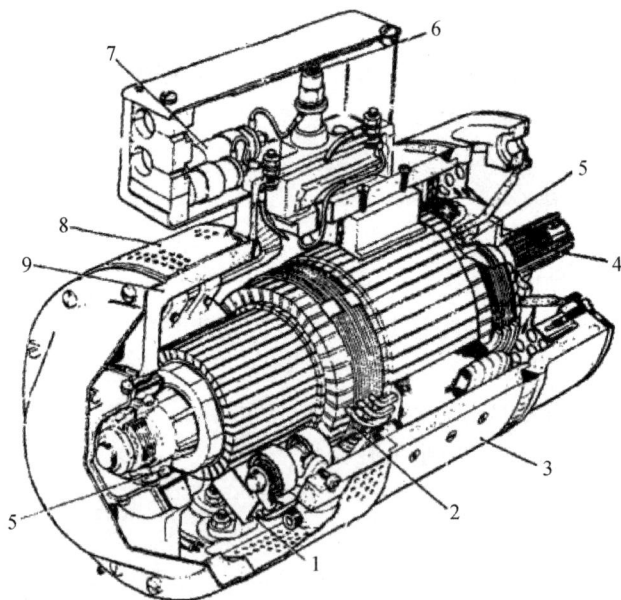

1—电刷;2—电枢;3—定子磁轭;4—软轴;5—轴承;
6—出线端子;7—电容;8—风翠;9—端盖

图 6.1 航空直流电机的结构图

直流电机的定子用于安放磁极和电刷,并作为机械支撑,它包括主磁极、换向极、电刷、机壳等各部分组成。主要是用来产生磁场和支持转子运转。转子一般称为电枢,主要包括电枢铁芯、电枢绕组、换向器、轴等各部分组成。

在直流电机的结构设计过程中，应考虑下列主要问题。

(1)电机的零部件、特别是转动的轴、换向器等，应有足够的强度和刚度，使其在技术条件所规定的各种运行情况下以及最高转速所引起的离心力作用下，能安全由靠地工作，并使机械振动和噪声减小到最低程度。

(2)结构工艺性好。在满足电机的运行性能和技术要求的条件下，力求结构简单.便于制造、运输、维护和检修。

(3)绝缘和通风结构应能承受电机的电磁负载、热应力和机械应力的综合作用，在复杂的工作环境条件下能长期可靠出工作，各部位的温升不超过规定的限值 从而保证足够长的使用寿命。。

(4)零部件的标准化、通用化程度高，互换性好。

6.1.1　直流电机的定子

1.机壳

机壳的主体是磁通路径的一部分，称为磁轭。磁轭是直流发电机的框架，它通常由铸钢制成，也有采用薄钢板叠压方式。磁轭有两个功用：①它是电机磁路的一部分，在两个磁极之间形成完整的磁路；②对电机的其他部件起机械支撑作用。主磁极、换向磁极和端盖等一般都直接固定在磁轭上。机壳上的接线盒有励磁绕组和电枢绕组的接线端，用来对外接线。在图6.2(a)中以横剖视图画出了一个两磁极发电机的磁轭，在图6.2(b)中画出了四磁极发电机的磁轭剖视图。

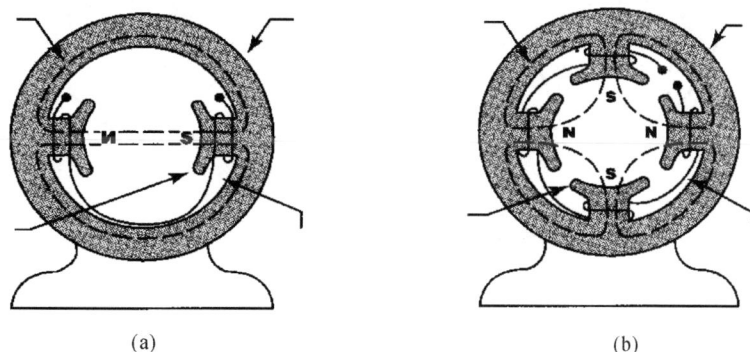

(a)　　　　　　　　　　　　　(b)

图 6.2　直流电机的机壳

(a)碰轭；(b)碰轭剖视图

2.主磁极

绝大部分航空直流电机的主极都不用永久磁铁，而是采用电磁铁，以节约重量和空间。主磁极包括磁极铁芯和励磁绕组(见图6.3)，主磁极的作用是产生主磁通。主磁极铁芯包括极心和极掌两部分。励磁绕组套装在极心上。各主磁极上的绕组一般都是串联的，励磁绕组通过直流电流来建立磁场。极掌做成特定的形式，其作用是使气隙中

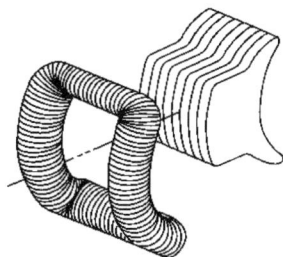

图 6.3　直流电机主磁极结构

磁感应强度分布最为合适。

主磁极铁芯是主磁回路的一部分,故应采用高导磁材料制成。为降低电机运行过程中磁场变化可能导致的涡流损耗,主极铁芯一般用1~1.5 mm厚的低碳钢板冲片叠压而成。由于电机中磁极的N极和S极只能成对出现,故主极的极数一定是偶数,并且要以交替极性方式沿机壳内圆均匀排列。(极靴与电枢表面形成的气隙通常是不均匀的,并有极靴中部圆弧与电枢外圆同心,分为两侧极尖间隙稍大的同心式气隙和极靴圆弧半径大于电枢外圆半径的偏心式气隙两种。)

3. 换向磁极

换向极专用于改善电机换向。用换向磁极的附加磁场来抵消电枢磁场,使主磁极中性面内的磁感应强度接近于零,这样就改善了电枢绕组的电流换向条件,减小了电刷与换向器之间的火花。

换向磁极也由铁芯和套在上面的换向绕组构成,换向绕组与电枢绕组串联工作。换向磁极铁芯一般用整块电工钢制成,用螺钉与机壳连接。换向磁极装在两相邻主极之间(见图6.4),其数目一般与主极数相等,称为全数换向磁极。对小功率航空直流电机,换向磁极数亦可为主极数的一半,也可不装,以此来缩小体积、减轻重量。

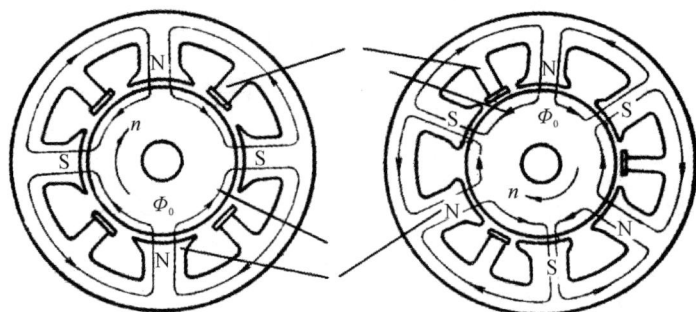

图 6.4　直流电机的主磁极和换向磁极

(a)全数换向磁极;(b)半数换向磁极

4. 电刷装置

电刷的作用是把转动的电枢与外电路相连接,使电流经电刷进入或离开电枢。电刷装置主要由电刷、加压弹簧和刷握等组成。电刷通过电刷架固定在机壳上不动,借助于加压弹簧的压力使电刷和旋转的换向器保持滑动接触,将电枢与外电路连接在一起。图6.5(a)是电刷的一种结构形式,图6.5(b)是一种四组式的电刷装置。

电刷通常用碳和石墨的化合物制成。低压电机的电刷由石墨和金属粉末混合而成。这种合成材料能使换向器和电刷之间产生很小的摩擦,可以防止过度磨损,使电刷具有较长的寿命。电刷由弹簧压在换向片上,保证两者接触良好。电刷和电刷架用铜线连接起来,以此来保证电刷和电刷架之间为低阻通路。

电刷数一般等于主磁极数,各同极性的电刷经软线汇在一起,再引到接线盒内的接线板上,作为电枢绕组的引出端。

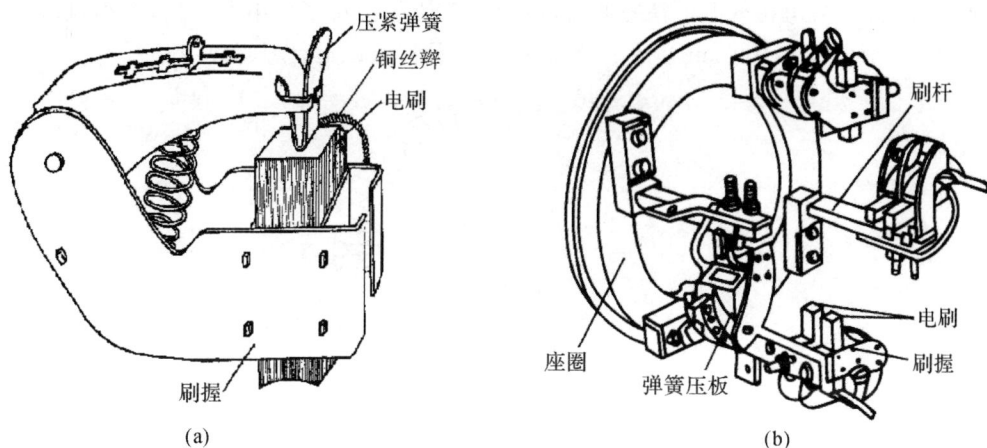

图 6.5 直流电机的电刷组件

(a)电刷和刷握;(b)电刷装置

6.1.2 直流电机的转子

电枢是电机中产生感应电动势的部件。电枢绕组绕在铁芯上,铁芯装在转轴上,并在励磁绕组产生的磁场中旋转。电枢由电枢铁芯、绕组、换向器等组成。

1.电枢铁芯

电枢铁芯和磁轭的作用一样,用以构成磁路。目前大部分发电机使用的是鼓形电枢。如图 6.6 所示。为了减少涡流损耗,电枢铁芯一般用厚 $0.35\sim0.5$ mm 的涂有绝缘漆的硅钢片叠压而成。对于小容量电机,铁芯叠片(也叫冲片)尽可能采用整形圆片,如图 6.7 所示;而大容量电机则可能要多片拼接。

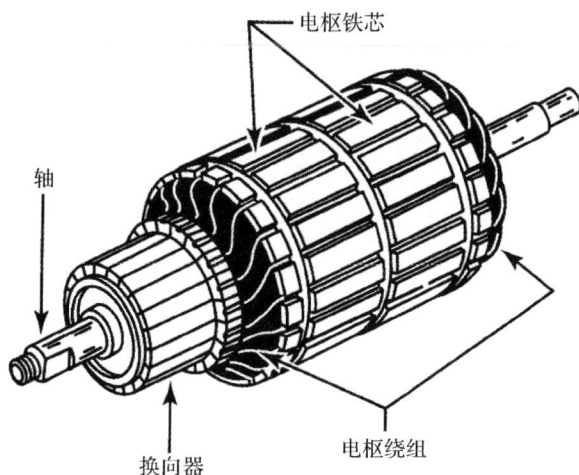

图 6.6 直流电机的鼓形电枢

鼓形电枢的线圈放在电枢铁芯的槽中,铁芯和线圈之间没有电气连接。各个线圈的首末端被引出接到换向器相对应的换向片上。

电机为了获得良好的散热,对于小容量电机,在每个叠片上冲有若干小圆孔,以使空气能轴向通过铁芯,直流电机的电枢铁心冲片,如图 6.7 所示。对于大中型电机,电枢铁芯要沿轴向方向分段,每个 50~100 mm 插入一分隔片,构成径向通风道,以加强冷却。

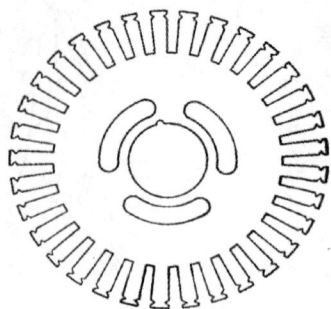

图 6.7　直流电机的电枢铁心冲片

2.电枢绕组

电枢绕组的作用是产生感应电动势或电磁转矩,是电机能够实现电机能量转换的核心构件。电枢绕组由许多绕组元件构成,按一定规则嵌放在铁芯槽内和换向片相连,如图 6.8 和图 6.9 所示。小型电机的线圈用圆铜线绕制,较大容量时用矩形截面铜材绕制,各线圈以一定规律与换向器焊连。导体与导体之间,线圈与线圈之间以及线圈与铁芯之间都要求可靠绝缘。为防止电机转动时线圈受离心力作用而甩出,槽口要加槽楔固定,如图 6.10 所示。绕组端部用镀锌钢丝箍住,防止绕组因离心力而发生径向位移。

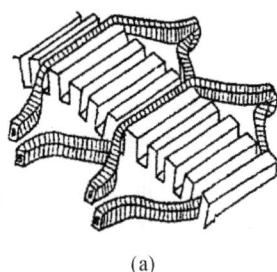
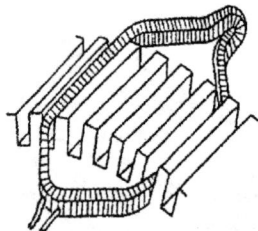
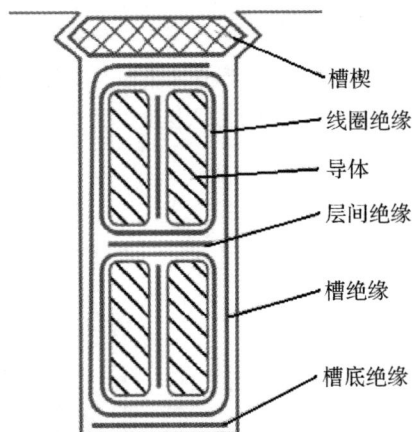

(a)　　　　　　　　　　(b)

图 6.8　鼓形电枢绕组在槽内的安放
(a)单匝线圈;(b)多匝线圈

图 6.9　直流电枢绕组元件的链接形式

3.换向器

发电机的换向器的作用是把电枢绕组内的交流电动势用机械换接的方法转换为电刷间的直流电动势。而电动机的换向器的作用是把外部的直流电动势转变成电枢绕组内的交变电势。

换向器由多片彼此绝缘的铜制换向片构成,外形呈圆柱形,片与片之间用云母绝缘。换向器有多种结构形式,图 6.11 为最常见的一种。

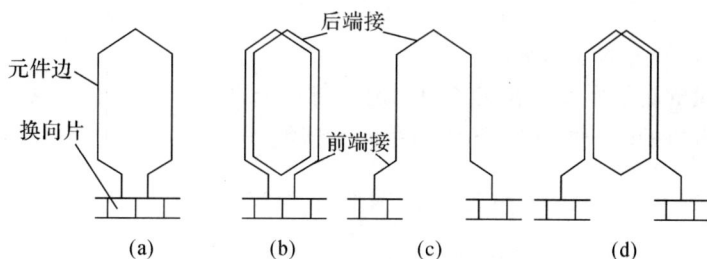

图 6.10 电枢绕组在槽中的绝缘情况

(a)单匝叠绕组元件；(b)两匝叠绕组元件；(c)单匝波绕组元件；(d)两匝波绕组元件

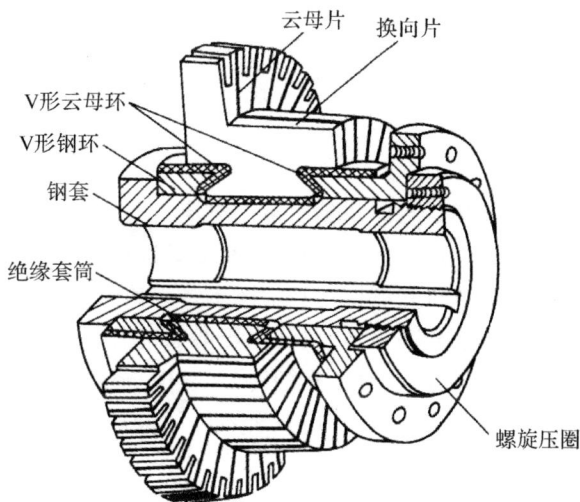

图 6.11 电枢绕组在槽中的绝缘情况

4.转轴

飞机直流发电机的转轴由空心轴和柔性轴(又称软轴)组成,如图 6.12 所示。柔性轴采用抗扭强度高、弹性好的合金钢做成,用以传递扭矩;空心轴采用抗压强度高的合金钢做成,用以承担电枢的全部质量。柔性轴装在空心轴内,一端通过半月键与空心轴啮合,并用螺帽固紧;另一端通过花键与发动机传动机匣内的减速齿轮啮合。这样,采用软轴后,过大的机械冲击或震动都经过软轴而得以缓冲;当电机承受过大的机械负荷时,将使半月键断裂,从而保护了电机的其余部分。

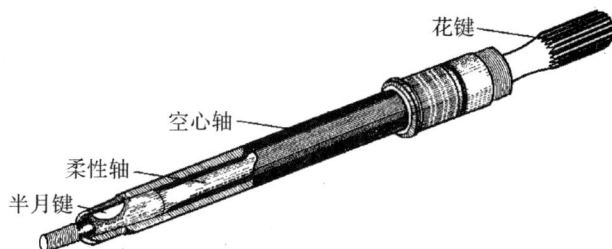

图 6.12 直流发电机的转轴

在空心轴的两端装有轴承。前轴承安装在固定于机壳上的前端盖的轴承室内,后轴承安装在结合盘(后端盖)上的轴承室内。

这样,发电机的转子便安装在定子中。定子与转子之间有极小的气隙。当柔性轴带动空心轴转动时,发电机的转子便在定子中的轴承上转动。

6.1.3 直流电机的铭牌和主要技术性能参数

航空电机的主要技术性能参数可以在电机的铭牌上部分直接得到。主要涉及到以下内容:额定数据,工作条件,试验和验收方法,安装尺寸及其他数据。

(1)额定功率(kW):指电机在预定情况下,长期运行所允许的输出功率。

(2)额定电压(V):

1)发电机是指在额定运转情况下发电机两端的输出电压数值;

2)电动机额定电压是指在所规定的正常工作条件下,加在电动机两端的输入电压的额定值。

(3)额定电流(A):

1)发电机一般是指长期连续运行时供给负载的电流;

2)电动机额定电流是指长期连续运行或短时、间歇式运行时,容许从电源输入的电流。

(4)额定转速($r \cdot min^{-1}$):电机在额定运转情况下每分钟的转速。

(5)励磁:表示励磁的方式及励磁电流、励磁电压的额定值。

(6)工作方式:(指电机在使用时持续工作的时间)长期、短时或间歇运行。

(7)额定温升:表示电机在额定运行下,电机所容许的最高工作温度减去常温环境温度的数值。

6.2 直流电机的工作原理

6.2.1 直流发电机工作原理

1.直流发电机的工作原理

如图 6.13 为直流发电机的原理图。当电枢线圈从图 6.13 所示的位置顺时针旋转时,在 180°内,线圈黑边与黑的一片整流子相连,线圈白编与白色的一片整流子相连,这两片整流子彼此是绝缘的。通过对交流发电机的分析可知,在磁场中旋转的电枢线圈所产生的电动势对于交、直流发电机来说都是一样的,只是由于整流子的作用才输出了直流电压。在磁场中旋转的线圈处于各种位置所产生的直流电压的情况可叙述如下:

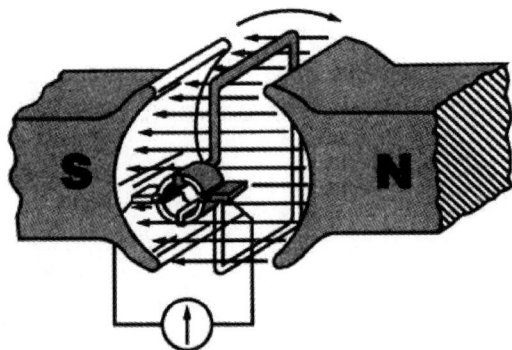

图 6.13 基本直流发电机原理图

处于图 6.14(a)位置时,电枢线圈顺时针方向旋转,但线圈的两边不切割磁力线,因而也不产生电动势。图中所示位置,每个电刷同时两个换向片相接,即处于换向位。只要转动一个很小的角度,黑色的电刷开始与黑色换向片接触,而白色的电刷开始和白色的换向片接触。

在图 6.14(b)位置时,切割磁力线的速率最大,(即磁通的变化率最大)因而感应电动势最大。此时,黑色的电刷仍与黑色换向片接触,白色的电刷和白色的换向片接触。仪表指针向右偏转,指示输出电压的极性。

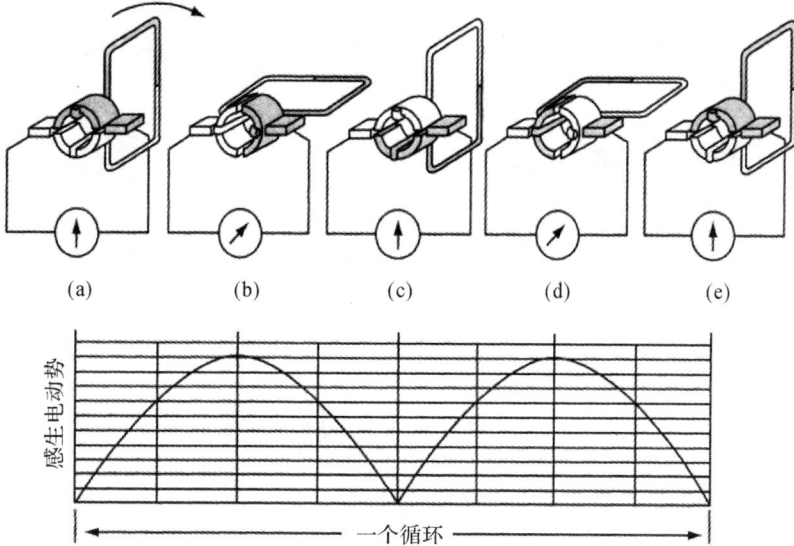

图 6.14　单线圈电枢上产生的感应电动势

在图 6.14(c)位置时,电枢线圈刚好转过 180°,又不切割磁力线,输出电压再次为零。电枢再一次处于换向位,每个电刷正与黑、白两片换向片同时接触。在线圈稍微转过 180°后,黑色的电刷就仅与白色的换向片接触,而白色的电刷则仅与黑色的换向片相接触了。

当电枢线圈从图 6.14(c)位置继续运动时,电枢线圈内部电动势方向发生了改变,在图 6.14(d)位置时,感生电动势达到反向最大,而后减小,当电枢线圈转到图 6.14(e)位置时,电动势又为零,发电机完成一个循环。

从图 6.14 中可以发现,每次经过换向位置时,电刷和换向器完成一次换向。由于换向器的转换作用,黑色电刷总是和向下运动的线圈一边相接触,而白色电刷总是向上运动的线圈一边相接触。尽管电枢线圈黑、白两边中的实际电流方向是改变的,但在换向器的作用下,使通过外电路或仪表中的电流总是沿着一个方向流动。位置(d)画出了这种情况。

在图 6.14 中画出了电枢转动一周其电枢电压的变化情况,可以看到,发电机的输出电压尽管有幅值上的变化,但没有方向上的变化,因此,发电机输出的是直流电。换向器的换向过程有时也称为整流,因此,换向器又称为整流子。

值得指出的是,当发电机处于换向位时[见图 6.14(a)(b)(c)三图的位置],由于每一个电刷与换向器的两个换向片同时接触,电路处于短路状态。此时若电枢线圈中产生感应电动势,在电路中将产生很大的电流,这样在换向过程中,在电刷和换向片之间会产生火花,而损伤换向器。因此,电刷必须被准确地安装在发生短路时感应电动势恰好为零的位置上,这个位置称为中性面。

2.减小电动势波动的方法

图 6.14 中的发电机所产生的电压在线圈每转一周时二次从零变到最大值。这将使输出

的直流电压波动很大,这种不稳定的直流电压缺乏实用性。要改变这一缺点,可以采用增加电枢线圈的个数,即:采用多个电枢绕组以减小输出电压的波动。

从图 6.15 和图 6.16 中可以看到,随着电枢线圈数量的增加,电压最大值和最小值之差减少,因此发电机的输出电压趋近于一个稳定的直流电压值。输出电压的波动范围被限制在 A 点与 B 点之间。从图中可以看出:整流子的片数与电枢线圈的数量成正比增加,即一个线圈需要两个整流片,两个线圈需要四片,四个线圈则需要八片。可见,电枢线圈越多,发电机输出电压的波纹越小。

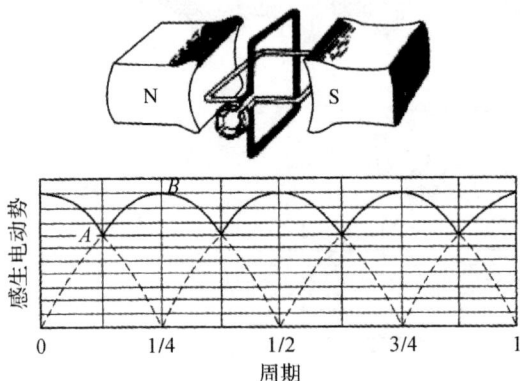

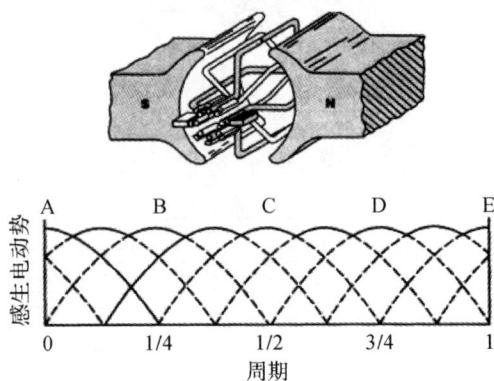

图 6.15　具有两个线圈的直流发电机产生的电动势　图 6.16　具有四个线圈的直流发电机产生的电动势

单匝线圈所感应的电压不大,即使增加线圈的个数也不能增加感生电压的幅值。但是,增加线圈的匝数将增加输出电压的幅值。在一定条件下,一个特定的直流发电机,其输出电压有一个确定的最大值。可见直流发电机的输出电压由电枢线圈的匝数、励磁磁场的总磁通量及电枢转速的乘积决定。

上述直流发电机的工作原理表明,直流发电机电枢绕组所感应的电势是交流电势,而由于换向器配合电刷的作用才把交流电势"换向"成为直流电势。由于这个原因,常把这种电机称为换向器式直流发电机。

3.直流发电机的基本方程

直流发电机的基本方程是电机稳态运行时内部物理过程的数学描述。因为电机中存在着机、电、磁耦合关系,稳态运行时必须满足机械方面和电磁方面的平衡要求,因此,电机的基本方程将包括电动势平衡方程、功率平衡方程和转矩平衡方程等。

本书以并励直流发电机为例,其稳态运行时的等效电路如图 6.17 所示。图中,原动机输入转矩为 T_1,发电机转速为 n(角速度为 Ω),电磁转矩和空载(机械摩擦)转矩分别为 T_{em} 和 T_0,电枢绕组电势为 E_a,电枢回路的总电阻为 R_a,励磁回路的总阻值为 R_f,发电机端电压为 U,负载电流为 I,电枢电流为 I_a,励磁电流为 I_f。

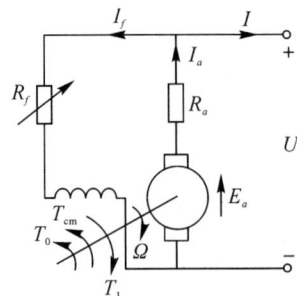

(1)直流电机的电枢电势。直流电机正负电刷间的电势,称为电枢电势,以 E_a 表示。在发电机中,E_a 就是电源电动势;在电动机中,E_a 被称作反生电动势。

图 6.17　并励直流发电机等效电路

在发电机中,电枢电势 E_a 就是一条支路的元件(单匝或多匝电枢线圈)所产生的电势,其大小可用下式来表示

$$E_a = C_e \Phi n \qquad (6.1)$$

式中:

C_e ——电机结构所决定的常数;

Φ —— 一条支路所切割的有效磁通;

n ——电机的转速。

式(6.1)是一个非常重要的公式。由式中可以看出,有效磁通 Φ 越大,转速 n 越高,电枢电动势越大。

(2)电压平衡方程。由图 6.17,可写出电枢回路的电压平衡方程为

$$E = U + I_a R_a \qquad (6.2)$$

对励磁回路,电压方程为

$$U = R_f I_f \qquad (6.3)$$

电机的电流方程为

$$I_a = I + I_f \qquad (6.4)$$

(3)功率平衡方程。定义直流电机的电磁功率为电枢绕组感应电动势 E 与电枢电流的乘积,即

$$P_{em} = E I_a \qquad (6.5)$$

电机的电能是由机械能转化而来的,可得出

$$P_{em} = T_{em} \Omega = E I_a \qquad (6.6)$$

式(6.6)也可以从数学的角度上推导出来,本文在此省略。

另外,用 I_a 乘式(6.2)两边,并结合式(6.6)有

$$E I_a = U I + U I_f + I_a^2 R =$$
$$P_2 + p_{Cuf} + p_{Cua} =$$
$$P_2 + p_{Cu} \qquad (6.7)$$

式中:

$P_2 = U I$ ——发电机输出的电功率,

$p_{Cuf} = U I_f$ ——励磁回路电阻损耗,

$p_{Cua} = I_a^2 R$ ——电枢回路电阻损耗,或称电枢绕组铜耗。

$p_{Cu} = p_{Cuf} + p_{Cua}$ ——总铜耗,随负载电流变化而变化的可变损耗。

上面提到,电磁功率是原动机通过转轴传递给发电机的机械功率 P_1 转换而来的。然而,机械功率 P_1 只是其中的一部分转换成为电功率,P_1 的另一部分则被用于平衡转轴转动和实现能量转换所必须的损耗,这些损耗包括:

1)机械损耗,包括轴承、电刷摩擦损耗,定、转子空气摩擦损耗,以及通风损耗等。

2)铁芯损耗,主极磁通在转动的电枢铁芯中交变,引起磁滞损耗和涡流损耗。

3)杂散损耗,又称附加损耗,产生的原因很复杂,如主磁场脉动、畸变,杂散磁场效应,金属紧固件中的铁耗和换向元件的附加铜耗等等。

上述的三种损耗,是发电机空载时即存在的损耗,简称为空载损耗。用 p_0 表示。其数值基本固定,被视为不变损耗,认为与 P_{em} 或负载电流的变化无关。发电机总的功率平衡方程为

$$P_1 = P_{em} + p_0 = \tag{6.8}$$

$$P_2 + p_{Cu} + p_0 =$$

$$P_2 + \sum p \tag{6.9}$$

可以证明,当电机中的可变损耗 p_{Cu} 与不变损耗 p_0 相等时,效率会达到最大值,相应的功率范围为 $(0.7 \sim 1) P_N$ 。

(4)转矩平衡方程。将式(6.8)两边同时除以角速度 Ω

$$\frac{P_1}{\Omega} = \frac{P_{em}}{\Omega} + \frac{p_0}{\Omega} \tag{6.10}$$

得

$$T_1 = T_{em} + T_0 \tag{6.11}$$

这就是直流发电机的转矩平衡方程。

6.2.2 直流电动机

直流电动机的结构基本上与直流发电机相同。直流发电机将机械能转换为直流电能,而直流电动机则将直流电能转换成机械能。如果把一个合适的直流电压跨接在发电机的电压输出端,就可以把一个直流发电机改装成一个直流电动机。

1. 直流电动机工作原理

将一个线圈接于一个中间带绝缘物的换向器上,悬挂于马蹄形磁铁的两个磁极之间,将金属环与直流电源连接,就构成了一个简单的直流电动机。如图 6.18 所示。

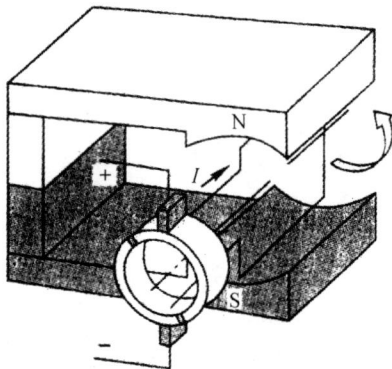

图 6.18　直流电动机的基本工作原理

当电枢线圈位于如图 6.19(a)所示的位置时,电流将从直流电源的正极流到电刷 B_1 ,再流到换向器的换向片 S_1 ,通过线圈回路流到换向器的换向片 S_2 ,然后到负电刷 B_2 ,最后回到直流电源的负极。此时,电枢转矩达到最大值。

当线圈转过 $90°$ 到达图 6.19(b)所示的位置时,换向器的换向片 S_1 和 S_2 恰好跨接在换向片的绝缘区,不再与直流电源电路接触,此时没有电流流过线圈。在这个位置上,转矩达到了最小值,因为此时线圈周围的磁力线分布是均匀的,线圈不受力。然而,线圈的惯性使其越过这一位置,并使换向片再次与电刷接触,电流再次流进线圈。尽管这时电流通过换向片 S_2 流入,通过换向片 S_1 流出,然而由于换向器的换向片 S_1 和 S_2 的位置也已经反过来了,电流的作用和以前一样,所以转矩方向不变,线圈继续逆时针旋转。

当线圈通过图 6.19(c)所示位置时,转矩再次达到最大值。线圈继续转动,使它再次转到最小转矩位置,如图 6.19(d)所示。在这个位置上,线圈中没有电流流动。但是,惯性再一次使线圈越过这一位置,使正电刷 B_1 接换向片 S_1,负电刷 B_2 接换向片 S_2。电枢线圈继续旋转回到起始位置,如图 6.19(e)所示。

可见,加入换向器和电刷解决了电枢线圈中电流的换向问题。

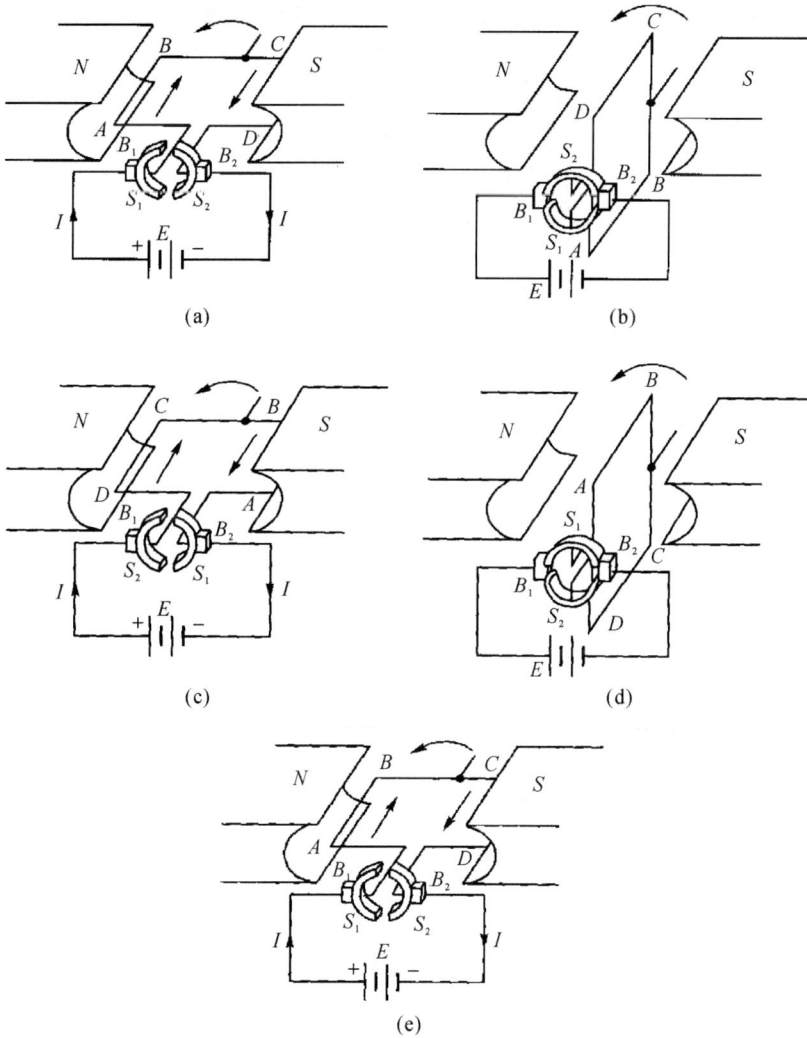

图 6.19 直流电动机的电枢绕组的受力分析
(a)起始点位置;(b)电枢线圈旋转 90°时的位置;(c)电枢线圈旋转 180°时的位置;
(d)电枢线圈旋转 270°时的位置;(e)电枢线圈旋转回起始位置

从上述分析中,可以发现,在只有单个电枢线圈的电动机中,由于存在两个实际上根本没有转矩的位置,转矩是不连续的,且转矩在变化范围较大。为了克服这两个缺点,实际直流电动机的电枢上装有许多线圈。这些绕组是这样布置的:在电枢旋转的任何位置上,都有靠近磁极的线圈。这就使得转矩得到了加强而且连续平稳存在。换向器也装有多个弓形换向片,而不是仅有两片。在实际的电动机中,电枢不是放在永久磁铁的磁场中,而是放在电磁铁产生的磁场中。电磁铁由磁轭铁和绕在磁轭铁上的励磁线圈组成,通过在励磁线圈中加电,磁轭铁可以被磁化。图 6.20 所示为一台具有两对磁极的直流电动机。磁化电磁铁的电流与电枢电流来自同一个直流电源。

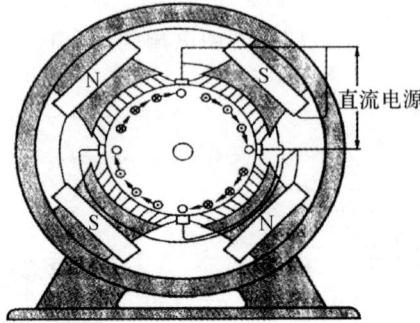

图 6.20　具有两对磁极的直流电动机

2.直流电动机的基本方程

(1)直流电动机的反电动势。在直流发电机中,存在电动机效应。而在电动机运行过程中,内部又会产生发电机效应。如图 6.21 所示,电枢导体中的电流以图中实线箭头方向流动,因此,电枢导体在磁场中受到向上的作用力。然而,导体向上运动切割磁力线,于是,在导体中感应出一个电动势,其方向如图中虚线箭头所指的方向,它与外加电动势的方向相反。在所有旋转的电动机电枢绕组中,都将产生反向电动势,并且,它总是与外加电动势的方向相反,这一电动势被称为反电动势。反电动势与励磁场强度成正比;与电枢旋转速度成正比。也就是说:电动机的转速增加,反电动势增加;转速减小,反电动势减小。励磁磁场的场强增大,反电动势增加;励磁磁场的场强减小,反电动势减小。

反电动势可用下式来表示

$$E_a = C_e \Phi n \tag{6.12}$$

式中:C_e ——电机结构所决定的常数;

　　Φ ——一条支路所切割的有效磁通;

　　n ——电机的转速。

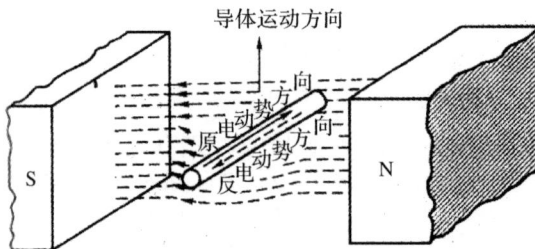

图 6.21　直流电动机反电动势

电枢上的电压降等于外加电压减去反电动势。电枢压降随电枢电流和电枢电阻的变化而变化。

（2）直流电动机的转矩。电枢转矩等于电枢表面的作用力 F 与到电枢转轴中心的垂直距离 r 的乘积。下面推导计算转矩的公式。

我们已经知道,通电导体在磁场中受力的公式为

$$F=BLI$$

而单根导线的转矩

$$T_1 = Fr = BLIr$$

两根导线的转矩

$$T_2 = 2T_1 = 2Fr = 2BLIr$$

在上述表达式中 $2Lr=A$, A 为线圈所围成的面积,而 $B \cdot A$ 则为磁通 Φ 。

因此,计算转矩的公式可以写成:

$$T=C_T\Phi I_a$$

式中: T ——转矩;

C_T ——转矩常数(包括电枢导线的数量、通路数等);

Φ ——每个磁极的磁通;

I_a ——电枢电流。

从上述公式可以看出:电动机的转矩与电枢电流成正比,与磁通量成正比。

当电动机的转速恒定时,由电枢电流产生的转矩正好等于电动机和机械负载摩擦引起的阻力矩,此时,电动机电枢提供的转矩是稳定的。

（3）电压平衡方程。在电机工作原理的讨论中,我们知道电枢旋转时,电枢中的载流导体割切磁力线产生感应电动势 $E_a = C_e\Phi n$ 。这个电动势的方向与电枢电流的方向相反,抵制电枢电流的流入,故称为反电动势。因此,电源要向电枢输入电流,就必须克服反电动势的作用,即必须使加在电枢绕组两端的电压 $U > E_a$ 。

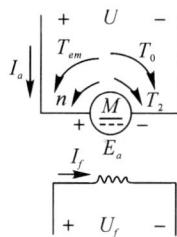

图 6.22 他励直流电动机原理图

电动机外加电压 U 、电枢电流 I_a 、电枢电阻 R_a 和电枢压降,可以通过下式进行表示

$$E_a = U - I_aR_a \tag{6.13}$$

式中: I_a ——电枢电流;

U ——外加电压;

E_a ——表示反电动势;

R_a ——表示电枢电阻。

式(6.13)改写后即得电压平衡方程为

$$U = E_a + I_aR_a \tag{6.14}$$

式(6.14)表明,电枢绕组两端的电压 U 可分为两部分,一部分用来平衡反电动势 E_a ,另一部分就是电枢绕组的电阻压降 I_aR_a 。

（4）功率平衡方程。电动机输入功率 P_1 为电功率,即 $P_1 = UI_a$

$$P_1 = E_aI_a + I_a^2R_a =$$
$$P_{em} + p_{Cu}$$

式中: $P_{em} = E_aI_a$ ——电动机用来转换成机械功率的那部分功率称为电磁功率;

$p_{Cu} = I_a^2 R$ ——电枢回路电阻损耗,或称绕组铜耗。

电磁功率 P_{em} 产生电磁转矩 T_{em} ,使电机转动并拖动机械负载,实现电能到机械能的转换。在此过程中,势必要克服因转动而引起的各种损耗,其成分和物理含义与发电机中的空载损耗完全相同,最终在电机转轴上输出的机械功率为 P_2 ,即

$$P_{em} = P_2 + p_0 \tag{6.15}$$

式中 p_0 是电动机空载时即存在的损耗,称为空载损耗。包括:机械损耗、铁芯损耗和附加损耗。

综合以上各式得

$$P_1 = P_2 + p_{Cu} + p_0 = \tag{6.16}$$
$$P_2 + \sum p \tag{6.17}$$

(5)转矩平衡方程。稳态恒速运行时,由式(6.15)有

$$\frac{P_{em}}{\Omega} = \frac{P_2}{\Omega} + \frac{p_0}{\Omega}$$

得

$$T_{em} = T_2 + T_0 \tag{6.18}$$

式中, T_2 为输出转矩, T_0 为空载转矩。

6.3 直流电机的电枢反应

电机的磁场是产生感应电势和电磁转矩的基本因素之一。电机的运行性能在很大程度上也取决于电机磁场的特性。因此,要深入了解电机的运行性能,必须首先研究电机的磁场。

6.3.1 直流电机的空载磁场

磁场是由电流产生的,直流电机的空载磁场,即 $I_a = 0$ 时,气隙中只有励磁磁势建立的磁场,被称作主磁场。直流电机带载运行时的磁场是由励磁电流和电枢电流共同建立,情况比较复杂。下面首先讨论直流电机空载磁场的分布基本特点。

图 6.23 为一台四级直流电机在忽略端部效应时的空载磁场分布图。空载时电机中的磁场分布是对称的,磁通可分为两部分。其中绝大部分从主极铁芯经气隙、电枢,再经过相邻主极下的气隙和主极铁芯,最后经定子磁轭闭合,同时交链励磁绕组和电枢绕组,在电枢绕组中感应电动势,实现机电能量转换,称为主磁通

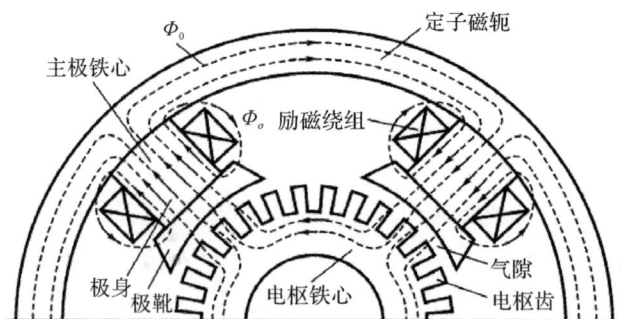

图 6.23 一台四极直流电机中的空载磁场分布

Φ_0 ;另一小部分不穿过气隙进入电枢,而是经主极间的空气或定子磁轭闭合,不参与机电能量转换,称为漏磁通 Φ_δ 。(主磁极的中心线叫主极轴线;相邻两主极轴线的夹角平分线叫几何中性线。)

6.3.2 直流电机的电枢反应

当电枢绕组中有电流通过时(即 $I_a \neq 0$ 时),它也产生磁场,由电枢电流产生的磁场称为电枢磁场。当电机带负载运行时,主磁场和电枢磁场同时存在,因而主磁场要受到电枢磁场的影响。例如使用气隙磁通的分布情况发生畸变,使每个磁极下气隙磁通量增多或减少,我们称电枢磁场对主磁场的影响为电枢反应。

1. 电刷位于几何中性线上的电枢反应

(1)电刷位于几何中性线上的电枢磁场。

当从电刷引入一定的电流时,将形成如图 6.24(a)所示的电枢磁场。因为电刷是固定不动的,所以不管电枢是否旋转,电枢导线中电流的分布情况是不变的,总是以电刷为分界点,电刷两侧电流方向不同。图中标出了电枢电流的方向,上半圆周电流为流出纸面的来向,下半圆周电流为流入纸面的去向。

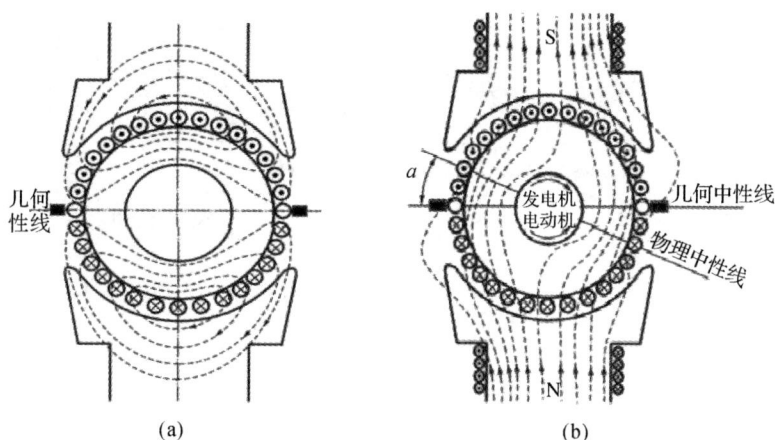

图 6.24 电刷位于几何中性线上的电枢反应
(a)电枢磁场;(b)交轴电枢反应

(2)交轴电枢反应。根据右手定则,当电刷位于几何中性线上时,电枢磁势的轴线就是几何中心线,它与主极轴线正交,故此时的电枢磁势称为交轴电枢磁势。交轴电枢磁势产生交轴电枢磁场,交轴电枢磁场对主磁场的影响就是交轴电枢反应,如图 6.24(b)所示。

由图中主磁场和合成磁场的分布情况可以看出,交轴电枢磁场对主磁场的影响表现在如下几方面:

1)气隙中的合成磁场不再对称于磁极轴线。发电机中,主极的前极尖(即电枢进入端)的磁场被削弱,而后极尖(电枢转出端)的磁场增强,电动机则相反,主极的前极尖磁场增强,而后极尖则削弱。

2)随着磁场分布的畸变,对发电机来说,磁感应强度为零的位置从几何中心线顺着旋转方向移动(前移)α 角。磁感应强度为零的位置称为物理中心线。对电动机而言,中心线逆旋转方向从电刷后移 α 角。

交轴电枢磁场对主磁场的影响,与磁路饱和程度有关。磁路不饱和时,一个极尖磁场的削弱与另一极尖磁场的增强程度相同,每个磁极下有效磁通不变;所以对电机感应电势和电磁转矩的大小没有影响。磁路饱和时,一个极尖磁场的削弱的同时与另一极尖磁场的增强是有限的。这样,前极尖减弱的磁通将大于后极尖增加的磁通,使主极下有效磁通减少,感应电势的数值也减小,这就是交轴电枢反应的去磁作用。对电动机而言,为磁路饱和时,前极尖磁通增加量小于后极尖削弱量,气隙中总磁通变小,电磁转矩将变小。

2.电刷偏离几何中性线的电枢反应

(1)电刷偏离几何中性线的电枢磁场。在实际电机中,由于装配误差或为了改善换向等原因,电刷往往不在几何中性线上。图 6.25(a)表示电刷逆时针方向偏离几何中性线 β 角。由图 6.25 可见,可将电枢磁场分为两部分:在 2β 以外即靠主极下的电枢磁场,与上所述交轴电枢磁场相同(F_{aq}),仍然产生交轴电枢反应;在 2β 角以内的区域,由电枢电流的方向,运用右手定则确定它产生的磁势为 F_{ad},这部分磁的轴线与主极轴线重合,产生直轴电枢反应,所以 F_{ad} 称为直轴电枢磁势。

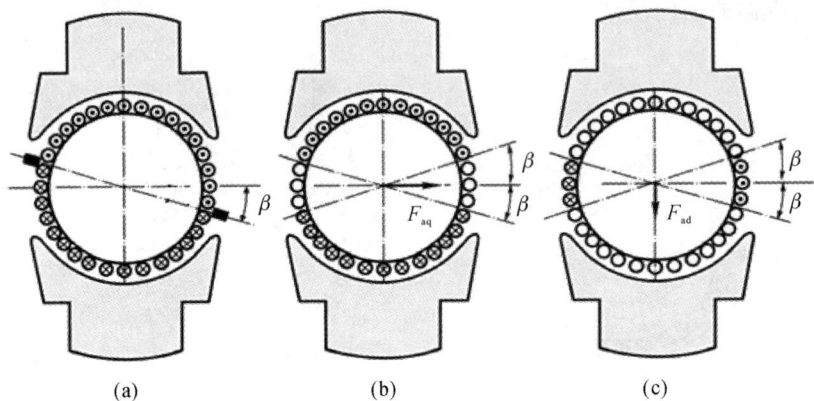

图 6.25 电刷偏离几何中性线上的电枢磁场
(a)线性 β 角;(b)交轴电枢反应;(c)直轴电枢反应

(2)直轴电枢反应。直轴电枢磁势是由 2β 角以内区域的由电枢电流的产生的。直轴电枢磁势与主极轴线重合,所以它将直接影响主极下磁通量的大小,我们把这种影响称为直轴电枢反应。

由图 6.26(a)可知,对发电机而言,当电刷顺电枢转向偏离几何中性线 β 角度时,电枢磁势的直轴分量 F_{ad} 与主极磁势方向相反,起去磁作用;当发电机电刷逆电枢转向偏离时,电枢磁势直轴分量 F_{ad} 与主极磁势方向相同,起增磁作用,如图 6.26(b)所示。对电动机来说,以上结果恰好相反。

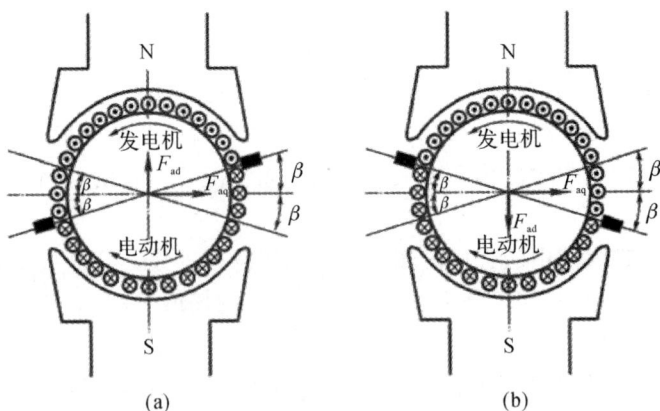

图 6.26 电刷偏离几何中性线的电枢反应
(a)去磁;(b)增磁

从上述讨论可知,当电刷不在几何中性线上时,可将电枢磁场分解为交轴电枢磁场与直轴电枢磁场。交轴电枢磁场产生交轴电枢反应,使主磁场前、后极尖畸变,而且在磁路饱和时有去磁作用;直轴电枢磁场产生直轴电枢反应,随电刷偏离方向的不同,直轴电枢反应有去磁作用或者增磁作用。对电动机与发电机而言,其去磁与增磁的情况恰好相反。

6.3.3　电枢反应的补偿

电枢反应除了直接干扰主磁极的磁通分布使中性面移动,造成换向不良外,还会使主磁通的磁通量减少,而降低发电机的感应电动势或使电动机所产生的转矩减少。所以一般电机中都会采用一些补偿方法来减少电枢反应对电机性能的影响。常用的补偿方法有以下几种。

1.设置补偿绕组

图 6.27 为具有补偿绕组的直流电机。由图可知,在主磁极的极掌表面开出与电枢槽平行的凹槽,补偿绕组被嵌入极面里,与电枢导体并行放置。这一绕组与电枢串联连接。这样可以使补偿绕组产生的磁势与电枢磁势大小相等方向相反。因此,补偿绕组产生的磁势与电枢磁势相平衡,从而消除了电枢反应的影响。补偿绕组比较昂贵,一般它只用于大容量、高转速。

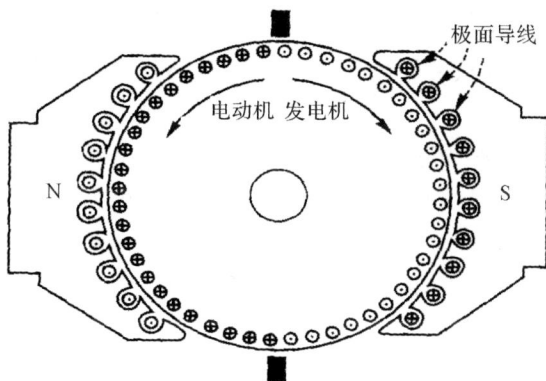

图 6.27　补偿绕组的直流电机

2.加装换向极

换向极是一种附加磁极,它位于主磁极之间,又称作中间极,如图 6.28 所示。换向极的加入后,换向磁极产生的磁势与在换向区内电枢反应产生的磁势相抵消,并产生一个合适的磁通,在短路的线圈中产生一个电动势,与自感电动势相平衡,因此,电刷上没有电弧产生。换向极的绕组与电枢绕组串联,因此,换向磁通随电枢电流的变化而变化。这样换向磁场与电枢磁场可同时增加或减小,且极性相反,使它们可以更好的相互抵消。需要指出的是,由于换向极的铁芯不大,仅能影响正在换向的电枢导体,而对主磁极下的电枢反应无法消除。图 6.28 为加有换向极和未加换向极的电枢磁场,图 6.29(a)为未加

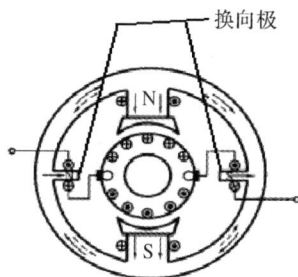

图 6.28　换向极的安装

向极的电枢磁场,图 6.29(b)为加有换向极的电枢磁场,由图 6.29(b)可以看出,仅在换向极位置下的电枢磁场被抵消。

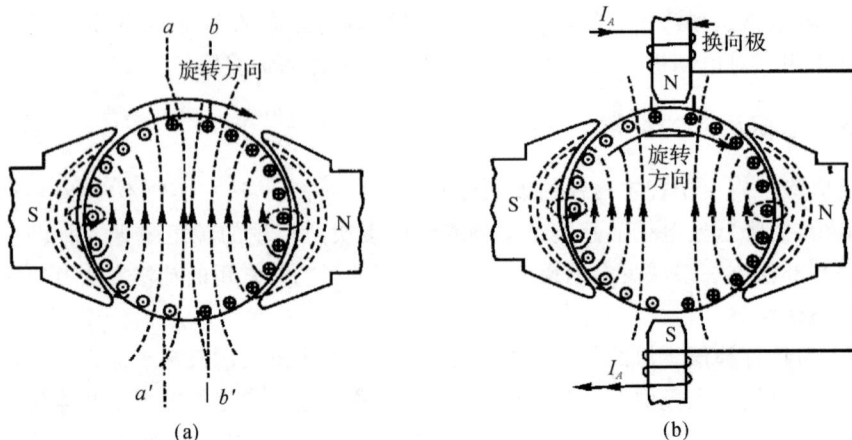

图 6.29　换向极对磁场的影响

(a)未加换向极；(b)加换向极

　　为了抵消电枢磁场，换向极的极性必须保持正确，直流电机的换向极的极性如图 6.30 所示，由图 6.30 可以看出：

　　(1)在发电机中，换向极必须和转向前的主磁极的极性相同。

　　(2)在电动机中，换向极必须和转向后的主磁极的极性相同。

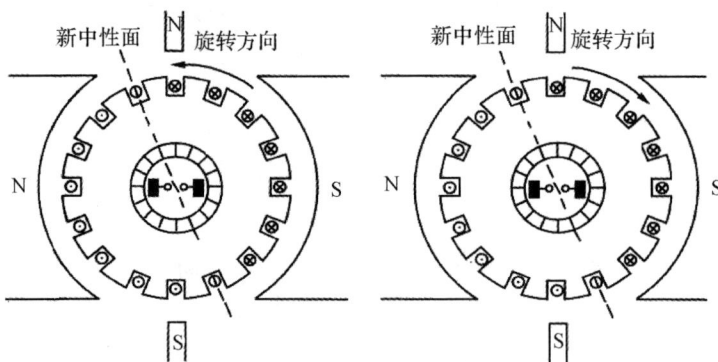

图 6.30　直流电机的换向极的极性

　　换向极的个数一般与主极个数相等。但在航空电机中，为了减轻重量缩小体积，对功率为 1 kW 以下的电机不用换向极；对功率 6 kW 以上的直流电机及 6 kW 的直流启动发电机，一般只采用半数换向极。

6.4　直流发电机的基本特性

　　前面已经讨论了直流发电机的基本工作原理，下面进一步分析它的运行情况。为此，必须首先了解励磁线圈的连接方法。

6.4.1　直流发电机的励磁方式

励磁方式是指供给励磁绕组电流的方式。通常直流发电机的励磁方式可分为他励和自励两种。他励指由独立的电源为电机励磁绕组提供所需的励磁电流;自励指利用发电机本身的电枢电流提供励磁电流。其中自励按照励磁绕组和电枢绕组的连接方式不同可分为串励、并励和复励三种形式。

1. 他励直流发电机

对于发电机来讲,励磁不消耗发电机电枢所产生的电能,励磁回路和电枢回路没有直接电的联系。图 6.31 为他励式直流发电机励磁绕组的接线方式示意图以及各绕组之间的电流关系,正方向假定采用电动机惯例。其中 U 为电机端电压,I 为电机端电流,U_f 为励磁电压,I_A 为电枢电流,I_f 为励磁电流。

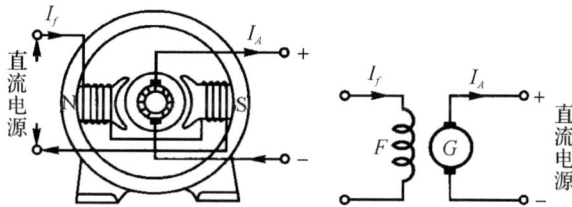

图 6.31　他励式直流发电机

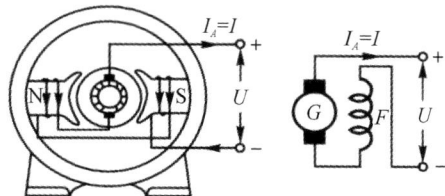

他励直流发电机可以很方便的通过调节励磁电流的大小来改变励磁磁势,而不会对电枢电路产生太大的影响,因此他励直流发电机的特性要优于自励式直流发电机,其不足之处在于,必须另外设置一个直流电源来提供励磁。

2. 自励直流发电机

对于发电机来讲,励磁电流来自于发电机电枢,励磁消耗发电机电枢所产生的电能。自励直流电机按照励磁绕组的组合和连接方式又可分区为串励式、并励式、复励式。

(1)并励式直流发电机。励磁绕组与电枢绕组并联,电枢电压即励磁电压如图 6.32 所示。励磁绕组又称并励绕组。励磁电流 I_f 不仅与励磁回路的电阻有关,而且还受电枢两端电压的影响,承受电枢两端的较高电压。为了减小励磁电流及损耗,接有变阻器调节 I_f。励磁绕组必须具有较大的电阻,因此,励磁绕组的匝数较多,且用较细的导线绕制。励磁电流虽小,但绕组匝数较多,仍能使磁极产生一定的磁通。

并励发电机的电枢电流 I_a、励磁电流 I_f、负载电流 I 的关系为

$$I_a = I + I_f \tag{6.19}$$

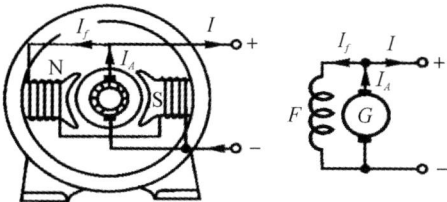

图 6.32　并励式直流发电机　　　　图 6.33　串励式直流发电机

(2)串励式直流发电机。励磁绕组与电枢绕组串联,励磁绕组又称串励绕组如图 6.33 所

示。由于串励绕组电流较大,因此要求串励绕组应具有较小的电阻。为此,所用导线要粗且匝数较小,但由于流过的电流较大,故磁极仍能产生一定的磁通串励电机的电枢电流 I_a、励磁电流 I_f、负载电流 I 的关系为

$$I = I_a = I_f \tag{6.20}$$

(3)复励式直流发电机。主磁极上有两个励磁绕组,一个同电枢绕组并联,另一个同电枢绕组串联如图 6.34 所示,故名复励发电机。

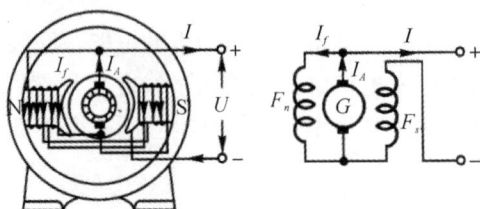

图 6.34　复励式直流发电机

6.4.2　他励式直流发电机的运行特性

直流发电机运行时,通常可测得的物理量有端电压 U,负载电流 I,励磁电流 I_f 和转速 n 等。一般情况下,若无特殊说明,总认为发电机由原动机拖动的转速是恒定的,并且为额定值 n_N。在此基础上,另外三个物理量只要保持一个不变,就可以得出剩下两个物理量之间的关系曲线,用以表征发电机的性能,称之为特性曲线。有空载特性、负载特性、外特性和调节特性四种。其中,空载特性是当负载电流 $I = 0$ 时的负载特性,所以有些教材也把空载特性归结到负载特性里面。

1. 他励式直流发电机负载特性

他励式发电机接线图原理如图 6.35 所示。其励磁回路与电枢回路不相连接,由独立的电源供电。励磁回路中串接有变阻器 R_f,用以调节励磁电流 I_f,因此励磁电流不随负载电流的变化而变化。

(1)空载特性。空载特性是当 $n = n_N$、$I = 0$ 时 $U = f(I_f)$ 的关系曲线。

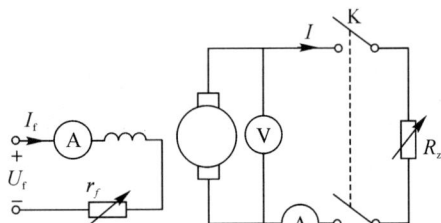

图 6.35　他励式直流发电机接线图原理

直流发电机的磁场强度取决于励磁绕组的安培匝数和磁路的磁阻。励磁绕组的匝数是固定的。因此,安培匝数直接随励磁电流的变化而变化。感应电动势与励磁磁场的强度及电枢转速正比。在研究空载特性时,已经设定转速取额定转速,所以感应电动势与励磁磁场的强度及电枢转速正比。

电机的磁路的磁阻为气隙磁阻和磁路中铁芯磁阻之和。气隙的磁阻是固定不变的,但磁路中铁芯磁阻是随着励磁电流的增加而增加的。这是因为当磁轭和电枢铁芯中的磁通密度增加时,其导磁率减小,所以磁路的磁阻将增加。这样就使发电机的输出电压与励磁电流成正比变化。

空载特性通常用实验方法测定。将图 6.35 中开关 K 断开,实测中保持转速 n 恒定,调节 r_f,使 I_f 由零单调增长,直至 U 约为 $1.1 \sim 1.3$ 倍额定电压为止,然后使 I_f 单调减小到零,记

录若干组 U 和 I_f，即可作出图 6.36 所示关系曲线 1，称之为空载特性曲线。对应励磁电流 OA，将产生空载电压 AD。

从图 6.36 中还可以看出，励磁电流为零时，感应电压并不为零。这说明发电机内部有剩磁存在。这一点十分重要，因为自励式发电机靠的就是发电机内部的剩磁建立起的输出电压。在励磁电流较小时，发电机的输出电压线性变化；在励磁电流较大时，由于磁路中的部分铁芯已经饱和，输出电压的增加就缓慢了。

（2）负载特性。负载特性曲线是当 $n=n_N$、$I=$ 常值时，$U_0=f(I_f)$ 的关系曲线。

负载特性仍由如图 6.36 所示线路测取，只是要将开关 K 合上。实测中除了仍需保证 n 恒定外，还要随时调节负载 R_Z，以保持 I 不变。

实验所得负载特性如图 6.36 中的曲线 2 所示，从图 6.36 中可见，在相同励磁电流（取 OA）作用下，电机带负载运行时端电压有所下降。这有两方面的原因，其一是电枢电阻上的分压；另一方面就是电枢反应的去磁（或助磁）作用。

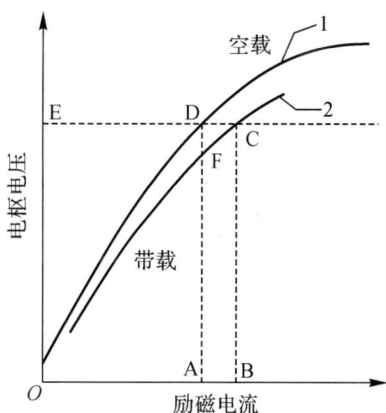

图 6.36　他励式直流发电机的负载特性线图

2.他励式直流发电机的外特性

外特性关系曲线是当 $n=n_N$、$I_f=$ 常值时，$U=f(I)$ 的关系曲线。

他励式直流发电机的电枢电流 I_a 和供给负载的电流 I 相等。由电压平衡方程式可知，当有负载电流流通时，将有两种因素影响到端电压：①在电枢回路内阻 R_a 引起的电压降 I_aR_a；②电枢反应的去磁作用，它将使每极磁通略为减少。而因使感应电势略为降低。他励式直流发电机的外特性，如图 6.37 所示。

他励式直流发电机的外特性是下降的，即当负载电流增加时端电压将下降。但因电阻压降和电枢反应的影响不大，端电压的变化也不大，故他励发电机基本上是恒压的。他励式直流发电机调节特性，如图 6.38 所示。

设 U_0 表示空载时的端电压、U_N 表示额定负载载时的端电压，依定义，电压变化率为

$$电压变化率=\frac{U_0-U_N}{U_N}\times100\% \tag{6.21}$$

电压变化率即为当发电机自额定满载状态卸去负载后电压上升的数值与额定电压的比值。他励发电机通常约为 0.05~0.1。

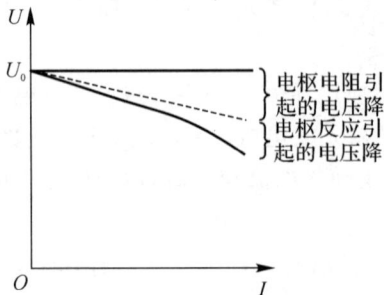

图 6.37 他励式直流发电机的外特性　图 6.38 他励式直流发电机调节特性

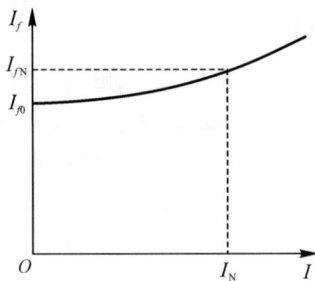

3.他励式直流发电机的调节特性

调节特性是指当 $n=n_N$、$U=$ 常值时，$I_f=f(I)$ 的关系曲线。它表明负载变化时，如何调节励磁电流才能维持发电机端电压不变。前已述及，当有负载电流流过时，有二种因素会引起端电压下降。为要维持端电压不变，随着负载电流的增大，励磁电流也应略为增大，以补偿电枢反应的去磁作用，并且由于铁磁材料的饱和影响，励磁电流增加的速率还要高于负载电流。他励机的调节特性如图 6.38 所示，调节特性随负载电流增大而上翘。

他励式直流发电机的电压变化率小，且其励磁电流能在相当大的范围内调节。因此，他励式适用于需要大幅度调压的大型电机。

6.4.3　并励式直流发电机的运行特性

自励直流发电机的励磁电流不是由专门的励磁电源产生，而是依靠发电机自身发出的端电压产生的，端电压又是由于有了励磁电流才能产生。因此，发电机有一个内部自己建立电压的过程，称为自励或自建压过程。直流发电机由他励改为自励，是电机制造技术的一大进步。自励使直流发电机的运行大为简化。励磁回路所消耗的功率，和发电机的输出功率相比，仅是很小的一部分，故自励不致使发电机的容量受到影响。下面以并励式直流发电机为例来说明自励式直流发电机的自建压过程。图 6.39 是并励式直流发电机的接线原理图。

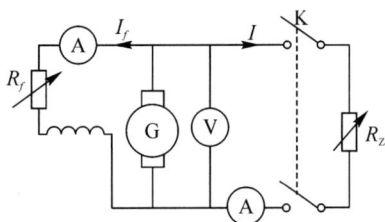

图 6.39 他励机的调节特性

1.并励式直流发电机的自励建压

当发电机在原动机的牵引下以额定转速 n_N 旋转时.由于主磁极有剩磁存在.电枢绕组切割剩磁磁通产生感应电势为 E_r，从而在发电机端点建立电压，该电压在励磁回路产生励磁电流 I_f。如果接法正确，I_f 产生的磁势与剩磁磁势方向相同，使主磁路里的磁通增加，于是电枢感应电势增加，发电机端电压增加.使励磁电流增加。如此反复作用，互相促进，直至励磁电流 I_f 所建立的端电压 U_0 恰好与励磁回路的电压降相等为止，即，$U_0=I_fR_f$。这之后，励磁电流不再增加，端

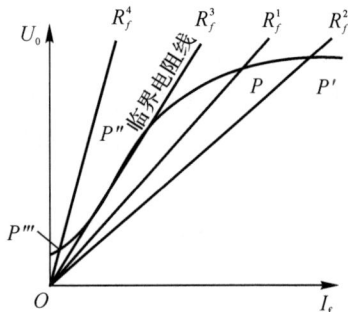

图 6.40 励磁回路总电阻对建压的稳定点

电压保持不变,自励过程结束,电机进入稳定运行,如图 6.40 中所示 P 点。

进一步分析可以发现,并励式直流发电机能够完成自建压需要以下三个条件:

(1)发电机的主磁路要有剩磁。这是发电机完成自励的必要条件,如果没有剩磁,必须用其他直流电源先给主磁极充磁。

(2)并联在电枢绕组两端的励磁绕组极性要正确。最初由剩磁电势产生的微小励磁电流必须能增强原有的剩磁,才能使感应电势加大。如果最初的微小励磁电流所产生的磁势方向与剩磁方向相反,则剩磁将被削弱,发电机的电压便不能建起。

最初的微小励磁电流所产生的磁场是增加剩磁或削弱剩磁,将依电枢绕组与磁极绕组的相对连接以及电枢的旋转方向而定。如果励磁绕组的接法相反,励磁电流产生的磁势与剩磁磁势相反,磁通不可能增加,则发电机不能自励,如图 6.41 所示。

(3)励磁回路总电阻应小于临界电阻,以确保电机端有一个恰当的端电压。必须指出,即使在励磁电流能增强剩磁的情况下,有时因励磁回路总电阻 R_f 的数值太大,并励发电机电压也不能建起。可以利用图解法,简单加以分析。图 6.40 中作出了 R_f 不同时,自建压的稳定工作点,P、P'、P''、P''' 表示把电阻线改变时的情况,如果将 R_f 增加到 R_f^4,则自建压的稳定电压工作点 P''',因为 P''' 对应的电压数值与剩磁电压相差无几,我们便认为发电机电压没有建起。从图 6.40 中可以看出,当 $R_f = R_f^3$ 时,处于临界状态。当 $R_f > R_f^3$,此时发电机建起的电压不能稳定,R_f 微小的变化将引起端电压很大的变化。当 $R_f < R_f^3$ 时,对应 R_f^1 和 R_f^2 可得到 P P' 等稳定电压工作点。

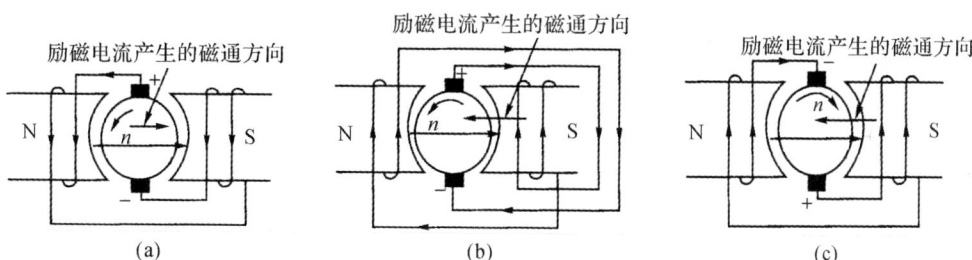

图 6.41 旋转方向、励磁电流与剩磁的关系
(a)正确;(b)磁场电流方向错误;(c)转向错误

2.并励式直流发电机的外特性

并励式直流发电机的外特性不同于他励发电机,外特性关系曲线是当 $n = n_N$、$R_f =$ 常值、$U = f(I)$ 时的关系曲线。

图 6.42 为并励发电机外特性,并励发电机端电压比他励发电机下降得快。因为他励式直流发电机在负载电流增加时,使端电压下降的原因只是电枢回路电阻下降和电枢反应的去磁作用,而并励式直流发电机还要加上因端电压下降而导致励磁电流减小的因素。因此,并励发电机的电压调整率可达 20% 左右。

并励式直流发电机外特性的突出特点是负载电流有"拐弯"现象。这是因为 $I = \dfrac{U}{R_Z}$,当电压下降不多时,电

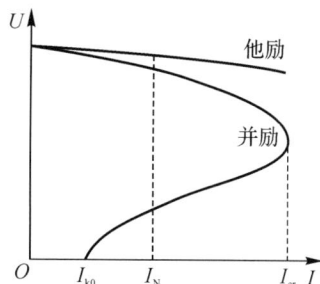

图 6.42 并励式直流发电机的外特性

机的磁路还比较饱和，I_f 的减小使 U 的减小不大，于是 I 随 R_z 的减小而增大；而当 I 增大到临界电流 I_{cr}（约为额定电流的 $2\sim3$ 倍）后，U 的持续下降已使 I_f 的取值进入低饱和甚至于不饱和区，I_f 的减小使 U 急剧下降，从而反倒使得 I 不断减小，直至短路，$R_z=0$，$U=0$，$I_f=0$，$I_{k0}=\dfrac{E_r}{R_a}$。短路电流式中，E_r 为剩磁电动势，其数值是很小的。因此，并励式直流发电机的稳态短路电流 I_{k0} 很小。

6.5　直流电动机的基本特性

6.5.1　直流电动机的励磁方式

直流电动机（电动机）的结构基本上与直流发电机相同。直流发电机将机械能转换为电能，而直流电动机则将电能转换成机械能。如果把一个合适的直流电压跨接在发电机的电压输出端，就可以把一个直流发电机改装成一个直流电动机。

直流电动机有许多种类型，这些类型可以通过励磁绕组的联接方法来划分。每一种电动机在给定负载的条件下，都有其自身的优点。

图 6.43(a)为并励式电动机，励磁线圈与电枢电路并联。这种电动机在外加恒定电压作用下，以基本恒定的转速提供可变转矩。机械车间中看到的车床、镜床、钻床、刨床等都是由电动机驱动的。

图 6.43(b)为串励式电动机，励磁线圈与电枢电路串联，在外加恒定电压作用下，可以提供可变转矩，但其转速随负载变化而变化，即：大负载时转速低，小负载时转速高。串励式电动机用于驱动飞机的起落架、升降装置等。另外，内燃机常采用串励式电动机启动。

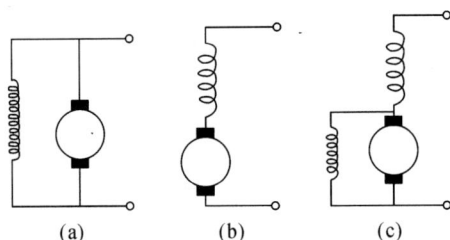

图 6.43　直流电动机的励磁方式
(a)并励式；(b)串励式；(c)复励式

图 6.43(c)为复励式电动机，它有两个励磁线圈。一个是串励线圈，它与电枢线圈串联；另一个是并励线圈，它与电枢电路并联。

复励式电动机具有串励式电动机和并励式电动机的组合特性，其启动力矩高于并励式电动机；而转速随负载的变化小于串励式电动机。

直流电动机（见图 6.44）在飞机上的应用相当广泛，机载电动机与大容量直流电动机的工作原理基本相同，然而，根据飞机上的使用要求，它具有独特的形状、尺寸、额定值。机载直流电动机的工作电压是直流 $24\sim28$ V。

图 6.44(a)是飞机发动机的启动电动机，也称为启动机。它实际上就是一个串励式电动机，它可以提供启动发动机所需要的高转矩。启动机是飞机上使用的最大容量的电动机，它的功率输出可以达到 20 hp（15 kW），但它是以间歇的方式运行的。图 6.44(b)是飞机上作动机械负载的电动机之一，飞机上的机械负载如襟翼、起落架、舱门等。这种电动机也是串励电动机，因为控制上述负载，电动机必须在满机械载荷下启动。许多机载作动电动机是串励型，可以逆转。大多数直流电动机也是间歇式工作。图 6.44(c)是连续工作式直流电动机，在飞机

上，它用于驱动风挡雨刷，这种电动机通常采用复励式电动机。

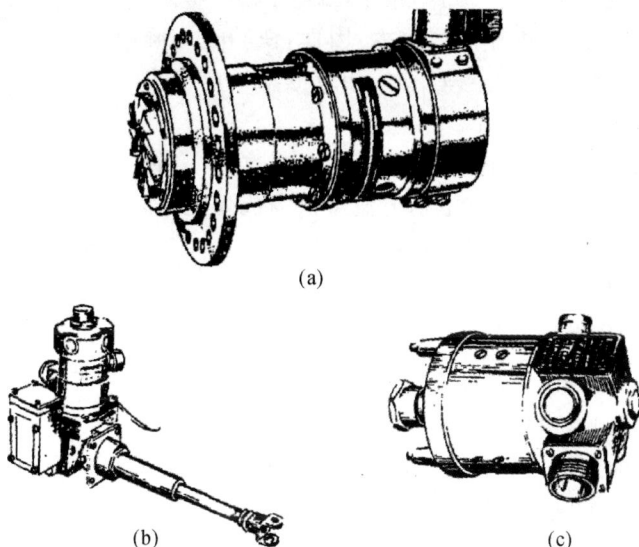

(a)

(b)

(c)

图 6.44　飞机上的直流电动机

(a)启动机；(b)作动电动机；(c)直流电动机

6.5.2　直流电动机的运行特性

当电源电压 U 不变，而负载转矩变化时，直流电动机的转速 n 与电枢电流之间的关系 $n = f(I_a)$，称为转速特性；电磁转矩 T_{em} 与电枢电流之间的关系 $T_{em} = f(I_a)$，称为转矩特性；转速 n 和电磁转矩 T_{em} 之间的关系 $n = f(T_{em})$，称为机械特性。这些性能具体地代表了直流电动机的工作性能。各种直流电动机的性能不同，使用的场合也不同。因此，了解各种直流电动机的性能特点，正确地使用它们，是非常重要的。

1. 转速特性 $n = f(I_a)$

对于并励电动机，当电枢电流增大时，电枢压降 $I_a R_a$ 也增大，电动机的转速降低。根据

$$U = E_a + I_a R_a, E_a = C_e \Phi n$$

得

$$n = \frac{U - I_a R_a}{C_e \Phi} \tag{6.22}$$

由于并励电动机磁通 $\Phi \approx$ 常数，$U =$ 常数，$R_a =$ 常数，因而

$$n = C_1 - C_2 I_a \tag{6.23}$$

式(6.23)中：$C_1 = \dfrac{U}{C_e \Phi}$，$C_2 = \dfrac{R_a}{C_e \Phi}$，约等于常数。即 $n = f(I_a)$ 为一条直线，如图 6.45 所示。直线对横坐标倾斜程度，即转速下降的程度，取决于电枢电路的内阻 R_a 的大小。

这里需要指出的是，当电机带载运行时，电枢反应的去磁作用将使每极磁通减少，即式(6.22)的分母减小。内阻 R_a 的影响将使转速下降，电枢反应的去磁将使转速上升，二者的影响是相反的。所以当负载电流变化时，并励电动机的转速变化很小。一般说来，电阻电压降的影响较电枢反应的影响为大，故并励式电动机的转速特性是略为向下倾斜的。

对于串励电动机来说,当电枢电流 I_a 增大时,一方面电枢压降 I_aR_a 增大,使转速下降;另一方面,由于电枢电流 I_a 增大,励磁电流 I_f 也增大,使磁通 Φ 中随之增大,因而,使转速 n 降低更多。同理,当电动机负载转矩减小时,相应电动机电流也减小,而电动机转速 n 将很快上升。

串励电动机当电枢电流较小时,它的励磁电流也较小,铁芯处于未饱和状态,其每极磁通与电枢电流可认为成正比,即 $\Phi \approx KI_a$,将此关系代入式(6.22),则得

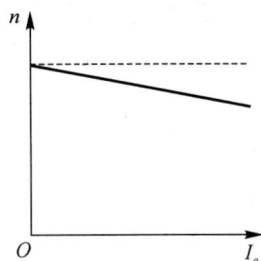

图 6.45　并励电动机的转速特性

$$n = \frac{U}{C_eKI_a} - \frac{R_a}{C_eK} = C_3\frac{1}{I_a} - C_4 \qquad (6.24)$$

式(6.24)中: $C_3 = \frac{U}{C_eK}$, $C_4 = \frac{R_a}{C_eK}$ 近似为常数。

由式(5-2-3)可见,串励电动机的转速和电枢电流成反比,转速特性为一双曲线。当负载电流较大时,磁路已饱和,每极磁通 Φ 变化不大,由转速 n 将随 I_a 的增加而略为下降,串励电动机的转速特性如图 6.46 所示。

2.转矩特性 $T_{em} = f(I_a)$

对于并励电动机来说, $U = $ 常数, $R_a = $ 常数,转矩特性可表示为

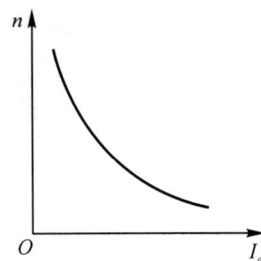

图 6.46　串励电动机的转速特性

$$T_{em} = C_T\Phi I_a \qquad (6.25)$$

当电枢电流很小时,电枢反应的去磁作用也很小,可以认为 Φ 为常数,电磁转矩 T_{em} 随电枢电流 I_a 成正比。并励电动机转矩特性是通过坐标原点的直线,如图 6.47 所示。电枢电流较大时,由于电枢反应所产生的去磁作用将使每极磁通略为减少,这时电磁转矩的增加将较电枢电流的增加略慢。

串励电动机当负载电流较小时,有 $\Phi \approx KI_a$,将此关系代入式(6.25),可得

$$T_{em} = C_TKI_a^2 \qquad (6.26)$$

可见,当电枢电流较小时,串励电动机的电磁转矩和电枢电流的平方成正比,转矩特性为一抛物线,如图 6.48 所示。

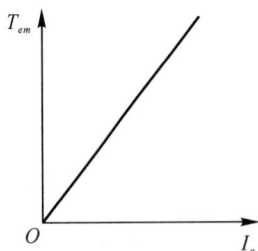

图 6.47　并励电动机转距特性

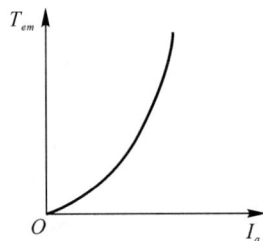

图 6.48　串励电动机转距特性

实际上当负载电流较大时,铁芯已饱和,虽然励磁电流随负载电流增大而增大,但此时每极磁通变化不大,电磁转矩 T_{em} 大致与电枢电流成正比变化。

3.机械特性 $n = f(T_{em})$

直流电动机的机械特性是指电动机的端电压等于额定值,励磁电路的电流和电枢电路的电阻不变的条件下,电动机的转速 n 与电磁转矩 T_{em} 之间的关系,即 $n = f(T_{em})$。机械特性是电动机最重要的工作特性,它是讨论电动机稳定运行、起动、调速和制动等运行的基础。

机械特性可分为固有(自然)机械特性和人为机械特性。固有特性表示电动机在额定参数运行条件下的机械特性;人为特性表示改变电动机一种或几种参数,使之不等于其额定值时的机械特性。

将并励和串励电动机的转速特性 $n = f(I_a)$ 和转矩特性 $T_{em} = f(I_a)$ 两式联立,消除中间变量 I_a,可得到并励和串励电动机的机械特性。

(1)并励电动机机械特性:

$$n = \frac{U}{C_e \Phi} - \frac{R_a}{C_e C_T \Phi^2} T_{em} \tag{6.27}$$

通过分析可知,并励电动机的转速 n 随负载的增大而略为减小(R_a 很小),故并励电动机的机械特性基本上是一条向下倾斜的直线。当电枢回路中没有另行接入调节电阻时,所得的机械特性称为自然机械特性。如在电枢回路中接入调节电阻,则将使机械特性的倾斜度增大,接的调节电阻越大,所得的机械特性也就越向下倾。并励电动机的机械特性如图 6.49 所示。

当负载变化时,如电动机的转速变化不多。并励电动机从空载到满载转速的降低通常仅为 $3\% \sim 8\%$,因此,我们说并励电动机机械特性硬。转速的硬特性是直流并励电动机的主要特点之一。

并励电动机的励磁回路切不可令其断路,当励磁回路断路时,气隙中的磁通将骤然降至微小的剩磁,电枢回路中的感应电势也将随之减小,由于机械惯性的作用,电动机的速度不能突然改变,电枢电流将急剧增加,而使电动机发生严重的过载。

(2)串励电动机机械特性:

$$n = \frac{U \sqrt{C_T}}{C_e \sqrt{k}} \frac{1}{\sqrt{T_{em}}} - \frac{R_a}{C_e k} \tag{6.28}$$

按式(6.28)而作出的串励电动机的机械特性也为一双曲线,如图 6.50 所示。当电枢回路的无调节电阻时,所得的机械特性称为自然机械特性,在工作范围内,转速随负载电流急剧变化是串励电动机的主要特点,因此串励电动机机械特性较软。

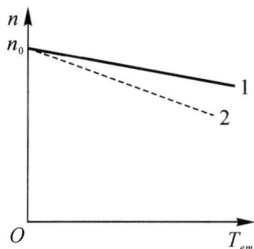

图 6.49　并励电动机的机械特性　　图 6.50　串励电动机的机械特性

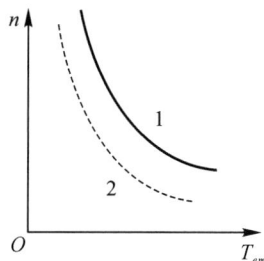

串励电动机的优点是起动力矩大,过载能力强。由于这个优点,再加上它具有软的机械特性,使其特别适用于经常起动,并且还有可能过载的场合。

串励电动机的缺点是当轻载时,串励电动机的转速将急剧上升,会导致电机的损坏,因此串励电动机不允许轻载,更不允许空载。为了安全起见,串励电动机不能用皮带传动,以免皮带折断或滑脱,形成电动机空载而产生高速的危险。因此,串励电动机和所驱动的机械负载必须直接耦合。

(3)复励电动机的机械特性。要利用串励电动机的优点,同时又避免发生空载时的"飞速"危险,复励电动机是一种比较好的解决方案。复励电动机的机械特性如图 6.51 所示。为便于比较,图中还画出了并励和串励电动机的速率特性。

通用的复励电动机都是积复励。这时串励绕组的磁化作用和并励绕组的磁化作用方向相同。积复励电动机的机械特性较

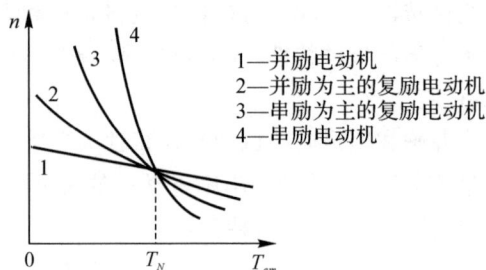

1—并励电动机
2—并励为主的复励电动机
3—串励为主的复励电动机
4—串励电动机

图 6.51　复励电动机机械特性

并励电动机为软,但较串励电动机为硬,介于二者之间。并依并励磁势和串励磁势的相对强弱而有所不同。如并励磁势在总磁势中占优势,则复励电动机的特性和并励电动机接近。反之,如串励磁势在总磁势中占优势,则复励电动机的特性和串励电动机接近。适当地选择并励磁势和串励磁势的相对强弱,可以使复励电动机具有负载所需要的特性。以并励磁势占优势的复励电动机,特别适合于冲击性负载。当负载转矩突然增大时,电枢电流随之增大,串励磁势也随之增大,从而使主磁通增大主磁通的随之增大带来二方面的好处:①使电磁转矩很快的增大以克服突然增大的负载转矩;②使反电势很快的增大以减小电枢电流的冲击值。因此,它比并励电动机优越。以串励磁势为主的复励电动机保留了串励电动机的优点,由于有少量的并励磁势存在,使复励电动机可以在轻载或空载运行。因此,克服了串励电动机的缺点。

6.6　直流电动机的起动、调速和制动

6.6.1　直流电动机的起动

一台电动机从静止到稳定运行首先必须通过起动过程,首先要碰到起动问题。起动时要求电动机产生足够大的电磁转矩来克服机组的静止摩擦转矩、惯性转矩,以及负载转矩才能使机组在尽可能短的时间里从静止状态进入到稳定运行状态。另一方面,刚起动时,$n=0$,而 R_a 很小,由公式

$$I_a = \frac{U-E_a}{R_a} = \frac{U-C_e\Phi n}{R_a}$$

当起动时,$n=0$,得

$$I_{st} = \frac{U}{R_a} \tag{6.29}$$

由式(6.29)可知,刚起动时,起动电流将达到很大的数值,通常为额定电枢电流的十几倍甚至更大,以致电网电压突然降低,影响其他用电设备的用电,也使电机本身遭受很大电磁力的冲击,严重时还会损坏电机。因此,适当限制电机的起动电流是必要的。对直流电动机起动

性能的要求主要有以下几点：

(1)起动转矩要大,使电动机可以很快完成起动过程,达到预定的速度而稳定运行。

(2)起动电流应限制在允许的范围。

(3)起动设备简单,控制操作方便。

应该指出,上述要求对直流电动机来说是容易满足的。所以说,直流电动机的起动性能优于交流电动机。直流电动机的常用起动方法有直接起动、电枢回路串电阻起动和降压起动三种,下面分别介绍。

1.直接起动

直接起动是指不采取任何措施,直接将静止电枢投入额定电压电网的起动过程。小型直流电动机可以直接起动,例如航空直流电动机一般容量在 1 kW 以内,对电网和自身的冲击都不太大,都不附加其他措施,直接投入额定电压的电网负载起动(见图 6.52)。

以并励直流电动机为例,起动开始,电流 I_a 增长很快,电流不突变,但很快上升至最大冲击值 I_{st}(见图 6.53)。随着转速的增加,反电势也加大,使电枢电流开始下降,到电磁转矩与电动机总的负载转矩相等时,电动机便以某一转速稳定运行,这时电枢电流也达某一稳定值。

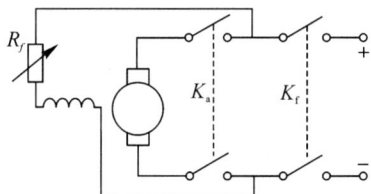

图 6.52　并励直流电动机直接起动线路　　图 6.53　并励直流电动机直接起动时 I_a 和 n 的变化

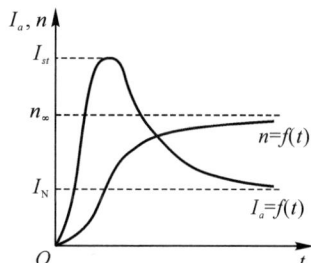

2.电枢回路串电阻起动

图 6.54、图 6.55 描述的是并励直流电动机串电阻起动过程(三级切除)。

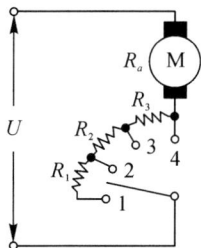

图6.54　并励直流电动机的串联电阻起动　　图 6.55　并励直流电动机限流起动过程

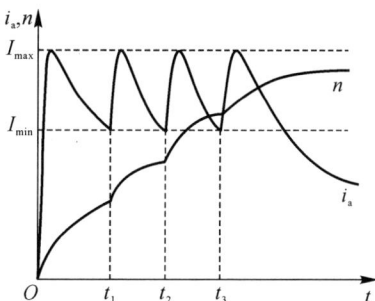

一般航空直流电动机功率小,起动电流的为额定电流的 3～4 倍,所以可以直接起动。但功率较大的直流电动机,起动时将在电枢回路中串入起动电阻,以限制起动电流,起动结束后将电阻切除。在实际工程中,可以根据具体需要选择 R_{st} 的数值,以有效限制起动电流。起动电阻一般采用变阻器形式,可为分段切除式,也可以无级调节。常见的直流电动机起动器,起动瞬间接入起动电阻 $R_{st} = R_1 + R_2 + R_3$。因此起动电流被限制为

$$I_{st} = \frac{U}{R_a + R_{st}} \tag{6.30}$$

它仍应产生足够的起动转矩,使电机起转。随着转速及反电势的增加,电流接指数规律衰减,所以要在适当时刻逐级减小起动电阻,如图示逐个短路电阻 R_1、R_2、R_3,至最终全部切去起动电阻,使起动电流限制在合适的 I_{max} 和 I_{min} 范围内,以获得最佳的起动效果。

3. 降压起动

降压起动是通过降低端电压来限制起动电流的一种起动方式。

降压起动对抑制起动电流最有效,能量消耗也比较少,但需要专用调压直流电源,投资较大。不过,近年来已广泛采用可控硅整流电源,无论是调节性能还是经济性能都已经很理想,因此,降压起动有越来越多的应用,尤其是大容量直流电动机和各类直流电力电子传动系统。

6.6.2 并励直流电动机的调速

1. 调速的概念

出于被带动的工作机械的要求,电动机往往需要在不同转速下运行。调速就是在一定的负载下,根据生产工艺的要求,用人工方法来改变电动机组的转速。

生产机械的速度调节可以用机械方法取得,但机械变速机构复杂。现代电力拖动中多采用电气调速方法,即对拖动生产机械的电动机进行速度调节,其优点是可以简化机械结构,提高生产机械的传动效率,操作简便,调速性能好,能实现自动控制等。电动机的速度调节是人为的有意的,而电动机由于转矩变化沿着某一机械特性的速度变化是电动机自动调节的,两者是有区别的。

电动机调速性能的评价指标如下。

(1)调速范围。通常用速比来衡量,要求速比要大。所谓速比是指电动机调速时所能得到的最高转速与最低转速之比。

(2)调速的平滑性。它是指在调速范围内,是否能在任意转速下稳定运行。可由电动机在其调速范围内能得到的转速的数目(级数)来说明。所能得到的转速数目越多,则相邻两个转速的差值越小,则调速的平滑性越好。如果转速只能得到若干个跳跃的调节,称为有级调速;如果在一定范围内可得到任意转速,称为无级调速。

(3)调速的经济性。它包括调速设备的投资,电能的损耗,运转的费用等。

(4)调速的稳定性。它由负载变化时转速的变化程度来衡量。电动机机械特性越硬,稳定性越高。

(5)调速方向。指所采用的调速方法是使转速比额定转速(基本转速)高的称为向上调速;若是低的,称为向下调速。

(6)调速时允许的负载。调速时,不同的生产机械需要的功率和转矩是不同的。有的要求电动机在各种转速下都能输出同样的机械功率。由于机械功率是由转矩与转速的乘积决定的,因此要求电动机具有恒功率调速。另一类生产机械,要求电动机在各种转速上都能输出同样的转矩,即为恒转矩调速。

2. 直流电动机的调速方法

由直流电动机的机械特性方程可知,改变 R_a、Φ、U 中的任意一个参数都可以使转速 n 发生变化。所以直流电动机的调速方法有三种。以下讨论并励(他励)电动机的调速方法。

(1)电枢回路串电阻的调速。电枢回路串入调节电阻 R_t 后,如图6.56(a)所示。保持电源电压 U 和励磁电流 I_f 为额定值,在电枢电路中串联一个调速变阻器 R_t,速度调节量可由下式求得

$$n = \frac{U}{C_e \Phi} - \frac{R_a + R_t}{C_e C_T \Phi^2} T_{em} \tag{6.31}$$

从式(6.31)可以看出,R_t 的串入使特性变软,即速度下降,其特性曲线如图6.56(b)所示。显然,保持 U、Φ 不变,n_0 亦不变,调节 R_t 的大小即可改变转速 n。

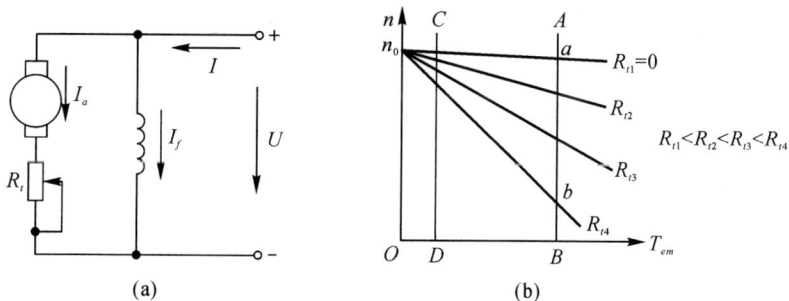

图6.56 电枢回路串电阻的调速
(a)电枢电路;(b)特性曲线

这里需要指出的是,当改变 R_t 来改变电枢电路的电阻值时,电枢电流 I_a 在调速过程中会发生改变,但由于调速前后负载转矩不变(设为恒转矩负载),因此调速前后的电枢电流值亦保持不变,这也是串电阻调速的特点。串入电阻后损耗增加,输出功率将减小,效率降低,很不经济。另外,当负载转矩较小时,例如图6.56(b)中的 D 点,电枢电流也较小,调速作用也不大。只有在负载较大时,调速才明显,例如图6.56(b)中的 B 点。因此,这种调速方法只在不得已时才采用。

(2)改变励磁磁通的调速。保持电源电压 U 为额定值,在励磁电路中串联一个调速变阻器 R_f,改变励磁电流 I_f 以改变磁通 Φ 进行调速,故又称调磁调速。改变励磁磁通的调速如图6.57所示。

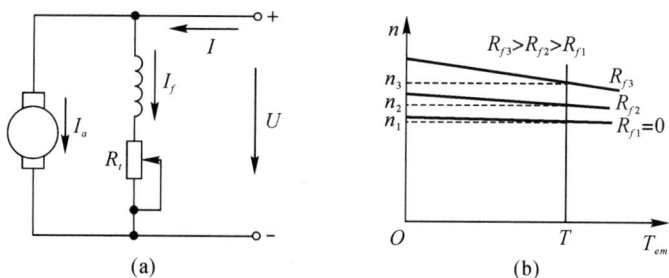

图6.57 改变励磁磁通的调速
(a)电枢电路;(b)特性曲线

这是一种简单、经济、而又有效的调速方法,广泛地应用于容量约在50 kW 以下的电动机。转速改变的物理过程:设我们调节并励回路中的变阻器使电阻增加,因此使励磁电流减小,每极磁通 Φ 减小。当磁通 Φ 减小时,在最初瞬间电动机的转速还没有来得及变化,反电势

便随着磁通的减小而正比例地减小。电动机外施电压是常数,所以反电势减小后,电枢电流便将增加。由于电枢回路中的电阻压降仅占外施电压的很小部分,使电枢电流的增大程度总比每极磁通的减小程度大,电磁转矩 $T_{em} = C_T \Phi I_a$,便将增加而使电动机加速。

下面给出一个简单的证明方法,电压平衡方程为

$$U = E_a + I_a R_a$$

忽略电枢回路内阻的压降得

$$U \approx E_a = C_e \Phi n$$

当励磁回路磁通发生改变时

$$E_{a1} = C_e \Phi_1 n_1$$
$$E_{a2} = C_e \Phi_2 n_2$$

由 $E_{a1} \approx E_{a2}$ 得

$$C_e \Phi_1 n_1 \approx C_e \Phi_2 n_2$$

即

$$\frac{\Phi_1}{\Phi_2} \approx \frac{n_2}{n_1} \tag{6.32}$$

(3)改变电源电压的调速。采用这种调速方法时,电动机应采取他励方式,保持励磁不变,只改变电枢电路的电源电压,故称调压调速。由机械特性方程可以看出,当电枢电路端电压 U 改变时,理想空载转速 n_0 随 U 成正比变化,而转速降落 Δn 和特性曲线的斜率不变,因此电动机在不同电压下的人为机械特性曲线是平行下移于固有机械特性曲线的直线。改变电源电压的调速,如图 6.58 所示。

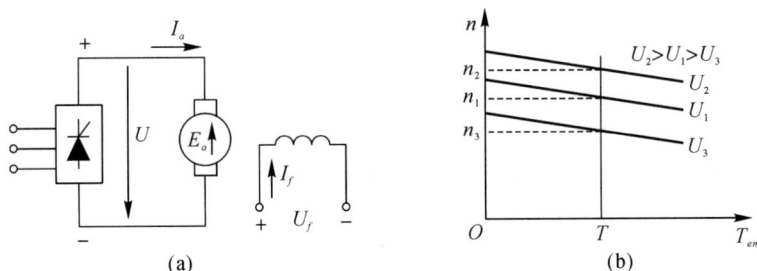

图 6.58 改变电源电压的调速
(a)电枢电路;(b)固有机械特性曲线

6.6.3 直流电动机的制动

在电力拖动机组中,无论是电机停转,还是由高速进入低速运行,都需要对电动机进行制动,即强行减速。制动的物理本质就是在电机转轴上施加一个与旋转方向相反的力矩。这个力矩若以机械方式产生,如摩擦片、制动闸等,则称之为机械制动;若以电磁方式产生,就叫作电磁制动。电机学中所讲的制动主要是指电磁制动,并有能耗制动、反接制动、回馈制动三种形式,下面分别介绍。

1.能耗制动

以并励电动机为例,接线图如图 6.59 所示。制动时,开关 K 从"电动"掷向"制动",励磁

回路不变,电枢回路经制动电阻 R_z 闭合。此时电机内磁场依然不变,电枢因惯性继续旋转,并且感应出电动势在电枢回路中产生电流,但电流方向与电动势相反,相当于一台他励发电机,电磁转矩的方向与旋转方向相反,因而产生制动作用,使转子减速,直至所有可转换利用的惯性动能全部转化为电能,消耗在制动电阻 R_z 及机组本身上,机组停止转动。

能耗制动利用机组动能来取得制动转矩,操作简便,容易实现,但制动时间较长(低速时制动转矩很小),必要时可加机械制动闸。

2. 反接制动

在保持励磁电流不变的条件下,利用反向开关把电枢两端反接到电网上的制动方式称之为反接制动。此时电网电压反过来与反电动势同方向,电枢电流其数值很大,并与原电动机运行时的电流方向相反,随之产生很大的与旋转方向相反的制动转矩,随之产生强烈的制动作用。并励电动机反接制动的接线图如图 6.60 所示。

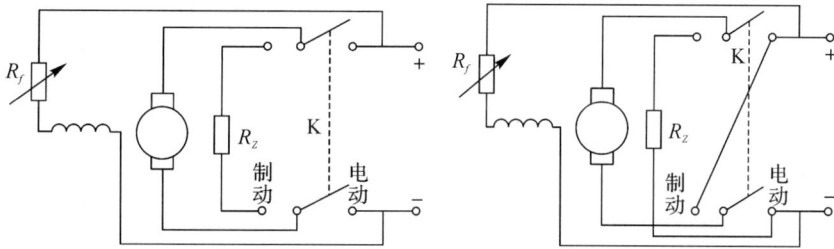

图 6.59　并励电动机能耗制动接线图　　图 6.60　并励电动机反接制动接线图

反接制动的优点是能很快地使机组停转,但缺点是电流过大,其数值几乎是直接起动电流的两倍(额定电流的 30 倍以上),对电机冲击太大,有必要加以限制。为此,反接时电枢回路中串入了足够大的电阻 R_z ,使 I_a 的冲击值被控制在一个合理的允许范围之内。

应注意的是,当转速接近零值时,应及时把电源断开,否则电机将反转运行起来。需要说明的是,能耗制动和反接制动都是把机组的动能,甚至于电网供给的功率全部消耗在电枢回路中的电阻 $R_a + R_z$ 上,很不经济。因此,应探讨更先进的制动方式。下面将介绍的回馈制动就是一种比较好的方式。

3. 回馈制动

以串励电动机为例,当串励电动机拖动电车或电力机车下坡时,若不制动,速度会越来越高而达到危险程度。设想此时将串励改为并励或他励,则当转速升高至某一数值,即时电流将反向,电机进入发电机运行状态,电磁转矩起制动作用,限制了转速的进一步上升,将下坡时机车的势能转换为电能回馈给电网,故称为回馈制动。

*6.6.4　直流起动发电机

兼具启动功能的航空直流发电机称为直流启动发电机。它可用作电动机,用于启动飞机发动机或 APU,当发动机达到一定转速后,自动转为发电状态,给机上电网供电。这样飞机上就不必单独设置启动装置,从而减轻了设备重量。由于启动发电机要适应双重功能,因此,它的工作条件变得更为复杂。

在启动过程中,起动发电机应该满足以下要求:①有足够的启动转矩,使发动机能在预定的时间内平稳地启动;②启动电流不应过大,以免电机过热、换向恶化;③启动完毕后能自动转入发电状态,给机上电网正常供电。

下面以某航空直流启动发电机起动发动机为例,简要分析其起动过程。图 6.61 为其起动控制原理电路,整个起动过程分四级完成。

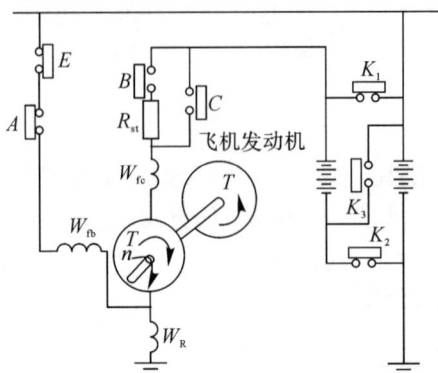

图 6.61 起动发电机的起动控制原理电路

(1)第一级:串入起动电阻,电枢串联电阻 R_{st} 起动。发出起动指令后,首先接通 K_1、K_2 使两组电瓶并联工作。同时,定时机构开始工作,1.3 s 后接触器 A、B 同时动作接通(E 为常闭接触器,此时也接通的),启动电阻 R_{st} 被串入,电机工作在复励状态。这一级的电枢电流 I_{a1} 受到串联电阻 R_{st} 的限制,即有

$$I_{a1} = \frac{U}{R_a + R_{st}}$$

式中:R_a 为电枢绕组电阻、串励绕组(W_{fc})电阻以及换向极绕组(W_R)电阻的总和。正因为 I_a 不大,所以启动转矩 T_{st1} 也不大,以免产生过大的冲击而损坏发动机部件。当启动转矩 T_{st1} 大于发动机静态阻力转矩 $T_{c'}$ 时,发动机即被拖动而开始旋转,转速上升。随转速的上升,电枢感应电动势 E_a 增大,使电枢电流和转矩 T_{st1} 下降。随着转速的上升,发动机的总阻力转矩 $T=f(t)$ 也不断增大,如图 6.62 所示。到 2.5 s 时,接触器 C 接通,启动电阻 R_{st} 被短接,启动过程进入第二级。

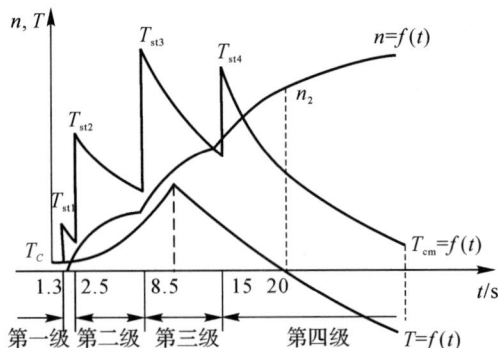

图 6.62 分级启动过程

(2)第二级:切除启动电阻 R_{st},启动发电机增速。串联电阻 R_{st} 切除后,电枢两端电压升高,电枢电流上升到:

$$I_{a2} = \frac{U - E_a}{R_a}$$

使对应的转矩 T_{st2} 显著大于发动机的阻力转矩,因此转速很快升高。这时由于 E_a 随转速升高而增大,又使电磁转矩 T_{st2} 下降,到 8.5 s 时接触器 K_1 和 K_2 断开,K_3 接通,两组电瓶串联供电,电压增高到 $2U$ 而进入第三级阶段。

(3)第三级:两组电瓶串联升压启动。此时端电压为 $2U$,启动电流上升到:

$$I_{a3} = \frac{2U - E_a}{R_a}$$

电磁转矩上升到 T_{st3},使转速继续上升;但当转速上升时,E_a 也上升,因而使 I_{a3} 下降。当转速达 $600 \sim 700$ r·min^{-1} 时发动机点火工作,其动力矩即随之上升,发动机的总阻转矩 T 随之减小。启动到 15 s 时,继电器工作使 E 断开,并励绕组(W_{fb})从电网切断,电动机成串励状态,进入第四级。

(4)第四级:切除并励绕组转为串励电动机工作。当并励绕组切除时磁通下降,引起感应电动势下降,因此电流又上升,使电磁转矩也上升到 T_{st4} 使转速继续增大。随着转速的增大,电动势又将上升,则电枢电流下降,电磁转矩 T_{st4} 也下降。当转速上升到 n_2 时,发动机的动力转矩已能克服其阻转矩,实际上已能自行启动,但为可靠起见,启动机常再带动一段,直到启动箱定时机构到 30 s 时,发动机转速一般上升到 $1\,800 \sim 3\,200$ r·min^{-1} 以后,才使启动箱的接触器、继电器全部停止工作,而启动箱中的定时机构继续运行到 42 s 时启动完毕。发动机进入慢车转速,一般是在 $4\,100 \sim 4\,500$ r·min^{-1},同时电机开始进入并励发电状态。

一个好的电动机启动系统,需要电动机的机械特性与负载(发动机)的阻转矩特性匹配。上面就是其中的一个例子。有的航空并励直流启动发电机作启动机工作时,靠调节并励励磁电流以达到所需要匹配的机械特性,这样可使系统设备大为简化。

图 6.63 为 GOODRICH 公司为 EMB-145 飞机设计与生产的启动发电机。

图 6.63　航空启动发电机实物图

此直流启动发电机为有刷直流电机,同样采用风冷散热方式。在发动机起动时作为电动机工作来提供转矩,在发动机起动完毕后作为发电机为电源系统提供电能。

1.启动发电机技术参数

启动发电机技术参数见表 6.1。

表 6.1　启动发电机技术参数

额定输出功率	12 kW
额定输出电流	400 A
转速范围	6 800~12 000 vpm
输入电源	28 VDC,限流 2 000 A
进风口直径	3.00 inch (76.2 mm)
旋转方向	CCW(从驱动端看)
驱动轴扭矩	1 600 lbf·in (18 080 N·m)
重量	35.7~38.2 lbs(15.19~16.32 kg)

2.启动发电机结构

启动发电机结构如图 6.64 所示。

启动发电机由转子电枢(ARMATURE)与定子(STATOR ASSEMBLY)组成。

定子主要由磁极、励磁线圈、电刷组件和壳体组成。磁极和励磁线圈用来产生磁场;壳体的作用有两个:①为磁极产生的磁场提供磁通路;②作为发电机的机械结构,用于安装其他部件和固定发电机。壳体通常由铁磁材料构成。

转子电枢由铁芯、电枢线圈、换向器和转轴组成,电枢线圈在转子转动时,切割磁力线,产生交流电动势,再经换向器将交流转换成直流,由电刷输出。电枢由两个轴承支撑。在电枢驱动端,轴承由轴承支座组件(BEARING SUPPORT)支撑。在反驱动端,由轴承及碳刷(BRUSHES)支座支撑。

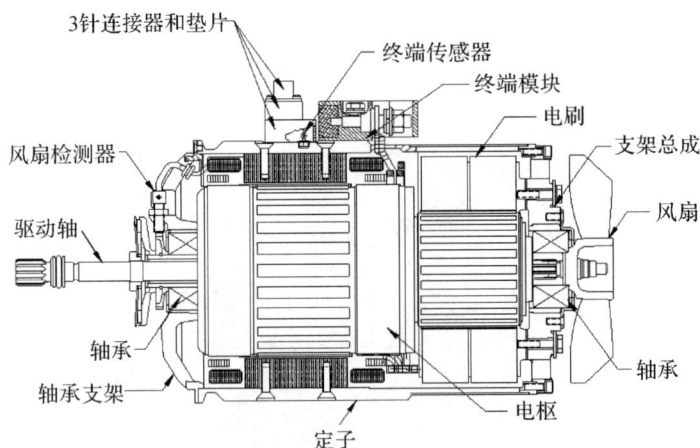

图 6.64　航空启动发电机结构图

【拓展阅读】

清洗飞机引发的空难

——德国 XL 航空 888T 号航班

2008 年 11 月 27 日艾德姆机场驾驶空客 320 进行自动驾驶功能的测试,这也是整个测试程序中最后一项,之后这架客机将被归还于新西兰航空公司。副驾驶格瑞纳则负责监控飞机仪表设备。新西兰航空派出的验收组长要在飞行中进行 35 项测试,完成最后的验收飞行。客舱中只有三名新西兰航空的工程师和工作人员,他们将在测试完成后随飞机返回新西兰。

此次测试预计耗时两个半小时,他们将飞至法国西海岸后再返回佩皮尼昂里韦萨尔特机场,飞行员足以利用这段时间进行所有项目的测试,测试的第一项为起落架的收纳系统,工程师必须确认起落架系统在一定的时间内归位并上锁。第二项为大角度转弯项目,艾德姆机长必须先获得授权才能进行这个项目的操作,航管员则认为在此空域中做这样的机动动作并不安全,并拒绝了这一行为。

完成不了测试项目的888T号航班决定打道回府,20 min后,他们便回到了机场附近。但是飞机在下降途中却突然失去控制,这架空客320的机头一直呈现上扬状态,艾德姆机长为了改变这一现象,他加大了油门控制,并将操作杆向前推,试图压下机头改出这一姿态,但是飞机仍没有任何反应。即使艾德姆机长收回了飞机襟翼也显得徒劳无功,飞机翻转着一头冲进海里,几秒钟后便永远从雷达屏幕上消失了。

事后,调查员在维修记录中发现一个问题,飞机涂装完后需要再次清洗。通常情况下,维修人员会用布擦拭掉灰尘。但这次却因为赶时间使用水管进行冲洗,高压水枪直接冲洗到了没有任何保护措施的传感器。为了印证猜测,调查人员将用同样方法冲洗后的传感器放进冷库中,模拟高空的低温环境。实验结果证明,冰将传感器中可活动的部件完全冻住。调查员又将另一架空客320客机传感器灌入水进行测试,他们发现低空时一切正常。当

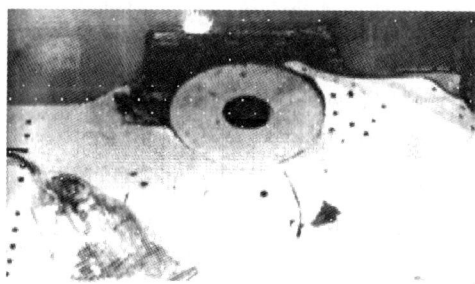

图 6.65　888T 号航班攻角传感器残骸

飞机升至三万英尺高空时,传感器内部便降到了冰点以下,随着时间的加长,整个攻角传感器彻底失灵,失速防护系统也失去了应有的作用。

调查员又开始审视两名机组成员的资质。无论是正副驾驶员还是观察员,都拥有非常丰富的飞行经验。为什么经验老到的飞行员却不能解决这一危险情况?飞行员在进行测试飞机的各个项目时,即使听到警报声也不用过多担心,因为自动驾驶仪每次都能有很好的反应,这也让飞行员对飞机功能太过信任。谁能想到攻角传感器在高空被冻结失效,最终酿成机毁人亡的惨案。飞机测试失速时的高度过低也是悲剧的一大成因,导致飞行员没有足够的时间改出失速状态。

最终的报告指出了发生事故的几个关键因素,包括飞机的清洗程序和进行飞行测试时需要注意的事项。报告中也强调了针对验收飞机需要更为明确的程序,以及加强从失速状态中改出的训练。航空专家称现代客机在通往自动化驾驶的路上不会止步。早期的飞机让我们学会如何驾驶飞机,然后再学会如何操作自动驾驶的飞机。

机务作风是机务在工作中所表现出来的一种工作态度和工作风格,包括了对工作认真负责、严谨细致、勤奋努力等方面,在机务工作中一个小小的疏忽或者不认真的态度都有可能导致严重的后果,因而必须严格按照规章制度和操作流程进行操作,工作中的细节不能马虎,要做到精益求精。另外,作为机务也要不断学习和提高自己的专业知识和能力,才能更好的完成各项工作。仅仅是飞机涂装完清洁方式的改变,就导致德国XL航空888T的攻角传感器失灵,失速防护系统也失去相应,最后导致空难的发生。这就要求一线维修人员要更加看重机务作风,在校学生在学习实践的过程中认真培养机务作风。

习　题

1. 直流电机的定子部分包括哪些组件？

2. 直流电机的转子部分包括哪些组件？

3. 阐述直流电机主磁极的组成及其在直流电机中的作用。

4. 阐述在直流电机中换向的含义。

5. 在直流电机中实现换向的器件是什么？

6. 阐述换向极的原理及组成。

7. 什么是电枢反应？电枢反应存在的条件是什么？

8. 阐述直流发电机的工作原理。

9. 如何减小直流发电机电动势的波动？

10. 直流发电机的电动势和哪些量有关？

11. 直流发电机的电压平衡方程是什么？

12. 阐述直流电动机的工作原理。

13. 直流电动机的电压平衡方程是什么？

14. 直流电动机中各转矩之间的关系是什么

15. 当电刷在几何中性线上时，直流电机的电枢反应有什么影响？

16. 分析电刷不在几何中性线时，直流电机的直轴电枢反应是什么样的？

17. 他励直流发电机的空载特性曲线为什么在负载特性曲线的上面？

18. 阐述他励直流发电机外特性曲线下降的原因。

19. 当负载变化时，为保持他励直流发电机输出电压值不变，应如何调节励磁电流？

20. 阐述并励直流发电机的自励建压过程。

21. 并励直流发电机自励的条件有哪些？

22. 直流电动机有哪些特性？

23. 并励直流电动机的机械特性有什么特点？

24. 串励直流电动机在使用中有哪些注意事项？

25. 串励直流电动机的机械特性有什么特点？

26. 直流电动机起动有哪些方式？

27. 直流电动机起动时的要求有哪些？

28. 如何理解直流电动机调速的概念？

29. 直流电动机的调速方法有哪些？

30. 分析直流电动机中各参数对转速的影响。

31. 直流电动机制动的方法有哪些？并分析其制动原理。

32. 分析直流启动发电机的起动过程。

第7章 交流电机

目前,航空上用的电机有直流电机和交流电机两大类。交流电机可分为同步电机和异步电机,这是按照转子速度与旋转磁场转速之间的关系来区分的,这两类电机的转子结构、工作原理、励磁方式和性能都有所不同,但机电能量转换的原理和条件都是相同的。另外,按照能量转换,交流电机也可分为交流发电机和交流电动机。产生交流电的发电机称为交流发电机,由交流电驱动的电动机称为交流电动机。

同步发电机可分为同步发电机和同步电动机,一般同步电机作为发电机使用,今天我们使用的许多电能都是由同步发电机产生的。在飞机上交流发电机的应用相当广泛,它主要用作飞机的主电源。

异步电机也叫作感应电机,一般作为电动机来使用。目前的飞机多采用交流电源系统,异步电动机广泛地应用在燃油和滑油系统(如燃油泵、滑油泵)、操纵系统(驱动舵面、襟翼、副翼等)以及其他各种机构中。

本章主要介绍了同步发电机和异步电动机的结构和工作原理,以及航空同步电动机和单相异步电动机的结构和工作原理。

7.1 同步发电机的结构和原理

同步电机主要作为产生三相交流电的发电机运行,现在全世界交流电的绝大部分都是由同步发电机提供的。另外同步电机还可以用作电动机运行,作为电动机运行时可以通过调节其励磁电流来改善电网的功率因数。

早期的飞机电源都是由直流发电机供给。随着飞机用电设备增加,飞机用电量增加,飞机飞行速度加快、飞行高度提高,直流发电机越来越难以适应航空技术飞速发展要求。经过科技人员多年的努力,现代民用飞机把同步发电机应用到飞机上,把同步发电机作为现代民用飞机主电源设备。

根据负载消耗电能的多少,同步发电机被设计成许多种供电容量,大型民航飞机上同步发电机的容量有 90 kVA、120 kVA 等不同标准。虽然发电机的类型很多,但它们的工作原理基本相同。即导体在磁场中做切割磁力线运动,从而产生感应电动势;或者在磁通变化的磁场中,放入导体,从而在导体上产生感应电动势。基于上述基本原理,所有的交流发电机都至少由两部分导体组成:

(1)产生感应电压的导体,即电枢绕组;

(2)产生固定磁极的导体,即励磁绕组。

产生感应电压的导体称为电枢绕组,产生具有恒定磁场的导体称为励磁绕组。在发电机中,电枢和励磁磁场之间必须存在相对运动。

为了满足上述的要求,交流发电机主要由两大部件组成,即定子和转子。转子在定子内旋转,它由发动机驱动。

7.1.1　同步发电机的结构

同步发电机主要由定子、转子以及气隙等部分组成,如图7.1所示。

1.定子

定子由定子铁芯、定子绕组、机座等部件组成。定子铁芯一般用0.5 mm厚的硅钢片叠压而成。整个铁芯用非磁性压板压紧,固定在机座上。

2.转子

转子由转子铁芯、励磁绕组、转子支架和轴承等部件组成。转子铁芯是构成电机磁路的主要组成部件,一般采用整块的高机械强度和良好导磁率的合金钢锻压而成,与转轴锻成一个整体;励磁绕组是由扁铜线绕制而成,励磁(转子)绕组靠外接直流电源形成励磁电流,励磁绕组中流过直流电流后,产生的磁极磁场称为旋转磁场,原动机拖动转子旋转时,主磁场同转子一起旋转,就得到一个机械旋转磁场,该磁场对定子发生相对运动,在定子绕组中感应出三相对称交流感应电动势;转子支架与转轴连接,由于要传递轴上的转矩,因而转子支架应有足够的强度;转轴用来传递转矩,并承受转动部分的重量和轴向的推力,通常用高强度的钢整体锻压而成,转轴一般做成空心,以减轻重量和便于检查锻件质量。

3.气隙

气隙是构成发电机磁路中必不可少的一部分。

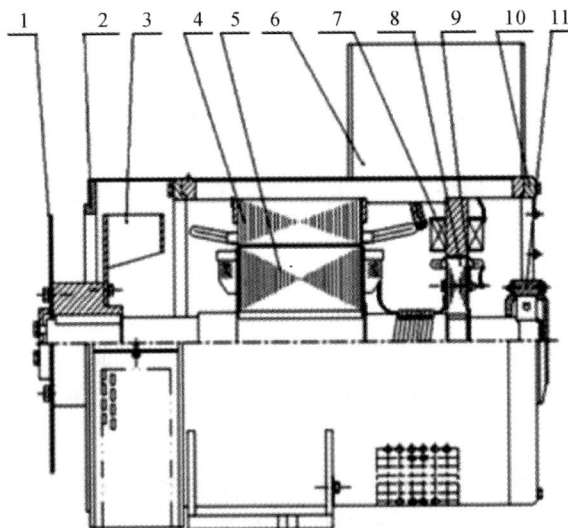

1—连接钢片及联轴器；2—前端盖；3—风扇；4—定子；5—转子；6—励磁调节器装配；
7—励磁机定子；8—励磁机电枢；9—励磁整流器；10—后端盖；11—后轴承及内外盖

图7.1　同步发电机结构示意图

7.1.2　同步发电机的分类

同步发电机的定子和转子中有一个是磁极,则另一个就为电枢。电枢主要由电枢铁芯和电枢绕组组成。电枢铁芯都是采用电工钢片冲制叠成,在它的槽内敷设电枢绕组。对于磁极,一般由磁极铁芯和励磁绕组组成,励磁绕组接通直流电后,就可以建立起励磁磁场。

1. 按照航空同步发电机结构形式分类

同步发电机按结构形式不同可以分为旋转磁极式和旋转电枢式两类,如图 7.2 所示。旋转磁极式电机,转子是磁极,定子是电枢,一般情况下磁极在电枢之内,如图 7.2(a),故也称之为内极式。转子的磁极励磁绕组电流要用两个滑环和电刷引入,这种结构形式的同步电机可以使电刷和集电环的负载大大减轻,工作条件得以改善,所以旋转磁极式结构已成为中、大型同步电机的基本结构形式。

旋转电枢式如图 7.2(b)所示,它的定子是磁极、转子是电枢,也称为内枢式。旋转磁极式和旋转电枢式这两种同步发电机虽然结构形式不同,但原理上它们没有本质区别。旋转电枢式的电枢绕组在转子上,因此所发出的电能必须用滑环和电刷引出。若是三相发电机就要用三只滑坏,而且和励磁绕组相比,电枢绕组的电压高、电流大,因此旋转电枢式一般要比旋转磁极式复杂,只宜在小容量或特殊的同步电机中应用。例如,变流机中的单相同步发电机以及无刷电机中的励磁发电机,就是采用旋转电枢式结构。

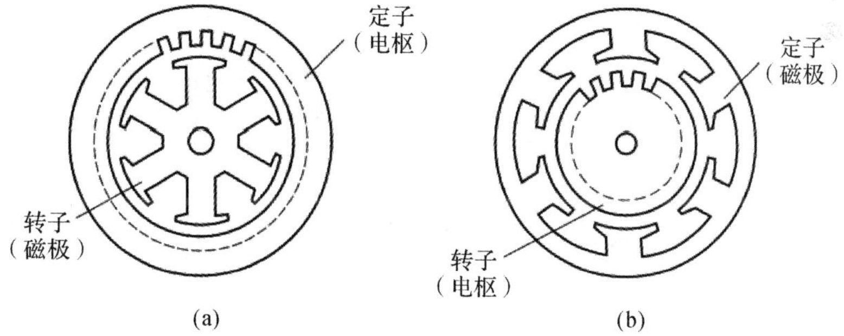

图 7.2 同步发电机两种结构形式示意图
(a)旋转磁极式;(b)旋转电枢式

2. 按照同步发电机的主磁极结构形状分类

同步发电机按磁极结构形状不同可以分凸极式和隐极式两种基本型式。如图 7.3 所示即为这两种结构的截面示意图。凸极结构如图 7.3(a)所示,它有着明显的磁极外形,气隙不均匀,励磁绕组通电后,相邻磁极交替出现 N 极和 S 极。对于低速同步电机,由于转子的圆周速度较低、离心力较小,一般采用制造简单、励磁绕组集中安放的凸极式结构比较合理,例如航空同步发电机几乎都是凸极结构的,其中磁极铁芯采用电工钢片冲制叠成,这种结构在电力工业中的小容量发电机以及大容量低速发电机(如水轮发电机)中也广泛采用。

隐极结构没有明显的极形,在圆柱体的磁极铁芯上开有一些槽,把隐极式转子做成圆柱形状,气隙均匀,励磁绕组就嵌在这些槽内,隐极结构的截面如图 7.3(b)所示。这种结构对于高速同步电机,从转子机械强度和妥善地固定励磁绕组考虑,应用隐极式结构较为可靠,例如在大型和高速的汽轮发电机中就使用了隐极式同步发电机。

3. 按照同步发电机有无电刷滑环分类

同步发电机按有无电刷滑环,可分有刷和无刷两种。图 7.4 为有刷航空同步发电机的结构原理图。

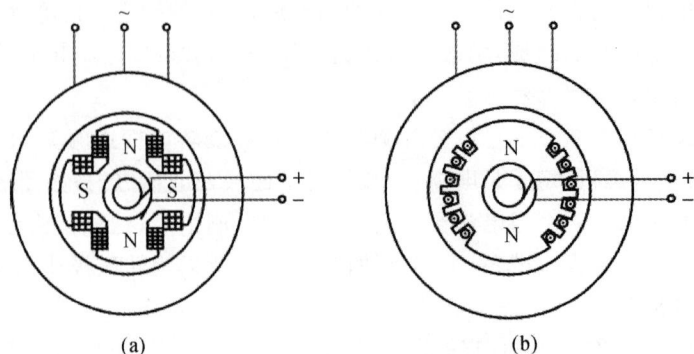

图 7.3　同步发电机两种结构形式示意图

(a)凸极式;(b)隐极式

而现代飞机广泛采用的是旋转整流器式无刷同步发电机,本篇将在后面重点对这种同步发电机加以分析和讨论。

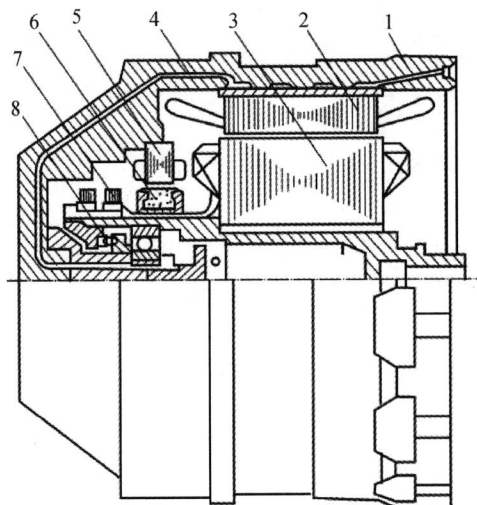

1—机壳;2—主发电机定子;3—主发电机转子;4—冷却油道;5—励磁机定子;
6—励磁机永磁转子;7—电刷与滑环;8—动密封组件

图 7.4　有刷航空同步发电机结构原理图

7.1.3　同步发电机的工作原理

1.三相同步发电机基本原理

同步发电机的定子上装有对称的三相绕组,转子上装有励磁线圈,如图 7.5(a)所示为同步发电机原理图。

励磁线圈(转子绕组)由直流电源供电,转子磁极产生一定极性的磁场。当转子被原动机带动沿一定的方向转动时,在对称三相定子绕组中产生对称的三相感生电动势。其三相感生电动势的解析式是:

$$e_A = E_m \sin(wt)$$

$$e_B = E_m \sin(\omega t - 120°)$$

$$e_C = E_m \sin(\omega t + 120°) \tag{7.1}$$

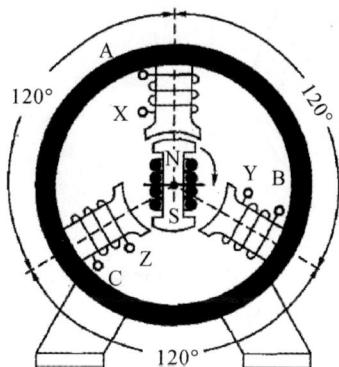

图 7.5 同步发电机原理图

同步发电机的感应电势由电势的角频率、初相位和大小这三个基本要素所决定。设转子的转速为 n，转子的极对数为 p，则定子三相绕组中三相感生电势的频率为

$$f_1 = \frac{pn}{60} \tag{7.2}$$

航空同步发电机三相感生电势的频率为 400 Hz，则 $pn = 60f_1 = 24\,000$ r·min^{-1}。即在不同的转速下，同步发电机的转速可以通过公式确定。

将三相定子绕组与用电设备接通，则电机供给用电设备所需的三相交流电，电机作为发电机工作。如果三相定子绕组接了对称的三相负载，则在三相定子绕组中流过对称的三相电流。定子三相绕组中的对称电流将在电机中产生旋转磁场（详见 7.3.2 旋转磁场）。由于定子三相绕组中电流达到正的最大值的空间顺序与转子转向相同，故三相定子电流产生的旋转磁场的转向与转子的转向相同。三相定子电流产生的旋转磁场的转速 n_1，取决于定子电流的频率 f_1 及定子绕组的极对数 p_1，即

$$n_1 = \frac{60f_1}{p_1} \tag{7.3}$$

另由式(7.2)可知，转子转速为

$$n = \frac{60f_1}{p} \tag{7.4}$$

因定子绕组的极对数 p_1 一定做成与转子的极对数 p 相等，故

$$n = n_1 \tag{7.5}$$

这就是说，转子的转速 n 与定子三相绕组中的电流产生的旋转磁场的转速 n_1 相等，且转向相同，因此，这种电机称为同步电机。

图 7.6(a)是三相同步发电机工作原理示意图，图中静止的部分称为定子，旋转的部分称为转子。在一般同步发电机中，旋转的部分是磁极，以恒定不变的转速旋转。转子上有绕组，绕组中通以直流电流以后便可激励一磁场。定子上有许多槽，槽中安置导体，可以在其中感应出感应电动势。根据右手定则可知：当导体为 N 极磁场切割时，它的感应电势方向为流出纸面[图 7.6(a)中导体 A]；而当导体为 s 极磁场切割时，它的感应电势方向便为流入纸面。转子

旋转时,导体交替地为 N 极和 s 极磁场所切割,因此每根导体中的感应电势方向是交变的。

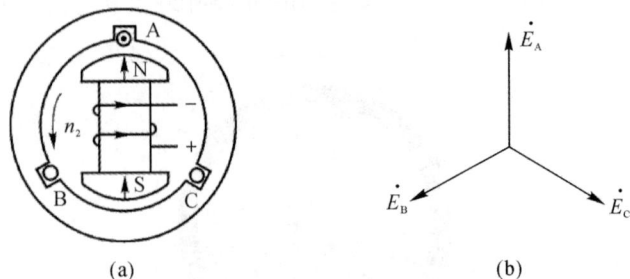

图 7.6　同步发电机原理示意图
(a)工作原理示意图;(b)电动势矢量

在图 7.6(a)中,磁通首先切割 A 相导体,当转子转过 120°及 240°后,磁通再依次切割 B 相导体和 C 相导体。因此,A 相的感应电势便超前 B 相感应电势 120°,B 相的感应电势又超前 C 相感应电势 120°。

于是得到如图 7.6(b)的相量关系,三相电势的大小相等,相位互差 120°,这就是三相同步发电机的简单工作原理。

7.1.4　同步发电机的电枢反应

1.同步发电机的旋转磁场

在前面分析同步发电机工作原理时说过,当对称的三相电流流过对称的三相绕组时,将在空气隙中产生旋转磁动势,由旋转磁动势建立旋转磁场,它的旋转速度为同步发电机的同步转速,即 $n=60fp$,它的旋转方向是从带有超前电流的相转向带有滞后电流的相。而当某相电流达到最大值的瞬间,旋转磁动势的振幅刚好转到该相绕组的轴线处。

同步发电机只要在其定子三相绕组中通过三相对称的电流,都将在气隙中产生旋转磁动势,由旋转磁动势建立旋转磁场。因为该旋转磁场是由交流电流激磁产生的,所以又称该磁场为交流激励的旋转磁场。而航空同步发电机的定子绕组又称为电枢绕组,因此又把该磁场称为电枢磁场。

在同步发电机的转子上装有直流励磁的磁极,它和转子无相对运动。当转子旋转时,在气隙中又形成了另一种旋转磁场。该旋转磁场是由直流电流励磁,又因为随转子一起旋转,常常称为直流励磁的旋转磁场或者机械旋转磁场。

正是因为同步发电机中存在这样两类不同的旋转磁场,所以同步电机的分析方法,以及同步电机的特性和后面要介绍的感应电机具有不同的性能。

既然在航空同步发电机的气隙中存在两种不同方式产生的旋转磁场,只要这两个旋转磁场在空间上有位移,那么它们之间就要产生电磁力,就像两块磁铁之间存在着相互作用力一样。

2.同步发电机的电枢反应

从前面的分析知道,对称三相绕组中流过三相对称负载电流时所产生的电枢磁动势的基波是一个旋转磁势波,其转速为 $n=60f_1p=n_1$,即同步发电机电枢磁动势的基波与励磁磁动势的转速相等。同时电枢磁动势的基波与励磁磁动势的转向为沿通电相序 A－B－C 的方向。

由此可见,电枢磁动势的基波与励磁磁动势同转速、同转向,彼此在空间上始终保持相对静止关系。正是这种相对静止,使电枢磁动势的基波与励磁磁动势之间的相互关系保持不变,从而共同建立数值稳定的气隙磁场和产生平均电磁转矩,实现机电能量的转换。

与同步发电机空载运行相比较,同步发电机在带对称负载以后,发电机内部的磁动势和磁场将发生显著变化,会使发电机端电压发生变化,还将影响到发电机的机电能量转换和运行性能,这些变化主要是由于电枢磁动势的出现所致。

(1)电枢电流与励磁电势同相($\varphi=0°$)。当$\varphi=0°$时(负载为纯阻性负载),同步发电机输出的负载电流和空载电动势是同相位的,有功功率将从发电机输送到电网。由于此时功率因数为1,因而该同步发电机不发出无功功率。如图7.7(b)表示同步发电机$\varphi=0°$时的矢量图。

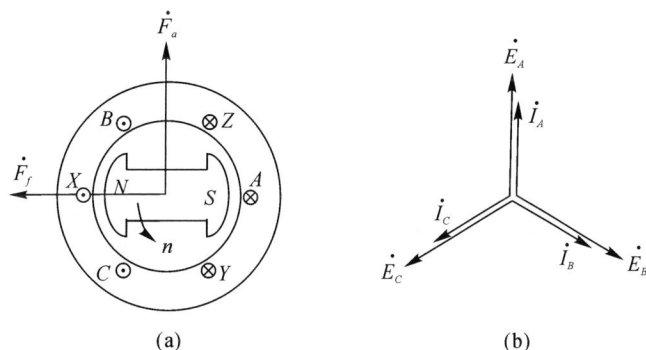

图 7.7 $\varphi=0°$时同步发电机的电枢反应
(a)原理图;(b)矢量图

这瞬间 A 相的电动势最大,所以 A 相的电流也是最大值,各相电流取向如图 7.7(a)所示,因此电枢磁场的磁动势轴线在 A 相轴线位置,用矢量$\dot{F}_a$表示,与励磁磁场的磁动势$\dot{F}_f$相垂直,称为交轴电枢反应。与直流电机的交轴电枢反应类似,同步发电机的交轴电枢反应会使主磁场发生变形,不会改变主磁场的大小。

(2)$\varphi=90°$时的电枢反应。$\varphi=90°$时(负载为纯感性负载),同步发电机带纯电感性负载,输出的负载电流滞后于空载电动势$90°$,如图7.8(b)所示表示同步发电机$\varphi=90°$时的矢量图。

此时 A 相电流为零,如图7.8(a)所示标出了三相电流的实际取向。由此可见,$\dot{F}_a$与$\dot{F}_f$同在直轴轴线上,但方向相反,电枢磁势会削弱主磁场,称为直轴去磁电枢反应。

所以当电枢反应为去磁时,为了要得到所需的气隙磁场,原有的直流励磁电流就需要增大,,即此时同步发电机处于过励磁状态。

(3)$\varphi=-90°$时的电枢反应。$\varphi=-90°$时(负载为纯容性负载),输出的负载电流超前于空载电动势$90°$,如图7.9(b)所示表示同步发电机$\varphi=-90°$的矢量图。

此时 A 相电流为零,如图7.9(a)所示标出了三相电流的实际取向,可见,$\dot{F}_a$与$\dot{F}_f$同在直轴轴线上,方向相同,电枢反应为纯增磁作用,合成后的磁动势的幅值将增加,为直轴增磁电枢反应。

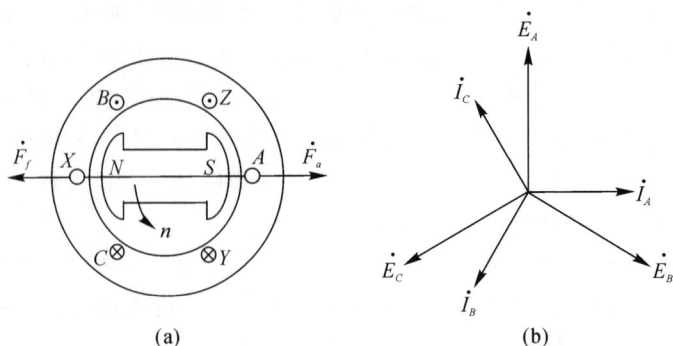

图 7.8 $\varphi = 90°$ 时同步发电机的电枢反应

(a)原理图;(b)电动势矢量图

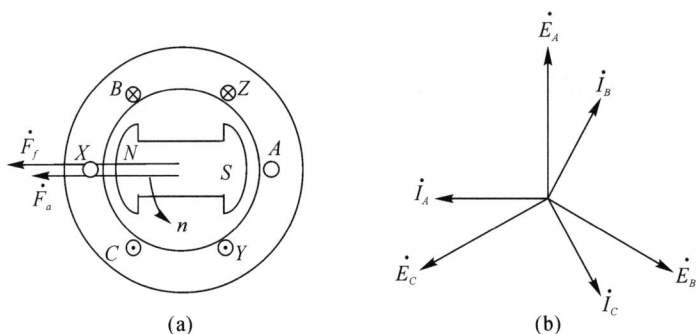

图 7.9 $\varphi = -90°$ 时同步发电机的电枢反应

(a)原理图;(b)电动势矢量图

所以当电枢反应为增磁时,为了要得到所需要的气隙磁场,原有的直流励磁电流就需要减少,即此时同步发电机处于欠励磁状态。

3.电枢反应对同步发电机能量转换的影响

电枢反应的存在是同步发电机实现能量传递的关键,当同步发电机空载运行时,定子绕组开路,没有负载电流,不存在电枢反应,因此也就不存在由转子到定子的能量传递。同步发电机带负载后,就产生了电枢反应,如图 7.10 表示了不同负载性质时电枢反应磁场与转子电流的相互作用的情况。

图 7.10(a)为 $\varphi = 0°$ 时,负载电流产生的交轴电枢磁场对转子电流产生电磁转矩的情况。根据左手定则知道,这时电磁力将形成一个电磁转矩,它的方向和转子的旋转方向相反,对转子旋转起到制动作用,此时交轴电枢磁场是由与空载电动势同相的电流分量产生的,所以发电机要输出有功功率,航空发动机就必须克服由于有功电流分量引起的阻力转矩,输出的有功功率越大,有功电流分量越大,交轴电枢反应就越强。所产生的阻力转矩也就越大,这就需要发动机产生更大的推进力,这样同步发电机才能克服电磁反转矩,以保证同步发电机的转速不变。

图 7.10(b)为 $\varphi = 90°$ 和(c)为 $\varphi = -90°$ 时,负载电流的无功分量所产生的直轴电枢反应磁场与转子电流相互作用所产生的电磁力的情况,它们不形成转矩,并不妨碍转子的旋转。这些

表明,当同步发电机的负载为纯电感或者纯电容的无功功率负载时,并不需要发动机增加能量,但是直轴电枢磁场对转子磁场起到去磁作用或增磁作用,所以为了维持一定电压,所需要的转子直流励磁电流也就应增加或减少。

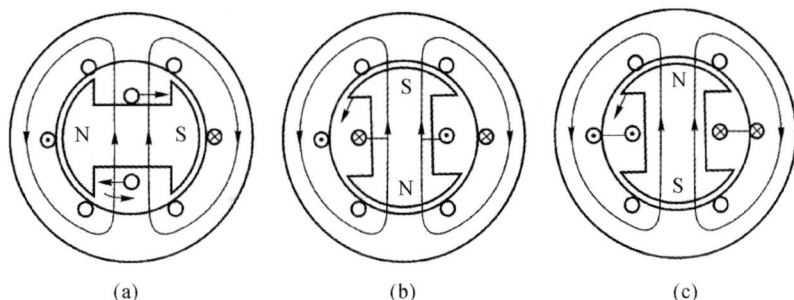

图 7.10　不同负载性质时电枢反应磁场与转子电流的相互作用

(a)$\varphi = 0°$;(b)$\varphi = 90°$;(c)$\varphi = -90°$

综上所述,为了维持同步发电机的转速不变,必须随着有功负载的变化调节发动机的输入功率;为了维持发电机端电压不变,必须随着无功负载的变化,调节转子直流励磁电流。

7.1.5　同步发电机的工作特性

同步发电机的稳态运行特性是指同步发电机转速为额定值且保持恒定,并供给三相对称负载时的一种稳态运行方式。它是同步发电机最基本的运行方式。

同步发电机的稳态运行特性是确定电机主要参数、评价电机性能的基本依据。同步发电机在对称运行时,其主要变量有端电压 U、电枢电流 I、励磁电流 I_f 和功率因数 $\cos\varphi$。来表示这些变量之间关系的函数或曲线就是航空同步发电机的基本特性。一般用特性曲线只能表示两个变量之间的关系,即:

(1)空载特性:

当 $I = 0$ 时,

$$E_0 = f(I_f)$$

(2)外特性

当 I_f、$\cos\varphi$ 及 n 为一定常数时,

$$U = f(I)$$

(3)调节特性:

当 U、$\cos\varphi$ 为一定常数时,

$$I_f = f(I)$$

1.同步发电机的空载特性

同步发电机的空载特性是指同步发电机运行时 $n =$ 常数,$I = 0$ 时,电动势 E_0 与励磁电流 I_f 之间的关系 $E_0 = f(I_f)$。图 7.11 所示为同步发电机空载特性曲线图。

根据空载时的电磁过程:

$$I_f \rightarrow F_f \rightarrow E_0$$

每相定子绕组的感应电动势为

$$E_0 = 4.44 f N k_{N1} \Phi_0 \qquad (7.6)$$

式(7.6)中，E_0 也称为空载电动势。若改变励磁电流 I_f，则可以改变主磁通 Φ_0，同时空载电动势 E_0 也将发生改变。

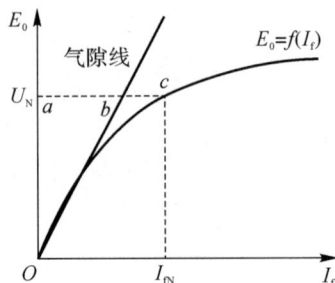

图 7.11　同步发电机空载特性曲线图

由图 7.11 可知，当励磁电流较小时，由于磁通较小，发电机磁路没有饱和，空载特性呈直线；随着励磁电流的增大，磁路逐渐饱和，磁化曲线开始进入饱和段。磁路饱和后，需磁动势迅速增大，为了合理地利用材料，空载额定电压一般设计在空载特性的刚好弯曲处，如图 7.11 中的 c 点，c 点也叫特性曲线的拐点。（气隙线：不计铁芯磁阻的空载特性曲线，就是空载特性在线性部分的延长线。）

空载特性在同步发电机理论中有着重要作用：

(1)将设计好的发电机的空载特性与标准空载曲线的数据相比较，如果两者接近，说明同步发电机设计合理，反之，则说明该发电机的磁路过于饱和或者材料没有充分利用。如果太饱和，将使励磁绕组用铜过多，且电压调节困难；如果饱和度太低，则负载变化时电压变化较大，铁芯利用率较低，铁芯耗材太多。

(2)空载特性曲线结合短路特性曲线可以求取同步发电机的参数。

(3)同时可以通过测取空载特性曲线来判断三相绕组的对称性以及励磁系统的故障。

2.同步发电机的外特性

外特性，即发电机在一定的转速、励磁电流和功率因数时，同步发电机端电压 U 随负载电流 I 变化之间的关系，即 $n=$ 常数，$I_f=$ 常数，$\cos\varphi=$ 常数时，$U=f(I)$。

图 7.12 所示表示了三相同步发电机外特性曲线，它表示了同步发电机在带不同功率因数负载时，同步发电机具有不同的外特性。

外特性曲线说明同步发电机的端电压会随负载电流的变化而变化。负载的变化包括负载数量(负载大小)的变化和负载性质(功率因数)的变化。端口电压变化的原因有二，原因之一是励磁电流一定而负载电流变化时，由于电枢反应作用将使电机气隙磁场及气隙电势发生变化，这是主要原因，原因之二是由于绕组的电阻、漏抗的压降随负载电流的变化而变化，因此端电压将随之而变化。其中，对于电感性负载，主要由于电枢磁场的直轴分量起去磁作用，因此随电流增加时电压下降较大；对于电容性负载，则主要因直轴电枢反应的增磁作用，故端电压可能很少下降，甚至随负载电流增加而升高。由此足以解释负载性质对外特性的影响。

同步发电机的电压随负载而变化，其大小可用电压变化率 ΔU 表示，它是衡量发电机性能的一个重要指标。图 7.13 为根据外特性求电压调整率的曲线图。

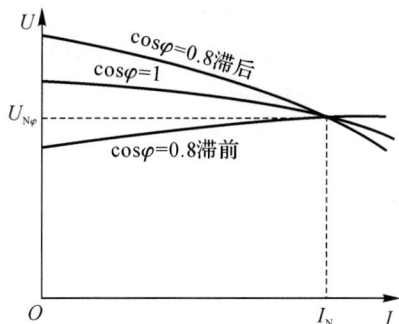

图 7.12 同步发电机外特性曲线

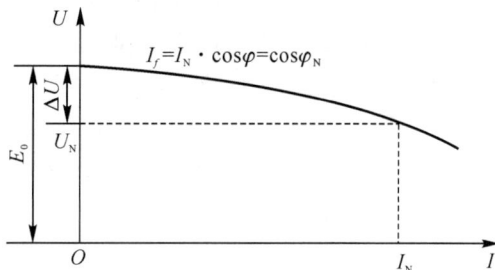

图 7.13 电压调整率的曲线

电压变化率 ΔU 按我国标准规定为:额定电压和额定负载情况下,切除负载而不改变励磁电流时,电压升高的相对百分数,即

$$\Delta U = \frac{E_0 - U_N}{U_N} \times 100\% \tag{7.7}$$

为了使同步发电机的端电压不随负载电流的变化而剧烈波动,一般要求电压变化率应尽量小,例如,航空同步发电机的 ΔU 大多为 30% 左右,比一般地面同步发电机要略低一点。这主要因为航空同步发电机的磁路饱和程度要高些,因此电枢反应效果也相对要弱一点。

3. 同步发电机的调节特性

由外特性可知,由于负载变化会引起电压变化,而电网要求电压不变,那么就必须通过调节励磁电流来对负载变化而引起的电压变化来进行补偿,这就是调节特性。调节特性曲线就是反映这一规律,即功率因数和转速一定时,为保持同步发电机的端电压不变,励磁电 I_f 随负载电流 I 变化的规律 $I_f = f(I)$。和外特性相对应,不同负载性质的调节特性也不一样。

图 7.14 的调节特性曲线表示了端电压为额定电压,不同负载功率因数的调节特性,调节特性的变化趋势和外特性刚好相反。例如,当感性负载电流增大时,要维持端电压不变,则励磁电流也要相应增加,感性负载要比电阻负载增加得更多一些,而容性负载则是当负载电流增大时将励磁电流减小。

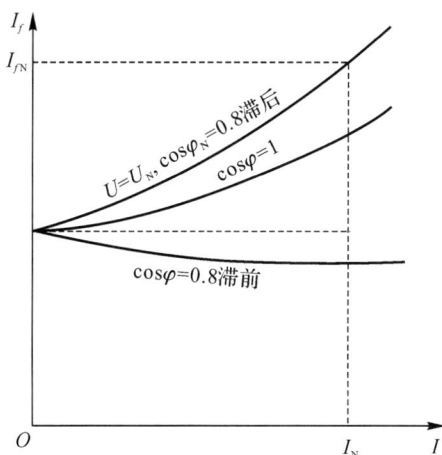

图 7.14 同步发电机调节特性曲线

　　航空同步发电机要和电压调节器配套工作,以自动的调节励磁维持发电机端电压基本恒定不变。所以调节特性是电压调节系统的设计依据,一个发电机如果调节特性差,即要维持电压不变则励磁电流调节量要大,这就会加重调节器的负担,或影响调压精度。

　　同步发电机在不同性质负载时,外特性和调节特性是不一样的。所以,不仅要注意电压、电流的额定值,而且必须注意发电机铭牌所规定的负载性质。例如,航空同步发电机常以$\cos\varphi=0.8\sim1$(感性)为指标,如果使用时负载功率因数低于0.8(感性),这时,即使电压和电流为额定值,但励磁电流会超过额定值,这也是一种过负荷状态。

7.1.6　航空同步发电机的冷却方式

　　航空同步发电机在冷却方式上,目前主要有风冷和油冷两类。随着飞机的飞行高度和速度的提高,以及航空同步发电机的容量增大,其风冷方式已逐步为油冷方式代替。目前在航空同步发电机中得到普遍应用的油冷方式,有循油冷却和喷油冷却两种,简要介绍如下。

　　1. 循油冷却

　　利用飞机滑油循环通入发电机的机壳油路和转轴油路,由此将电机的损耗热量带走,即所谓循油冷却。

　　图 7.15 就是循油冷却的航空同步发电机结构示意图。冷却油从拖动端油入口进入电机机壳,循机壳上的螺旋油道通到小端盖,然后由小端盖的中心油口进入螺旋小轴的内孔,由于空心轴组件是盲孔,故冷却油将循轴内的螺旋油路返回,然后流动的滑油冷却和润滑轴承,并走小端盖的另一油槽再流至机壳的另一螺旋油道,最后从油口流出。冷却油循油道流动,吸收电机的损耗热量,流出的热油经冷却(常用飞机燃油米冷却)再循环使用。

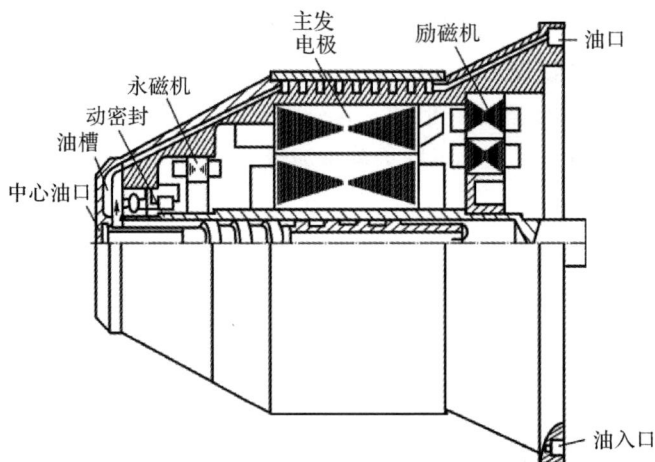

图 7.15　循油冷却的航空同步发电机结构示意图

　　循油冷却与强迫通风冷却相比,其主要优点是:①油的热容量比空气热容量大得多,因此冷却效果显著提高,电机体积重量可以缩小;②冷却介质及冷却效果与飞行条件关系不大,所以可适用于现代高速高空飞机;③冷却油可润滑和冷却电机轴承,因此可以提高轴承寿命和工作转速。

　　循油冷却方式存在两方面缺点:①冷却油没有与主要热源(如电枢绕组和励磁绕组)直接

接触,而是靠传导散热,因此影响了冷却效果;②结构上需动密封。动密封是轴上为了防止冷却油渗入电机内腔而设置的一副滑动接触组件,它结构复杂,容易磨损,因此影响电机的寿命和可靠性,增加了维护要求。

2.喷油冷却

喷油冷却是指将冷却油喷成雾状直接与电机发热部位接触而将热量带走的冷却方式。这种方式既具有油导热效果好的特点,又保存了气冷那样冷却介质直接与发热部位接触的优点。因此冷却效果显著提高,电机体积重量可以进一步缩小。图7.16为喷油冷却航空无刷同步发电机结构示意图。压力油从进油口经定子油道至电机非拖动端端盖,然后进入电机的空心轴。在空心轴内冷却,油经若干喷口呈雾状喷向电机各发热部位,使电机得到冷却。整个电机内腔充满油雾,而凝聚后的油汇集到油池由回油泵抽走,过滤冷却后再循环使用。

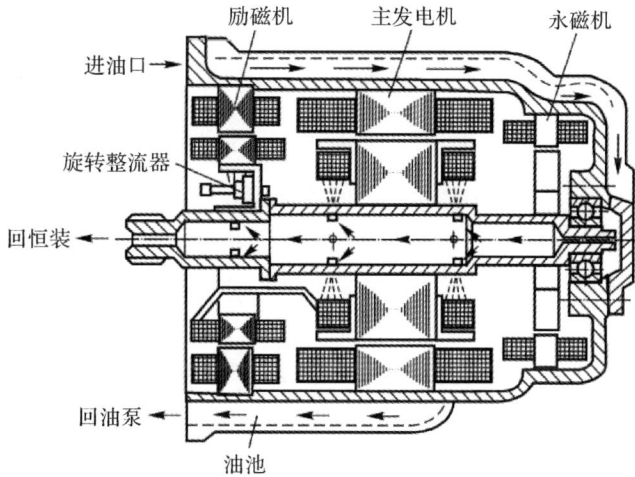

图 7.16　喷油冷却航空无刷同步发电机结构示意图

喷口应将油呈雾状喷出,雾化程度越好,则与发热体的接触面积越大,冷却效果就越好。而且雾化的油对导线绝缘的冲击作用也小。实现喷雾的方案有两种:

(1)喷嘴式方案。图7.17为一种喷嘴的结构,它有四个进油的小孔,压力油由此进入腔内后再从喷口喷出。在这种结构中,可由喷口大小和油压大小来控制雾化程度和喷油流量。由于有四个切向进油的小孔,故可以防止喷口堵塞,喷出的油雾又稍有旋转,以减少对导线固定点的冲击损伤。

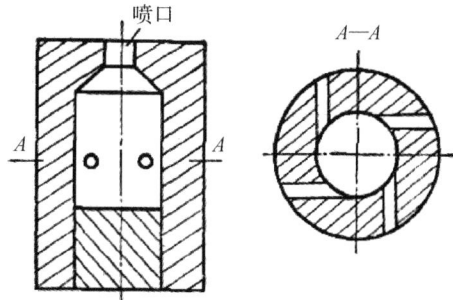

图 7.17　喷嘴的结构

(2)堤坝式方案。图 7.18 为堤坝式方案示意图。由图 7.18 可知,轴内的油主要靠离心力经导油杆进入环形的离心缓冲室,然后当油漫过堤坝处住外甩,同样呈雾状喷出。由于电机转速很高,离心力作用下油的成雾性也很好,冷却效果较好。

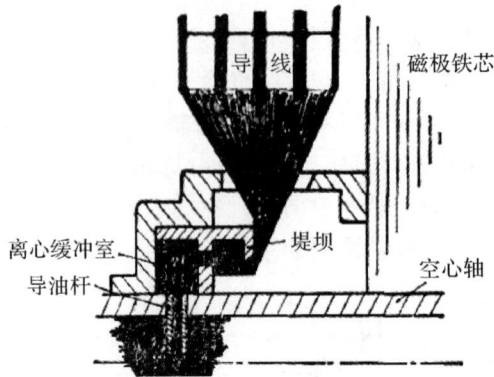

图 7.18　堤坝式喷油方案示意图

喷油冷却方式显示了很大的优越性,但与循油冷却方式比较,喷油冷却电机对冷却系统的要求和成本较高;油雾的直接冲击对绕组绝缘不利;另外,在高速情况下,由于油雾在电机内腔的搅拌,使电机损耗增加、效率降低。

7.2　航空同步发电机的结构和原理

航空同步发电机作为飞机交流电源设备,具有把飞机发动机的机械能转换为交流电能的功能,其原理和在工业中使用的同步发电机原理相似。

同步发电机主要作为发电机使用,所以本篇在研究交流电机基本知识的基础上,将以航空同步发电机为主要对象,讨论和研究它的原理、特性和特点。

7.2.1　航空同步发电机的励磁

飞机交流电源系统多采用电磁式交流发电机,其励磁系统对电源的可靠性和技术性影响很大。所谓励磁系统是指供给航空同步发电机励磁的装置。为了保证同步发电机的正常运行,励磁系统应该满足如下几方面的要求:

(1)当航空同步发电机从空载到满载以及过载时,应能够稳定地提供所需的励磁电流;

(2)当飞机电源系统发生故障而导致电网电压下降时,励磁系统应能快速强行励磁,以提高系统的稳定性;

(3)当航空同步发电机内部发生故障时,应能快速灭磁,以便迅速排除故障,并使故障局限在最小的范围内;

(4)励磁系统应能长期可靠地运行,且维护要方便,力求简单、经济。

航空同步发电机的励磁(激磁)绕组需要通过直流电励磁。航空同步发电机的种类可根据励磁方式划分。励磁方式有多种,按照励磁系统结构中是否带有电刷可分为有刷励磁和无刷励磁两大类,每一类中又包含自励与他励两种方式。此外,一些新的励磁形式,如谐波励磁、旋转整流器式无刷励磁等,不断出现并得到广泛地应用。

1.交流有刷发电机励磁

(1)他励式。由直流电网和直流励磁机励磁都属于他励。

飞机直流电网励磁电路如图7.18所示,由直流电网向飞机交流发电机提供励磁电流。当励磁绕组在转子上时,转子上必须有滑环,励磁电流经电刷、滑环流入励磁绕组。由于交流发电机的电枢反应比直流电机强,因此要求的励磁功率大。由飞机直流电网励磁虽然比较简单,但缺点很多:一旦飞机上直流电源损坏,必然会引起整个交流电源系统停止供电;电刷和花环使得工作条件受到限制;调压器消耗功率大,需要专门的通风冷却;调压器调节精度低,可靠性差等,这种励磁方式目前已经被淘汰。

直流励磁机励磁电路如图7.19所示,直流励磁机与交流发电机同轴旋转,并向交流发电机提供励磁电流。与前种励磁方式比较,其优点为:交流发电机的工作不依赖于直流电网,可靠性有所提高;调压器只调节直流励磁机的励磁电流,调压器的功率可以减小,但是,直流电机有电刷、整流器,交流发电机的励磁电流让要经过电刷、滑环流入励磁绕组,因此可靠性仍较低,也仅限于早期飞机使用。

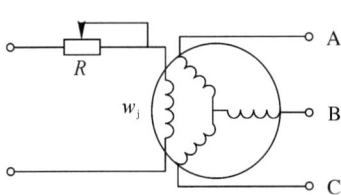

图7.18 直流电网励磁电路　　图7.19 直流励磁机励磁电路

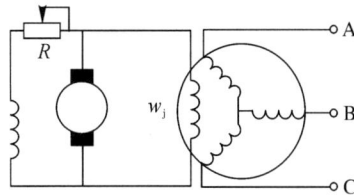

(2)自励式。与直流发电机相仿,交流发电机也可以用自励的方式,其原理如图7.20所示,发电机输出端的交流电压经过变压器B降压后,再经过整流器D整流成直流电供给励磁线圈w_j,改变励磁电路的电阻R就可以调节发电机的电压。

自励式交流发电机仅仅依靠发电机的剩磁很难可靠起励,为了可靠地起励必须在发电机的磁路中嵌入永久磁铁,以增大剩磁电动势。这种励磁方式的外特性较弱,即负载变化大时,发电机电压变化较大时,且发电机短路时将失去励磁,没有强励磁能力。

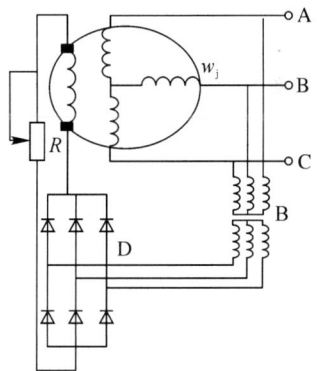

7.2.2　航空三级式同步发电机

图7.20 自励式电路原理

现代航空同步发电机大都采用无刷励磁系统。从有刷过渡到无刷的关键器件是旋转整流器。无刷同步发电机又分为三级式和两级式。

三级式航空无刷同步发电机由永磁式副励磁机、交流励磁机、旋转整流器、主发电机等组成。

在无刷同步发电机的转子上,安装着永磁式副励磁机的永磁转子、主励磁机的三相电枢绕组、三相旋转整流器、主发电机的励磁绕组;在定子上安装副励磁机的三相定子绕组、主励磁机的励磁绕组、主发电机的三相电枢绕组。

当航空发动机带动转子旋转时,永磁式副励磁机的永磁转子产生的磁通,永磁式副励磁机的三相定子绕组中产生三相感应电动势。永磁式副励磁机定子绕组产生的三相交流电经调压器变压整流后,供给交流励磁机励磁绕组所需的直流电。交流励磁机三相电枢绕组产生的三相交流电经同轴安装的三相旋转整流器整流后,供给交流发电机励磁绕组所需的直流电。交流发电机三相电枢绕组就可以产生用电设备所需的三相交流电。调压器根据主发电机的电压变化调整交流励磁机的励磁电流,来保证主发电机输出负载所需要的恒定电压。图 7.21 为三级式无刷同步发电机的原理线路图。

永磁式副励磁机的转子采用永磁式,可以保证主发电机不会失磁;电网短路时,永磁式副励磁机仍能提供保护装置所需的电源,同时,因永磁式副励磁机以及交流励磁机都仍能正常工作,可使交流发电机产生足够大的短路电流,以使保护装置能可靠地把交流发电机从电网断开,所以该航空同步发电机具有强行励磁能力,如图 7.21 所示的无刷同步发电机是一种特殊的他励式发电机。

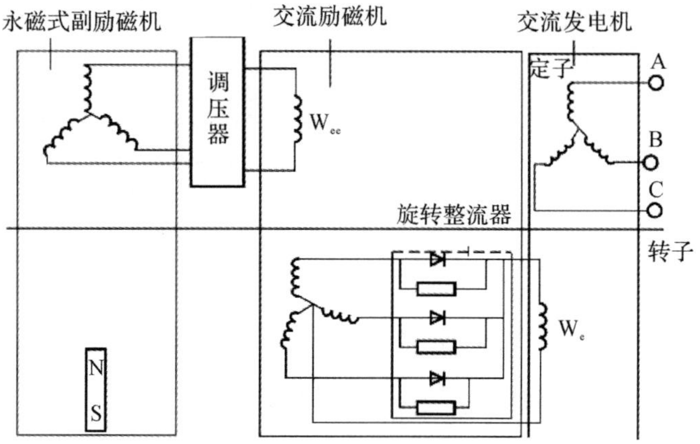

图 7.21 三级式无刷同步发电机的原理线路图

由于整个发电机没有电刷和滑环,可以采用直接喷油冷却方式,实现发电机内部的热量散失,从而就大大改善同步发电机的冷却条件。

三级式无刷同步发电机的优点是励磁可靠,主发电机输出短路时,具有强励磁能力。

7.2.3 航空两级式同步发电机

两级式无刷同步发电机由交流励磁机、旋转整流器、主发电机等组成。其原理线路图如图 7.22 所示。

两级式无刷同步发电机为旋转电枢式同步发电机,其发出的三相交流电经旋转整流器整流后供给主发电机的转子励磁绕组,这样就能省去了电刷和滑环,提高了运行可靠性。

图 7.23 是两级式无刷同步发电机的结构示意图。右侧为旋转电枢式同步发电机,转子电枢绕组发出的三相交流电经过装在转子上的整流器整流为直流电后,给左侧的旋转磁极式主发电机的励磁绕组供电,由主发电机定子电枢绕组输出三相交流电。

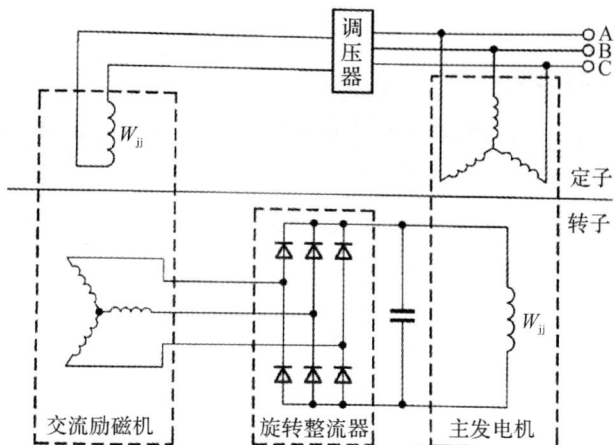

图 7.22 两级式无刷同步发电机的原理线路图

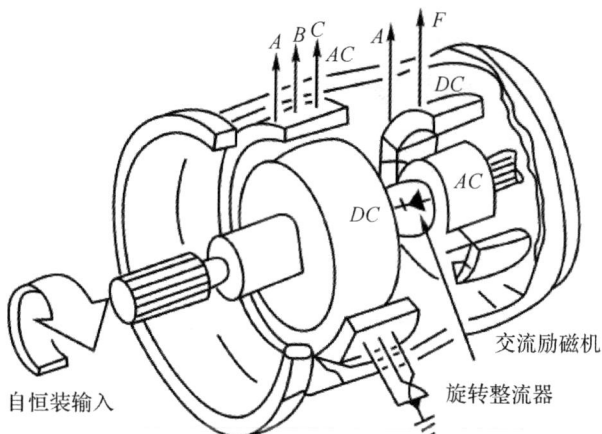

图 7.23 两级式无刷同步发电机的结构示意图

7.3 异步电动机的结构和原理

交流电机可分同步和异步两大类,而异步电机是一种应用最广的异步电动机。

异步电动机主要作电动机用。工农业生产中,如中小型轧钢设备、矿山机械、起重运输机械、各种机床、鼓风机、水泵和农副产品加工机械等广泛采用三相异步电动机来驱动,日常生活用的一些电气设备则大量应用单相异步电动机。异步电动机的主要特点是:结构简单可靠、价格低廉、相对重量轻、体积小、机械特性硬,但是转速调节复杂。根据统计,在电网的总动力负载为异步电动机约占 85% 之多。

在飞机上,由于采用交流电源系统,所以三相异步电动机广泛地应用在燃油和滑油系统(如燃油泵、滑油泵)、冷却系统(风扇)、操纵系统(驱动舵面、襟翼、副翼等)以及其他各种机构之中。而单相异步电动机用在诸如应急开锁、应急放油、大气通风活门、冲压空气排气风门,温度控制阀门等要求功率较小的电动机构中。随着飞机交流电源系统的发展,异步电动机将是主要的驱动电动机。

7.3.1　异步电动机的结构

　　和其他类型的航空电机一样,航空异步电动机必须在最小尺寸和最轻重量的条件下具有最大的输出功率。同时,它还必须在非常恶劣的环境条件下可靠地工作。

　　异步电动机由定子、转子和气隙等组成。转子按其结构可分为笼形和绕线形两种。图7.24 为航空三相感应电动机的结构。

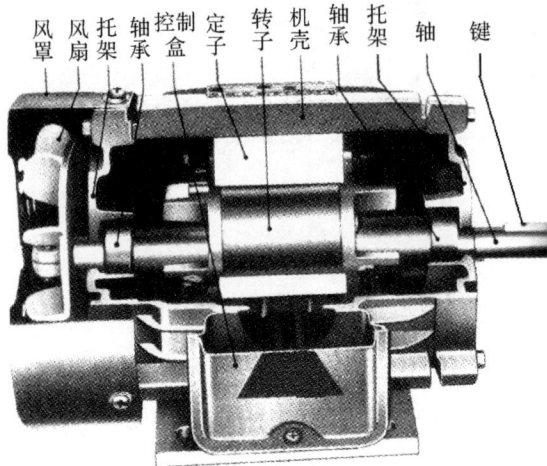

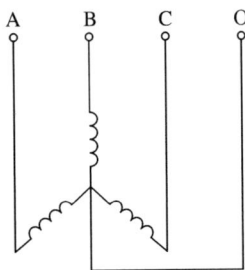

图 7.24　航空三相感应电动机结构　　　　图 7.25　航空三相感应电动机定子接线图

　　异步电动机的定子由定子铁芯、机壳、定子绕组等部分组成。

1. 定子

　　异步电动机中固定不动的部分称为定子。一般的三相鼠笼式异步电动机,定子在转子的外面,如图 7.26 所示。

　　机壳亦称机座,主要用来支承定子铁芯和固定端盖,一般用铝台金铸成,有时为了增加散热面积,机壳外表带有散热片。机壳和端盖采用铝合金,因为铝合金比较轻,而且也能够承受剧烈的冲击和振动(能承受 100 g 的冲击),同时铝合金也适合采用冷缩装配。定子铁芯和机壳采用冷缩装配后,不但配合牢固,而且能加强定子和机壳之间的热传导。这就有可能在大负载下,在环境温度高达 170 ℃条件下(远超过通常遇到的环境温度)运行。

　　航空三相感应电动机的定子绕组为 Y 形接法带中线(三相四线),四根引出线接至电源插头,其接线图如图 7.25 所示。采用中线接地的四线制系统,可以提高电动机运行的可靠性。因为这种接法当一相断开时,电动机仍能以不对称两相运行,两相断开时才是单相运行。而普通的 Y 或△接法,在一相断开时便是单相运行,两相断开时就不能工作了。当然,如果三相异步电动机要在两相下工作,就必须考虑到电动机转矩下降和损耗增加。

　　定子铁芯是电动机磁路的一部分,装在机座里。为了降低定子铁芯里的铁损耗,定子铁芯一般用 0.6 mm 或 0.35 mm 厚的优质电工钢片冲制叠压而成,可用铆钉固紧,或采用电子束焊接紧,各片之间互相绝缘,以减少涡流损耗。当铁芯直径小于 1 m 时,用整圆的硅钢片叠压而成,大于 1 m 时,用扇形硅钢片叠压而成,图 7.26 为三相鼠笼式异步电动机定子铁芯与定子冲片示意图。

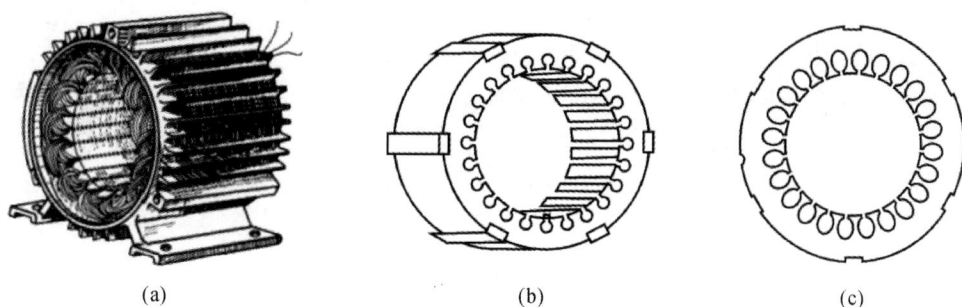

图 7.26　三相鼠笼式异步电动机定子

(a)定子结构示意图；(b)定子铁心；(c)定子冲片

2.气隙

定转子之间空气隙的大小直接影响到电机的性能，在设计和制造异步电动机时，必须要考虑这一重要因素。异步电动机的空气隙比其他类型的电机为小，一般为 0.15~0.3 mm。

感应电动机的励磁电流是由定子电源供给的。气隙大时，要求的励磁电流也大，从而影响电动机的功率因数。为了提高功率因数，应尽量让气隙小些，但也不能太小，否则定子和转子有可能发生摩擦或者碰撞，同时装配困难，可靠性差，谐波损耗大，起动性能差。所以从减少附加损耗以及减少高次谐波磁通势产生的磁通角度来看，气隙大些也有好处。

3.转子

异步电动机的转子由转子铁芯、转子绕组、转轴和风扇(如果有的话)等部分组成。转子铁芯和定子铁芯一样，也是由 0.35 mm 或 0.5 mm 厚的电工钢片叠压而成。将轴滚花、热套或者用键槽配合把转子铁芯直接固定在转轴上。容量较大的电动机其转子铁芯则通过铝合金衬套紧固在转轴上。

(1)鼠笼形转子的绕组。鼠笼形转子的绕组是由安放在转子铁芯槽内导条和两端的端环连接而成。绕组的材料有铜和铝两种。铜条绕组是把裸铜条插入转子铁芯的槽内，两端由两个铜端环与全部铜条焊接而成短路回路，如图 7.27(a)所示。铸铝绕组是用熔化了的铝液直接浇铸在转子铁芯的槽内，并在铁芯两端铸成端环和风叶，如图 7.27(b)所示。若把转子铁芯拿掉，则可以看出，剩下的转子绕组形状就像个松鼠笼子，如图 7.27(c)所示，因此叫鼠笼形转子。

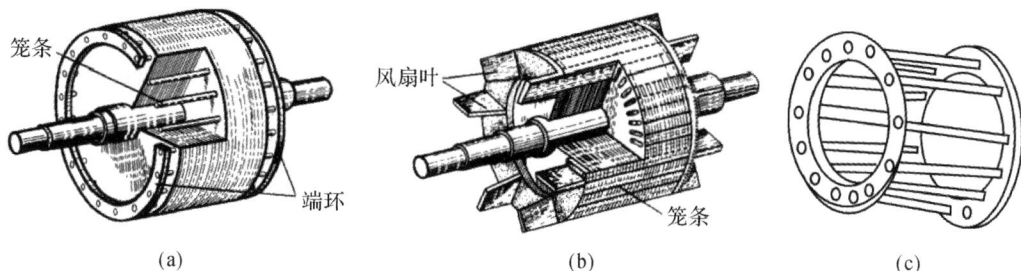

图 7.27　鼠笼形转子

(a)铜条绕组转子；(b)铸铝绕组转子；(c)鼠笼形转子绕组

（2）绕线形转子。绕线形转子的绕组与定子绕组相似，如图 7.28 所示，做成三相绕组，在内部接成 Y 形或接成△形，三根引出线分别接到装在转轴上的三个滑环上，转子绕组通过滑环和电刷可以外接变阻器，以改善电动机的起动性能或调节电动机的转速。在有的绕线形异步电动机中，还装有电刷装置，当外接电阻全部被切除时，将滑环短路，并把电刷提起，以减少摩擦和电刷磨损。绕线形电动机因有滑动接触，目前在航空上尚未应用。

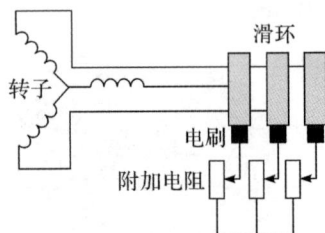

图 7.28　绕线形转子绕组

转轴是用来支承转子并通过它带动负载的。由于转轴的强度要求较高，一般选用优质合金钢制成。

风扇的作用是加强电机的通风散热，在笼形异步电动机中，除了铸铝转子两端铸有风叶外，根据不同的风路系统，还装有其他型式的风扇。对于大容量的异步电动机，为了达到体积小重量轻的目的，也可采用液体冷却方式。

轴承是电动机的薄弱环节。通常在铝端盖中有不锈钢轴承衬套，可以防止铝机壳在低温下收缩较大而卡住轴承的外环，因为这种不锈钢衬套和轴承钢的膨胀系数相同。在有些电动机中，一个轴承的外环是轴向锁定的，从而经得起强烈的冲击和振动。轴承需要预先加载以防滚珠打滑和轴的轴向窜动，这样可以延长轴承的寿命和减少噪音。轴承的间隙应该适当，以便获得较长的使用寿命。轴承的润滑剂对航空电动机是特别重要的，因为航空电动机往往是高速运转。另外还需要保证电动机能在 $-55℃$ 到 $+60℃$ 环境温度下正常工作。因此要求航空轴承润滑油在低温下能保持其润滑性，在高温下又能保持其浓度。浸在燃油中的油泵电动机和浸在冷却液中的泵用电动机一般都采用泵用的液体来润滑，有时采用密封式或屏蔽式轴承。密封式轴承能防止润滑液外流和灰尘进入，屏蔽式轴承允许润滑液外流，但能防止大的灰尘粒子进入。油泵电动机采用石墨滑动轴承。

总之，由于在设计上、工艺上、结构上和材料上的特殊考虑，航空异步电动机的质量在不断地改进，以满足航空和空间技术日益发展的需要。

7.3.2　异步电动机的旋转磁场

异步电动机的旋转磁场，在三相定子绕组中通入三相交流电，或者在两相定子绕组中通入两相交流电，都可在定子内部空间产生一个旋转的磁场。

1. 三相旋转磁场

利用三相交流电通入三相定子绕组产生的旋转磁场，叫三相旋转磁场。

（1）三相旋转磁场的产生。AX\BY\CZ 分别代表定子上的三相绕组，现分别通入三相交流电流 i_1\i_2 和 i_3 如图 7.29 所示。由于通入绕组的电流是交流电，因此，这里统一规定：在三个绕组中，当电流的瞬时值为正时，电流的实际方向由头流向尾（即由 A\B\C 流向 X\Y\Z）；电流的瞬时值为负时，电流的实际方向由尾流向头（即由 X\Y\Z 流 A\B\C）。下面我们逐一分析各个瞬间在定子中产生的磁场是怎样的。

在 t_1 瞬间（即在 0°时），从图 7.29 中曲线看出，$i_1=0$，i_2 与 i_3 大小相等但符号相反。i_2 为负值，它的实际方向是从 Y 流入，从 B 流出；i_3 为正值，它的实际方向是从 C 流入，从 Z 流出。然后用线圈右手定则可以找出这两组线圈通电流后产生合成的方向是朝下的，磁场方向正好与线圈 AX 所在平面相重合,如图 7.29(b)所示 t_1 时刻。

到 t_2 瞬间(即电流变化了 120°),i_2 变化到 0,i_1 和 i_3 大小相等但符号相反。i_1 为正值,它的实际方向是从 A 流入,从 X 流出;i_3 为负值,它的实际方向是从 Z 流入,从 C 流出。这时合成磁场的方向指向右上方,正好与 BY 所在平面相重合,如图 7.29(b)所示 t_2 时刻。与 t_1 瞬间相比,合成磁场沿逆时针方向旋转了 120°。

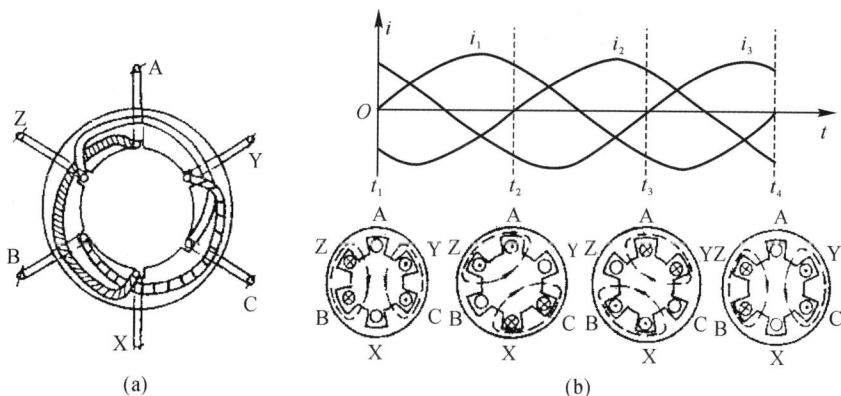

图 7.29　三相旋转磁场的产生
(a)示意图;(b)曲线图

到 t_3 瞬间(即电流变化了 240°),用同样的方法可以分析出合成磁场又沿逆时针方向旋转了 120°,如图 7.29(b)所示 t_3 时刻。

到 t_4 瞬间,电流变化了一周(即电流变化了 360°),合成磁场又旋转了 120°,转到 t_1 瞬间所在的位置,如图 7.29(b)所示 t_4 时刻。

综合起来就可以看出,当三相电流随时间不断变化时,在定子内部空间合成磁场的方向就不断地按逆时针方向旋转,形成了一个旋转的磁场。

对称三相电流在定子绕组中产生的旋转磁场的磁通,其大小是固定不变的,即在任何瞬间,旋转磁通是一样的,这种磁通固定的旋转磁场,叫做圆形旋转磁场。

(2)三相旋转磁场的旋转方向。在图 7.30 中,输入三相绕组 AX\BY 和 CZ 的电流分别为 i_1\$i_2$\$i_3$,即三相电流的相序为 A－B－C,这时旋转磁场的旋转方向也是 A－B－C(即逆时针方向),因此,旋转磁场的旋转方向与相序是一致的。

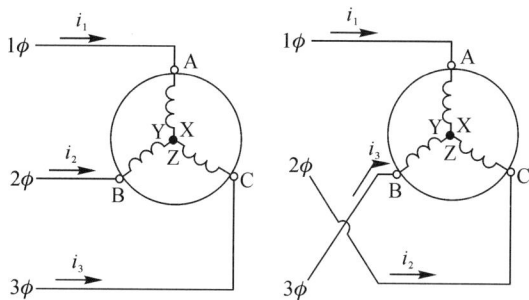

图 7.30　改变相序以改变旋转磁场的方向

由于三相旋转磁场的旋转方向取决于三相电流的相序,因此,变更三相绕组和电源相接的任意两个接头,就改变了三相电流的相序,从而也就改变了旋转磁场的旋转方向。例如,将三绕组 B\C 两相互换,即让 i_2 流入绕组 CZ,i_3 流入绕 BY,则三相电流的相序变为 A-C-B,相应地旋转磁场的转向也就变为 A-C-B 了。如图 7.30 所示,原来 AX 接在电源的"1"端,CZ 改接到电源的"2"端,旋转磁场的旋转方向也就改变了。

(3)三相旋转磁场的转速。三相旋转磁场的转速,是指旋转磁场在每分钟内所旋转的圈数,用符号 n_1 表示。

前面分析的是一对磁极的三相旋转磁场(与一对磁极的直流电机的磁路对比就可以看出),当三相电流变化一周时,旋转磁场也正好转一圈,当三相电流变化两周时,旋转磁场就转了两圈,当电源的频率为 f 时,三相电流每分钟将变化 60 周,因此旋转磁场的转速为

$$n_1 = 60f$$

在有些三相异步电动机中,可以获得两对或多对磁极的旋转磁场。下面来分析三相四极(即两对磁极)旋转磁场的产生及其转速。

在图 7.31(a)中的三相定子中,是将每一相绕组分成相同的两组,分别装在定子上相隔 180°的位置,然后串联起来组成一相绕组,而三相绕组的对应端之间相隔 60°空间角。当通入三相交流电后,就会产生四极旋转磁场,现具体分析如下:

在图 7.31(b)中,在 t_1 瞬间(即在 0°时),从曲线图中看出,$i_1 = 0$,i_2 与 i_3 大小相等但符号相反。i_2 为负值,它的实际方向是从 Y 流入,从 B 流出;i_3 为正值,它的实际方向是从 C 流入,从 Z 流出。图中画出了 t_1 瞬间的磁场分布情况,可以看出它是一个四极磁场(即两对磁极的磁场),而且 N 极一个在右,一个在左。

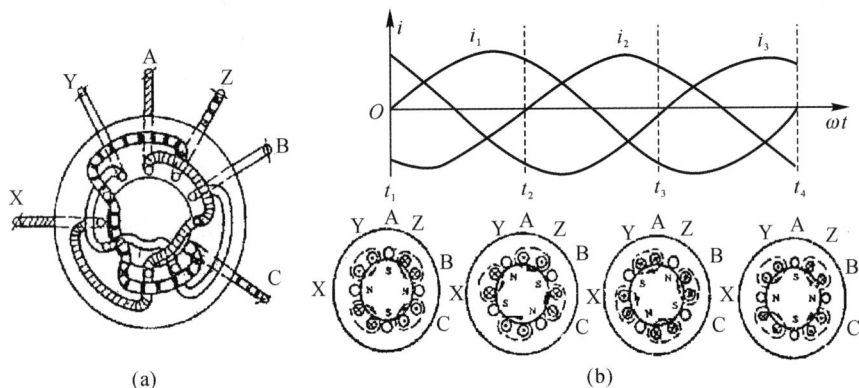

图 7.31 旋转磁场转速与磁极对数的关系

到 t_2 瞬间(即电流变化了 120°),i_2 变化到 0,i_1 和 i_3 大小相等但符号相反。i_1 为正值,它的实际方向从 A 流入,从 X 流出;i_3 为负值,它的实际方向从 Z 流入,从 C 流出。这时合成磁场的 N 极位于右偏下 60°。与 t_1 相瞬间相比,合成磁场沿顺时针方向旋转了 60°。

同理,到 t_3 瞬间,合成磁场又旋转了 60°;到 t_4 瞬间,合成磁场再旋转 60°。

综合以上分析可以看出:当三相交流电变化一周时,具有两对磁极的三相四极旋转磁场在空间只转了半圈,所以旋转磁场的转速为

$$n_1 = 60f/2$$

式中:分母 2——旋转磁场的磁极对数。

根据同样的道理,可以证明,当对称的三相电流通入 p 对磁极的三相绕组后,旋转磁场的转速为

$$n_1 = 60f/p \tag{7.8}$$

式(7.8)表明,旋转磁场的转速与电流的频率成正比,而与磁极对数成反比。

2.**两相旋转磁场**

利用两相交流电通入两定子绕组产生的旋转磁场,叫两相旋转磁场。

(1)两相旋转磁场的产生。两相交流异步电动机的定子上,绕有两组结构相同,但相隔90°的线圈,如图7.32(a)所示,如果将振幅相等,相位相差90°的两相交流电 i_1 和 i_2 分别通入线圈 AX 和 BY,则在两相定子绕组中就会产生旋转磁场。

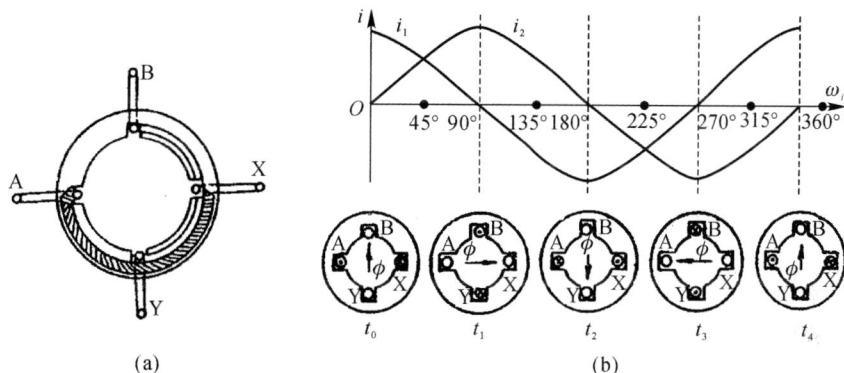

图 7.32　两相旋转磁场的产生

(a)两相绕组;(b)两相绕组电流

分析两相旋转磁场的方法与分析三相旋转磁场的方法是一样的。由于通入线圈的是交流电流,因此我们统一规定:在两组线圈中,当电流的瞬时值为正时,电流的实际方向是由头流向尾(即由 A\B 流向 X\Y);当电流的瞬时值为负时,电流的实际方向由尾流向头(即由 X\Y 流向 A\B)。下面我们逐一分析各个瞬间在定子中产生的磁场是怎样的。

在 t_0 瞬间(0°时), $i_2=0$, i_1 是正的最大值,它的方向由 A 流入,由 X 流出。用线圈右手定则可判断出,定子产生的磁场方向是由下向上的(参看图 7.32(b) t_0 时刻)。

到 t_1 瞬间(90°时), $i_1=0$, i_2 为正最大值,它的方向由 B 流入,由 Y 流出。所以磁场方向是由左向右的,可以看出,与瞬间的磁场相比,已顺时针方向转了90°(参看图 7.32(b) t_1 时刻)。

到 t_2 瞬间(180°时), $i_2=0$, i_1 为负的最大值,磁场又转了90°,转到垂直向下的方向(参看图 7.32(b) t_2 时刻)。

到 t_3 瞬间(270°时), $i_1=0$, i_2 为负的最大值,磁场又转了90°,转到由右向左的位置(参看图 7.32(b) t_3 时刻)。

到 t_4 瞬间(360°时), $i_2=0$, i_1 为正的最大值,磁场又转了90°,转到与 t_0 瞬间一样的位置(参看图 7.32(b) t_4 时刻)。

综合以上分析就可以看出,定子绕组中产生的磁场是一个一对磁极的旋转磁场,电流变化一周,旋转磁场也旋转一周。

(2)两相旋转磁场的旋转方向。在图7.32(b)中,输入到两相绕组 AX 和 BY 的电流分别为 i_1 和 i_2,若 i_1 比 i_2 超前90°,则两相电流的相序为 A-B,这时旋转磁场的旋转方向也是 A-B,因此,旋转磁场方向与相序是一致的。

由于两相旋转磁场的旋转方向取决于两相电流的相序,因此,若将绕组 BY 中的电流 i_2 的相位反相 180°(在实际中就是把接 BY 的电源线交换一下),则 i_2 变为比 i_1 超前 90°,这时两相电流的相序变为 B - A,相应地,旋转磁场的旋转方向也就变为 B - A 了。

(3)两相旋转磁场的转速。两相旋转磁场的转速,是指旋转磁场在每分钟内旋转的圈数,用符号 n_1 表示。两相异步电动机中,可以获得两对或多对磁极的旋转磁场。其转速与三相旋转磁场的转速公式相同,为 $n_1 = 60f/p$,这里就不再赘述了。

7.3.3 异步电动机基本工作原理

1. 异步电动机的基本工作原理

已知在三相异步电动机的定子绕组中,通入三相交流电,或者在两相异步电动机的定子绕组中通入两相交流电,都会产生旋转磁场。若将异步电动机的短路式转子置于旋转磁场之中,异步电动机就会产生电磁转矩。

直观起见,用旋转着的磁极 N - S 来代表三相定子绕组产生的旋转磁场,如图 7.33 所示为异步电动机工作原理图。若将异步电动机的短路式转子置于旋转磁场之中,异步电动机就会产生电磁转矩。

下面用图来说明电磁转矩的产生。在图 7.33 中永久磁铁产生的磁场表示旋转磁场;处于旋转磁场中的是一个短路式转子。

图 7.33 中三相异步电动机定子的三相绕组通入三相对称电流,产生了旋转磁场。旋转磁场在气隙中以同步转速 n_1 旋转。根据电磁感应定律,转子导体受到旋转磁场的磁力线切割,就会在导体中产生感应电动势。根据右手定则,可判断出转子导体感应电动势的方向。图 7.33 中标出顺时针方向旋转磁场以及感应电动势的方向。需要注意的是,此时是磁极(场)在运动。用相对运动的观点,可以认为磁极不动,转子导体沿着与磁极运动方向相反的方向运动。

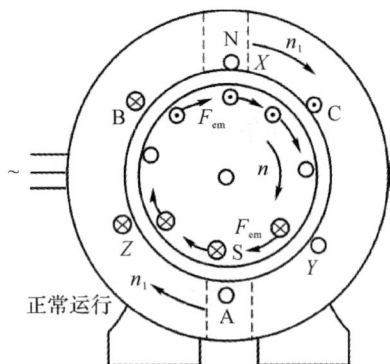

图 7.33 异步电动机工作原理

根据以上分析,可以判定位于 N 极下的导电转子导体中产生的感应电动势的方向是离开纸面指向外面的,用"⊙"表示。而 S 极下导电转子导体中感应电动势的方向是指向纸面的,用"⊗"表示。由于转子绕组是一个闭合线圈,它已构成电流的闭合通路,因而在感应电动势的作用下,在导体中产生了感应电流。

若忽略转子导体中感应电动势与感应电流之间的相位差,则可认为感应电流与感应电动势具有相同方向。根据电磁力定律,当在磁场中与磁力线垂直方向上存在载流导体时,将受到电磁力的作用,电磁力的方向由左手定则确定。据此可确定 N 极下的转子导体将受到向右方向的电磁力 F_{em},在 S 极下的导体将受到向左方向的电磁力 F_{em}。电磁力将产生与旋转磁场方向相同的电磁转矩,转子在电磁转矩的作用下,以 n 转速克服阻力转动起来,转动方向与旋转磁场的旋转方向相同。

若转子转速一旦等于旋转磁场的转速,则二者之间就没有相对运动了,转子绕组就不会切割磁力线,绕组中也就不会产生感应电动势和感应电流,当然也就不可能产生电磁力和电磁转矩。因而转子的转速必然要小于旋转磁场的转速,即二者的转速之间有差异,所以这种类型的电动机称为"异步"电动机,又因为其转子导体的电流是由于电磁感应作用产生的,所以又称为"感应"电动机。

2.转差率

通过前面的分析,三相异步电动机的转速 n 要小于旋转磁场的转速 n_1,若 $n=n_1$,则两者没有相对运动,转子导体不切割磁场,也不感应电势和电流,也就无从产生旋转转矩。

通常不是直接用转速 n 来分析三相异步电动机的性能,而是用转速 n 与同步转速 n_1 的差额 (n_1-n) 与同步转速 n_1 的比值来表示,这个比值叫转差率(或简称转差),用 S 表示

$$S = \frac{n_1 - n}{n_1} = \frac{\Delta n}{n_1} \qquad (7.9)$$

式中,旋转磁场的转速 n_1 与转子转速之差称为转差 Δn,转差是异步电动机正常运行的必要条件。转差率 S 是决定三相异步电机性能的一个重要参数,转差率 S 的大小也同时反映了异步电动机的运行速度。在电机起动瞬间,转子转速 $n-0$,所以转差率 $S=1$;随着转子转速的不断上升,转差率 S 逐渐减小。为了使异步电动机的运行效率提高,通常使它的额定转速接近于同步转速。因此,额定转差率 S_N 很小,一般在 $0.015\sim0.05$ 之间。

3.异步电动机的三种运行状态

异步电动机有电动、发电和制动三种运行状态,不同的运行状态其转速和转差率数值也不相同。

(1)异步电动机的制动运行状态。若 $n<0$,即 $S>1$,此时转子在外力驱动下,逆旋转磁场的转动方向而转,转子中感应电势、电流和转矩的方向与电动机相同,如图 7.34(a)所示,但电磁转矩与转速 n 方向相反,所以是制动转矩。因此,电动机是工作在电磁制动状态,此时它从电网吸取电能产生电磁制动转矩,来阻止在外力驱动下的转子的转动。

实际应用当中,异步电动机绝大多数是作为电动机运行的。它的优点是结构简单、价格便宜、效率较高和运行可靠。中、小型的异步电动机在工业中应用最为广泛,异步发电机的性能由于不如同步发电机优越,仅用于特殊场合,如用于风力发电机。至于制动运行也是异步电动机的一种特殊运行方式。

综上所述三种运行状态,异步电动机转子的转速始终与旋转磁场的转速不等,故称为异步电机。

(2)异步电动机的电动运行状态。图 7.34(b)画出了异步电动机的原理示意图。当定子磁场以同步转速 n_1 逆时针方向旋转时,转子绕组将切割这个磁场而感应电势,根据右手定则可知,N 极下导体的电流为"⊗",S 极下导体的电流为"⊙",由于转子绕组是互相短路的,因而将有电流流动,其方向与电势方向相同。根据电磁力定律,定子磁场与转子每根导条中的电流,将产生电磁力,其方向可由左手定则确定:在 N 极下导体上的力向左,在 S 极下导体上的力向右,于是在转子上构成一个逆时针方向的电磁转矩。如果这个转矩的大小足以克服转子轴上的负载转矩,转子将转动起来,并且一直到转子上的转矩与轴上的负载转矩相平衡,电动机将以转速 n 稳定运行。这就是三相异步电动机的基本工作原理。我们应该注意到,此时转子转动的方向是和旋转磁场的方向一致的。此时,转子的转速变化范围为 $0<n<n_1$,转差率的变化范围为 $0<S<1$。

(3)异步电动机的发电机状态。若 $n_1<n$,即 $S<0$,此时转子转速大于旋转磁场的转速,转子导体与磁场的相对运动发生了变化。由右手定则可知,转子导体中感应电势和电流的方

向将如图 7.34(c)所示,N 极下为"⊙",S 极下为"⊗"。用左手定则可知,此时电磁转矩与转子的转向相反,而成为顺时针方向的制动转矩。不难想象,转子能够以逆电磁转矩方向旋转,必然要有某个原动机带动才行,因此,这称为电机是在外力驱动下旋转,把机械能变为电能,因而工作在发电机状态。此时 $n_1 < n, S < 0$。

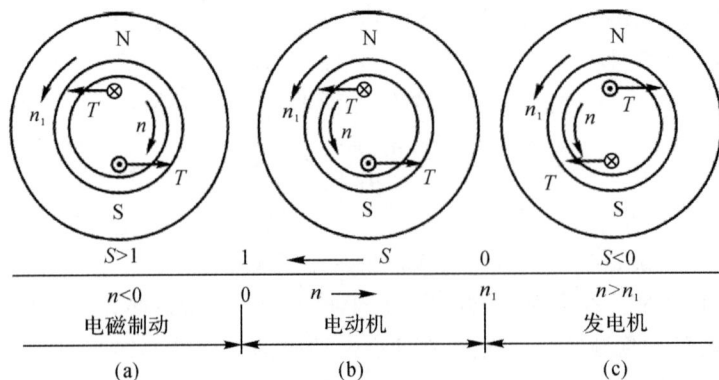

图 7.34 感应电机的三种运行状态

(a)异步电动机制动运行状态;(b)异步电动机电动运行状态;(c)异步电动机发电机状态

7.3.4 三相异步电动机的运行特性

本节将利用等值电路来研究异步电动机中功率的转换过程,并由此得到电磁转矩的计算公式。所得到的一些主要结论不仅适用于电动机状态。同时还适用于发电机和电磁制动状态。

三相异步电动机转轴上产生的电磁转矩是决定电动机输出的机械功率的一个重要因素,也是电动机的一个重要的性能指标。

1. 转子不动时的三相异步电动机的运行状态

假设三相异步电动机转子绕组开路,其中 $\dot{U}_1$,$\dot{E}_1$,$\dot{I}_1$ 分别表示定子绕组的相电压、相电动势和相电流;$\dot{U}_2$,$\dot{E}_2$,$\dot{I}_2$ 分别表示转子绕组的相电压、相电动势和相电流(当转子绕组开路时 $\dot{I}_2 = 0$)。转子开路时,转子当中没有感应电流,转子无法转动,转子与旋转磁场的相对速度为 n_1(n_1 为定子旋转磁场的转速)。

每极主磁通 Φ_1 在定、转子绕组里感应电动势的有效值分别为

$$E_1 = 4.44 f_1 N_1 k_1 \Phi_1 \tag{7.10}$$
$$E_{20} = 4.44 f_1 N_2 k_2 \Phi_1 \tag{7.11}$$

式中:N_1 和 k_1——定子绕组每相串联匝数和绕组系数;

N_2 和 k_2——转子绕组每相串联匝数和绕组系数。

转子不动时,转子电势频率与旋转磁场的转速成正比,所以转子绕组感应电动势的有效值中用的是定子中电源的频率 f_1,即转子不动时,转子中的频率 $f_{20} = f_1$。

由此可得,转子不动时,其相关绕组的参数为

转子不动时转子绕组的感抗:

$$X_{20} = 2\pi f_{20} L_2 = 2\pi f_1 L_2 \tag{7.12}$$

式中:L_2——表示转子绕组的电感。

R_2——表示转子绕组中的电阻。

转子不动时,其绕组的相电流为

$$I_{20} = \frac{E_{20}}{\sqrt{R_2^2 + X_{20}^2}} = \frac{4.44\ f_1\ k_2\ N_2\ \Phi_1}{\sqrt{R_2^2 + X_{20}^2}} \tag{7.13}$$

2.转子短路时的三相异步电动机的运行状态

当转子转速为 n_2 时,根据相对论,可认为,转子不动,旋转磁场的转速为 $(n_1 - n_2)$,根据公式 $f_{20} = f_1 = \dfrac{p\,n_1}{60}$,可得:

$$f_2 = \frac{p(n_1 - n)}{60} = \frac{pn_1}{60} \cdot \frac{n_1 - n}{n_1}$$

$$f_{20} = f_1 = \frac{pn_1}{60} \tag{7.14}$$

由此可知,当转子转动时,转子电势频率与电源频率的关系为

$$f_2 = f_1 \cdot S\ (S\ 为异步电动机的转差率) \tag{7.15}$$

由以上推论可得出以下结论:

1)转子不动,$S=1$ 时,转子电势频率 f_2 与电源频率 f_1 相等;

2)转子转动,转子电势频率 f_2 不再等于电源频率 f_1,转子转速 n 越高,S 越小,转子电势频率就越小;

3)$n = n_1$ 时,$S = 0$,转子电势频率 f_2 也为零。

可得,转子绕组中的感应电动势有效值为

$$E_2 = 4.44\ f_2\ N_2\ k_2\ \Phi_1$$
$$= 4.44\ f_1 \cdot S N_2\ k_2\ \Phi_1$$

即转子电动势与转差率的关系为

$$E_2 = E_{20} \cdot S$$

同理,转子感抗与转差率的关系为

$$X_2 = 2\pi f_2 L_2 = 2\pi f_1 \cdot S L_2 = X_{20} \cdot S$$

转子电流与转差率的关系(见图 7.35)为

$$I_2 = \frac{E_2}{\sqrt{R_2^2 + X_2^2}} = \frac{S E_{20}}{\sqrt{R_2^2 + (S X_{20})^2}} \tag{7.16}$$

转子电路功率因数与转差率的关系(见图 7.36)为

$$\cos \varphi_2 = \frac{R_2}{Z_2} = \frac{R_2}{\sqrt{R_2^2 + X_2^2}} = \frac{R_2}{\sqrt{R_2^2 + (S X_{20})^2}} \tag{7.17}$$

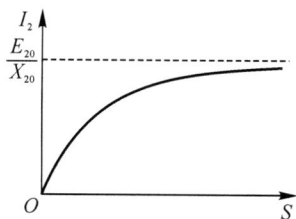

图 7.35　转子电流与转差率的关系

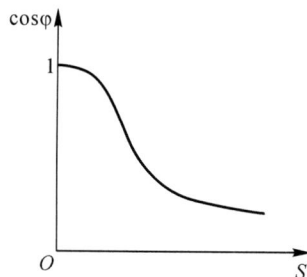

图 7.36　转子电路功率因数与转差率的关系

3. 三相异步电动机的电磁转矩和机械特性

三相异步电动机转轴上产生的电磁转矩是决定电动机输出的机械功率的一个重要因素,也是电动机的一个重要的性能指标。

(1)三相异步电动机的转矩特性。三相异步电动机的工作原理告诉我们,电磁转矩是旋转磁场与转子绕组中感应电流相互作用产生的,设旋转磁场每极的磁通量用 Φ 表示,它等于气隙中磁感应强度平均值与每极面积的乘积。Φ 表示了旋转磁场的强度。设转子电流用 I_2 表示。根据电磁力定律,电磁转矩 T_{em} 应与 Φ 成正比、与 I_2 也成正比,即 $T_{em} \propto \Phi \cdot I_2$。此外转子绕组是一个感性电路,转子电流 I_2 滞后于感应电动势 E_2,它们之间的相位差角是 φ_2。考虑到电动机的电磁转矩对外做机械功,与有功功率相对应。因此,电磁转矩 T_{em} 还与转子电路的功率因数 $\cos\varphi_2$ 有关,即与转子电流的有功分量 $I_2 \cos\varphi_2$(与 E_2 同相位的电流分量)成正比。

总结以上分析,可列出异步电动机的电磁转矩方程

$$T = K_T \Phi I_2 \cos\varphi_2 \tag{7.18}$$

式中:K_T 是一个与电动机本身结构有关的系数。该公式是分析异步电动机转矩特性的重要依据。

三相异步电动机的转矩特性是指在电源电压和频率为额定值,且电动机固有参数不变的情况下,电磁转矩与转差率的关系特性,即 $T_{em} = f(S)$ 称为电动机的转矩特性。可以推得

$$T_{em} = \frac{K_T \Phi S E_{20} R_2}{R_2^2 + (S X_{20})^2}$$

旋转磁场每极的磁通量 Φ 和 E_{20} 与电源电压 U_1 成正比,则

$$T_{em} = \frac{K'_T U_1^2 S R_2}{R_2^2 + (S X_{20})^2} \tag{7.19}$$

式中:K'_T、转子电阻 R_2、转子不动时的感抗 X_{20} 都是常数,且 X_{20} 远大于 R_2。

由转矩的表达式(7.19)可知,转差率一定时,电磁转矩与外加电压的平方成正比。因此,电源电压有效值的微小变动,将会引起转矩的很大变化。

当电源电压 U_1 为定值时,电磁转矩 T_{em} 是转差率 S 的单值函数。图 7.37 列出了异步电动机的转矩特性曲线图。

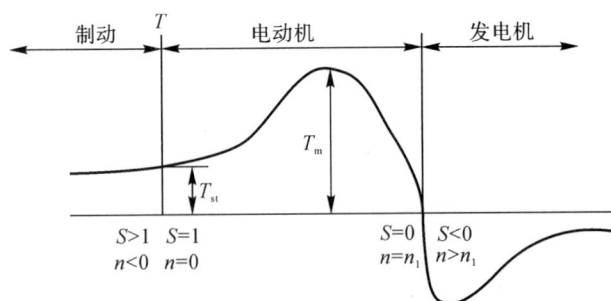

图 7.37 异步电动机的转矩特性曲线

(2)三相异步电动机的机械特性。当电源电压 U_1 和转子电路参数为定值时,转速 n 和电磁转矩 T 的关系 $n = f(T)$ 称为三相异步电动机的机械特性。三相异步电动机的机械特性可分为固有机械特性和人为机械特性。机械特性曲线可直接从转矩特性曲线变换获得。将图 7.38 中的电动机部分转矩特性曲线顺时针转动 $90°$,并将 S 换成 n 就可以得到三相异步电动

机的固有机械特性曲线。

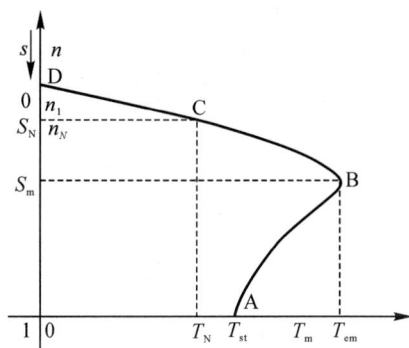

图 7.38　三相异步电动机的固有机械特性曲线

图 7.38 中的机械特性曲线可分为两部分：①BD 部分（$0<S<S_m$）称为稳定区；②AB 部分（$S>S_m$）称为不稳定区。电动机稳定运转只限于曲线的 BD 段。电动机在 $0<S<S_m$ 区间运行时，只要负载阻转矩小于最大转矩 T_m，当负载发生波动时，电磁转矩总能自动调整到与负载阻转矩相平衡，使转子适应负载的增减以稍低或稍高的转速继续稳定运转。

如果电动机在稳定运行中，负载阻转矩增加超过了最大转矩，电动机的运行状态将沿着机械特性曲线的 BD 部分下降越过 B 点而进入不稳定区，导致电动机停止运转。因此，最大转矩又称崩溃转矩。

由机械曲线可推知：

1）异步电动机稳定运行的条件是 $S<S_m$，即转差率应低于临界转差率。

2）如果从空载到满载时转速变化很小，就称该电动机具有硬机械特性。上述表明，三相异步电动机具有硬机械特性。

3）需要说明的是，上述负载是不随转速而变化的恒转矩负载，如机床刀架平移机构等，它不能在 $S>S_m$ 区域稳定运行；但风机类负载，因其转矩与转速的平方成正比，经分析，可以在 $S>S_m$ 区域稳定运行。

在机械特性曲线中有起动工作点 A、临界工作点 B、额定工作点 C 和理想空载转速点 D 等 4 个工作点。

1）起动工作点 A。电动机起动瞬间，$n=0$，$S=1$，所对应的电磁转矩 T_{st} 称为起动转矩。T_{st} 与电源电压 U_1 的平方以及转子电阻 R_2 成正比。

显然，只有在 T_{st} 大于负载转矩 T_2 时，电动机才能起动。T_{st} 越大，电动机带负载起动的能力就越强，起动时间也越短。T_{st} 与 T_N 的比值称为起动系数，用 K_{st} 表示。一般笼形转子异步电动机的 K_{st} 约为 1.8～2.0。

由图 7.39 可见，改变转子电阻 R_2，可使起动转矩 $T_{st}=T_m$，这在生产上具有实际的意义。例如绕线转子异步电动机起动时，通过在转子电路中串入适当电阻，不仅可以减小转子电流，还可以起到增加起动转矩的作用。

2）临界工作点 B。从曲线中可以看出，曲线的形状以 B 点为界，AB 段与 BC 段的变化趋势是完全不同的，B 点就是一个临界点，并且 B 点对应的电磁转矩即为电机的最大转矩 T_m，B 点对应的转差率 S_m 为临界转差率。

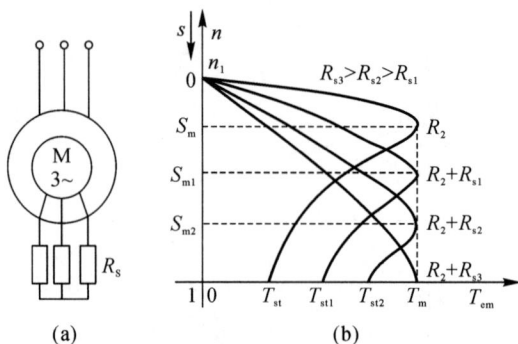

图 7.39　转子回路外串电阻的人为机械特性

可以证明,产生最大转矩时的临界转差率 S_m 为

$$S_m = \frac{R_2}{X_{20}} \tag{7.20}$$

将 S_m 值代入式(7.19),即可求得最大转矩

$$T_m = \frac{K'_T U_1^2}{2X_{20}} \tag{7.21}$$

由式(7.20)和式(7.21)可见,①T_m 与电源电压 U_1 的平方成正比。不同 U_1 时的机械特性曲线如图 7.40 所示。由图 7.40 可见,对于同一负载转矩 T_2,当电源电压 U_1 下降时,电动机转速也随之下降。如果电源电压 U_1 继续下降,使负载转矩 T_2 超过电动机的最大转矩 T_m 时,电动机将停止转动,转速 $n=0$。这时电动机电流马上升高到额定电流的若干倍,电动机将因过热而烧毁,这种现象称为"闷车"或"堵转"。②最大转矩 T_m 与转子电阻 R2 无关,但临界转差率 S_m 与转子电阻 R_2 成正比。改变 R_2 能使 S_m 随之改变,例如增加 R_2,$n=f(T_{em})$ 曲线便向下移动(见图 7.40)。

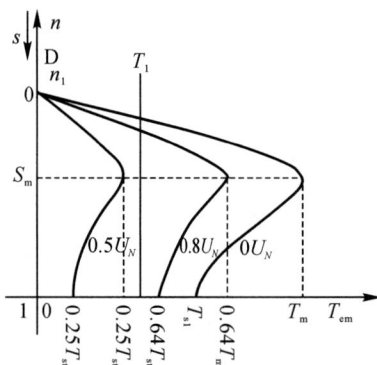

图 7.40　改变了电压的人为机械特性曲线

3)额定工作点 C。三相异步电动机额定状态下运行,转速 $n=n_N$,$S=S_N$,轴上的输出转矩即为带动轴上的额定机械负载的额定转矩 T_N,额定转矩 T_N 为与额定功率 P_N 和额定转速 n_N 关系可表示为

$$T_N = 9\,550\,\frac{P_N}{n_N} \tag{7.22}$$

式中：P_N——电动机轴上输出的额定功率（kW）

　　　n_N——电动机额定转速（r·min^{-1}）

　　　T_N——电动机上的输出的额定转矩（N·m）

在忽略电动机本身的机械损耗转矩（如轴承摩擦等）的情况下，可以认为电磁转矩 T_{em} 与轴上的输出的额定转矩相等，经推导有

$$T_{em} \approx T_N = 9\,550\frac{P_2}{n_N} \tag{7.23}$$

式中：P_2——电动机轴上输出的机械功率（kW）；

　　　n_N——电动机转速（r·min^{-1}）。

4）理想空载转速点 D。曲线与纵坐标的交点即为理想空载转速点 D，此时对应的 $n = n_1$ 为同步转速，$S = 0$，电磁转矩 $T_{em} = 0$。但实际运行时，由于存在风阻、摩擦等损耗，所以实际转速略低于同步转速 n_1，故称 D 点为理想空载转速点。

7.3.5　异步电动机的起动、调速和制动

1.异步电动机的起动

作为电动机，从静止状态过渡到稳定运行状态，称为电动机的起动。对三相异步电动机来说，当定子边接入三相对称的电网电压后，电动机就开始旋转，其起动转矩的大小，起动时所需电流的大小及由静止到进入稳定运行所需的起动时间，标志着电动机的起动性能。

异步电动机的起动性能主要有以下几方面：

（1）起动时，起动电流要小；

（2）起动时，起动转矩要足够大；

（3）起动过程时间要短；

（4）起动设备简单，操作方便，易维护；

（5）起动时消耗的能量要少。

其中衡量电动机起动性能最主要的指标是起动电流的倍数 I_{st}/I_N 和起动转矩的倍数 T_{st}/T_N。

起动时转差率 $S = 1$，起动时的电流即短路电流，转子电路的阻抗很小，起动电流大但起动电流产生起动转矩并不大。笼形异步电动机，一般起动电流可达额定值的 4～7 倍，但这样大的起动电流产生起动转矩并不大，因为转子功率因数在起动时是很低的，所以起动转矩 T_{st} 一般仅为额定转矩的 1～1.8 倍左右。笼形异步电动机有体积小、质量轻、工作可靠等优点，但其缺点是起动电流大，起动时功率因数低，起动转矩小。这种数值很大、相位又很滞后的起动电流不仅对电机不利，还将使电网电压发生显著的下降，影响接在同一电网上的其他用电设备的正常工作，如电灯会变暗、电动机转速会降低，等等。所以过大的起动电流对电网来说是不允许的。异步电动机起动的中心问题是要减小起动电流，增加起动转矩。下面介绍几种主要的起动方法。

（1）笼形异步电动机的直接起动。直接起动就是利用闸刀开关或接触器把电动机直接投入电网。这种方法的优点是设备简单、操作方便，但起动电流大、起动转矩小。航空异步电动机目前都是采用直接起动。

在民用上，电动机能否直接起动的条件，主要取决于电网容量的大小及起动次数和线路上允许干扰的程度。允许直接起动的电动机功率应当根据具体条件和有关要求，在保证安全的

条件下通过试验加以确定。随着电网容量的增大和电机制造工业技术的发展,允许直接起动的电动机功率必将不断提高。

(2)笼形异步电动机的降压起动。一些民用电机当不允许直接起动时,就得采用降压起动。所谓降压起动,就是在起动时,降低加在电动机定子绕组上的电压,待电动机转速趋近稳定后,再将电压恢复到额定值。因为电动机起动电流与定子绕组上的外加电压成正比,而起动转矩则和外加电压成平方关系。所以降低电压,虽能降低起动电流,但也大大地降低了起动转矩。因此,降压起动只适用于空载或轻载起动的场所。

笼形异步电动机降压起动(见图 7.41)一般有三种方法,即在定子线路中串联电阻或电抗起动,用自耦变压器起动和用星-三角起动。

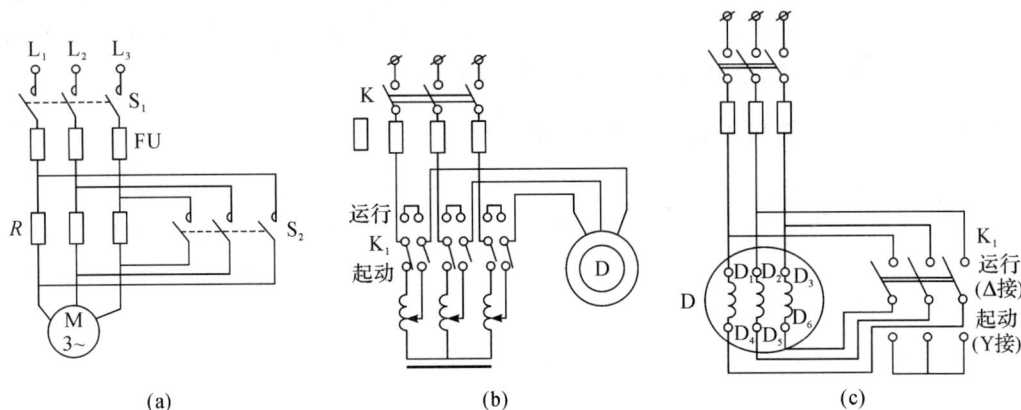

图 7.41 笼形异步电动机降压起动
(a)串电阻起动;(b)自耦变压器起动;(c)星-三角起动

定子线路中串联电阻或电抗起动是在电动机定子绕组的电路中串入一个三相对称的可变电阻器,其线路如图 7.41(a)所示。这种方法可以使起动电流减少,但使起动转矩下降很多。如果串联电抗起动,可以减少能量消耗,但设备费用较高。

图 7.41(b)为自耦变压器起动原理图,自耦变压器在起动时将电动机电压降低,待转速升高稳定后再恢复到额定电压运行。在起动阶段,电机电压降低,电流就正比减小,同时降压变压器的原边电流又按变比关系减小,所以电源供给的起动电流将按变比的平方成反比减小。

星-三角起动只适用在正常运行时绕组接成三角形的电动机,在起动时把它接成星形,起动完毕后再接三角形,如图 7.41(c)所示。这种起动方法是用改变笼形异步电动机定子绕组的连接方式,以降低起动时每相绕组上的电压,达到减少起动电流的作用。此时,电源的起动电流为直接起动电流的 1/3。星-三角起动的优点是起动设备简单,价格低,操作方便,起动过程能量损失小,缺点是这种起动方法的起动转矩低,所以只适合轻载和空载起动。

(3)绕线形异步电动机的起动。从笼形异步电动机的起动性能来看,限制起动电流的同时起动转矩也降低很多。而绕线形异步电动机在转子回路中串接起动变阻器,既可以限制其起动电流又可以提高起动转矩。一般绕线形异步电动机在起动时,可在它的转子回路中串入一个大小适当的起动变阻器。当电机开始转动起来后,逐段将串入的起动电阻切除,最后将全部电阻切除,这不仅能限制起动电流,而且能增大起动转矩。

临界转差率正比于转子电路电阻($S_m \propto R_2$),即当 R_2 增加时,发生最大转矩时的临界转差

率 S_m 随之增加,结果使得 $n=f(T_{em})$ 曲线向右移,如图 7.39 所示。由图 7.39 可以看出,增大转子电路的电阻可使起动转矩提高的同时减小起动时的转子电流,也就相应地减小了定子的起动电流。

绕线式感应电动机的优点是:在中等起动电流下,具有高起动转矩;在重负载条件下,电动机加速平滑;起动期间电动机不会过热;运行特性良好;转速可以调节。其缺点是:制造和维护费用比较高。

绕线式电动机起动方法有串接起动变阻器起动和串接频敏变阻器起动两种(见图 7.42)。

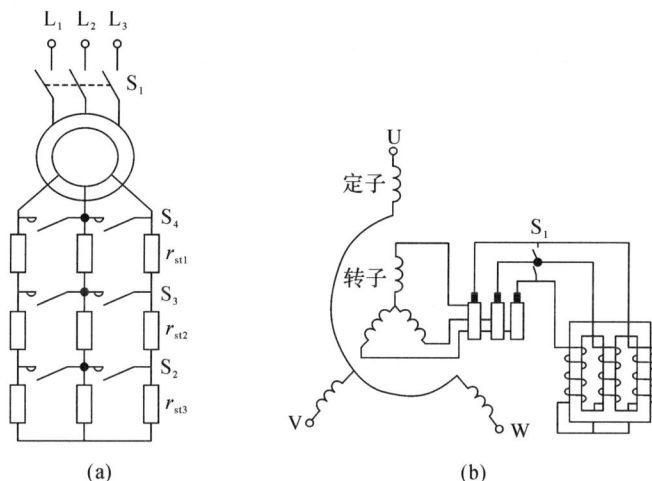

图 7.42　异步电动机转子回路外串电阻起动
(a)串接起动变阻器起动;(b)串接频敏变阻器起动

只考虑起动,不需要调速的电动机,转子回路中也可串入频敏变阻器进行起动,对于频敏变阻器实际上就是一个铁耗很大的三相电抗器,它的铁芯用厚 30～50 mm 的钢板叠成,为增大铁芯损耗,三相绕组分别绕在三个铁芯柱上,并接成星形,然后接在转子滑环上。频敏变阻器的电阻随转子电流的频率而自动变化,电动机起动时,$S=1$,转子中电流频率很高,铁芯涡流损耗大,相当于转子回路内串入较大的电阻,使起动电流减小,而起动转矩较大,随着转速的上升,转差率减小,转子电流的频率下降,铁芯损耗减小,相当于转子回路中外接的分段电阻自动被切除,以减小正常运行时转子回路损耗。

频敏变阻器是近年来应用广泛的起动设备。转子回路串频敏变阻器的起动方法具有较好的起动性能,起动设备结构简单,材料和加工要求低,使用寿命长,维护方便,能实现平滑起动。

2. **异步电动机的调速**

保持异步电动机的负载不变,改变转子的转速,叫异步电动机的调速。

三相鼠笼形异步电动机以其结构简单、运行可靠等优点,广泛地被采用,但在某些要求速度可以调节的场合,使用三相异异步电动机则不够理想。速度调节性能差是三相异异步电动机的一个主要缺点,现在的调速方法还不能令人满意。当前,随着电力电子、微电子和计算机控制技术的飞速发展,交流调速系统的应用越来越广泛。由前面所学知识可知,异步电动机的转速

$$n = (1-S)n_1 = \frac{60 f_1}{p}(1-S) \tag{7.24}$$

结合异步电动机的机械特性曲线可以看到,影响异步电动机转速的量有:定子电压、频率、极对数和转子电阻。三相异步电动机的主要调速方法,从定子方面采取措施的有:改变加到定子绕组上的电压;改变定子绕组的磁极对数;改变电源频率。在转子方面,采取的调速方法有改变转子电阻值等。

(1)改变电源电压调速。当定子绕组电压 U_1 改变时,异步电动机的最大转矩和起动转矩与电源电压的平方成正比,因此,电源电压的波动对机械特性影响极大,而临界转差率却与电源电压无关,即当电源电压升高时,T_N,T_{st} 增大,S_N 不变,机械特性曲线右移,如图 7.43 所示为改变电源电压调速曲线图。

当负载转矩保持不变时,降低电压是为了保证电动机的安全运行,要求电源电压的波动不超过规定电压的 5%。因此,这种调速方法多用于具有高电阻转子绕组的鼠笼式异步电动机。

(2)变极调速。将转差率公式

$$S = n_1 - n/n_1$$

变换一下上式,可得转子转速

$$n = n_1(1-S)$$

再将旋转磁场转速公式 $n_1 = 60f_1$ 代入上式得 $n = 60f_1/p \cdot (1-S)$ 从上式可以看出,磁极对数越多,转子转速 n 越低;反之,磁极对数越少,转子转速 n_2 越高。但是磁场极对数只能成对地改变,故转子转速 n 的改变只能是等级式的,而不是平滑的,而且这种方法只能适用于笼形电动机,因为笼形转子的极对数取决于定子磁场的极对数。

最简单的是定子上有两套极对数不同的互不相关的绕组。例如电动机构 DG-51 中的电动机,就是一种具有极对数分别为 2 和 6 的两套定子绕组的笼形电动机。另一种改变定子绕组的极对数方法是仅用一套绕组,利用改变绕组各部分之间的连接来实现,这就是平时所称的单绕组双速异步电动机。

(3)变频调速。根据转速公式,改变异步电动机的供电频率 f_1,就可改变电动机的转速 n_1 和 n,达到调速目的。但 f_1 的升高或降低影响到异步电动机的其他参数,如定子绕组中的输入电压 U_1,输入电流 I_1 和磁通 Φ。

三相异步电动机在设计时,都给定了额定电压 U_{1N},额定电流 I_{1N} 及相应的额定频率 f_{1N},磁通 Φ 的数值都定为接近磁路饱和的数值。在额定频率 f_{1N} 以下,采用定子电压补偿的 $U_1/f_1 =$ 常数的恒转矩变频调速,保持 Φ 不变。在额定频率 f_{1N} 以上,采用 $U_1 =$ 常数的恒功率变频调速,$U_1 = U_{1N} =$ 常数。改变电源频率调速如图 7.44 所示。

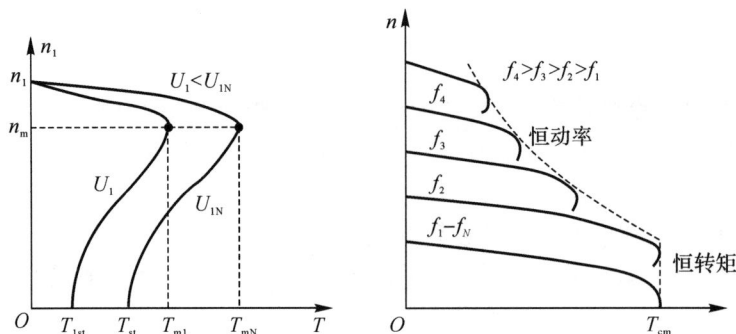

图 7.43　改变电源电压调速曲线图　　图 7.44　改变电源频率调速

此外,还有转差频率控制方式的变频调速。只要保持磁通不变,不论定子频率如何变化,转矩的大小总与相对切割速度 Δn 成正比。如果在保持磁通不变的条件下控制 Δn,即可控制电动机的转矩。这种控制方式可以得到较高的调速精度。

用改变 f_1 的方法调速,需要专门的变频设备。变频电源目前一般应用晶闸管变频装置,可以平滑地调节交流电频率,因而可使笼形电动机实现无级调速。变频调速具有优异的性能,具体如下。

1)调速范围大;

2)平滑性好。连续改变频率 f_1,可以实现无级调速;

3)稳定性好。调速时机械特性的硬度基本不变,所以转矩波动时,转速变化不大;

4)能适应各种不同负载的要求;

5)运行效率高。由于机械特性较硬,运行时转差率小,效率高。

其缺点是需用专门的变频设备,价格较高。但随着半导体变流技术的不断发展,工作可靠、性能优异、价格便宜的变频调速线路将不断出现,变频调速的应用将日益广泛,会从根本上解决笼形异步电动机的调速问题,所以这种调速方法广泛地获得应用和推广。

(4)转子回路中外加电阻调速。

从图 7.45 中可以电阻不同,它所对应的转矩特性曲线也不同。图 7.45 中,当转子电阻为 r_2 时,所对应的转差率为 S_m;当转子电阻增大为 r_2+R_2 时,所对应的转差率为 S'_m;当转子电阻增大为 $r_2+R'_2$ 时,所对应的转差率 S''_m。可见,改变转子电路电阻,就可以改变转差率和转子的转速。

这种方法调速具有一定的平滑性,可使转子转速有较大范围内变化,因此具有较好的调速性能,并且设备简单、方法简便。缺点是变阻器上耗能较多,经济性差,只适用于绕线式转子电动机,而不适用于鼠笼式转子电动机。

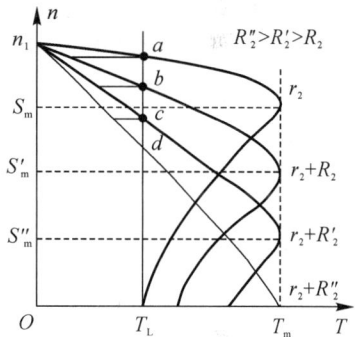

图 7.45 转子串电阻调速

需要注意的是起动变阻器不可用于调速,因为它是按短时间运行而设计的,不能长时间通过电流,否则会因过热而损坏。调速时应有专作调速用的调速变阻器。

3.异步电动机的制动

异步电动机的制动是生产中提出的要求,因为很多生产过程,要求电动机迅速减速、定时或定点停止,或改变转向,这就需要制动。例如,电车下坡时为了行车安全,限制转速,需要制动。

制动的方式分为机械制动和电磁制动。机械制动就是用机械的刹车方法使电动机按要求停下来;电磁制动就是施加于电动机的电磁转矩方向与转速方向相反,迫使电动机减速或停止转动,根据生产需要,这里介绍四种制动方法:能耗制动、回馈制动、电源反接制动、正接反转制动。

(1)能耗制动。能耗制动是指将电动机从电源断开后,在它的定子绕组上另加一个直流电源,使电动机迅速停止转动。

由于定子绕组通入直流电源,便能产生一个在空间不动的磁场,因惯性作用,转子还未停止转动,运动的转子导体切割恒定磁场,便在其中产生感应电势,由于转子是闭合绕组,因而能产生感应电流从而产生电磁转矩,此时的转矩与转子旋转的方向相反,起制动作用,使转子迅速停下来,这时贮存在转子中的动能转变为转子铜损耗,以达到迅速停车的目的,故称这种制动方法为能耗制动。

能耗制动在高速时效果较好,低速时由于转子中电动势、电流和电磁转矩逐渐减小,效果比较差,最好是高速时采取能耗制动,待降到低速辅以机械制动,这样便可以使电动机迅速停下来。

(2)回馈制动。回馈制动常用来限制转速,例如,当电车下坡时,重力的作用使电车转速增大,当转速 $n>n_1$ 时,电机由电动机状态变为发电机状态运行,电机的有功电流方向及电磁转矩方向将反向,这时电磁转矩由原来的驱动作用转为制动作用,电机转速便减慢下来。同时,由于电流方向反向,电磁功率回送至电网,因而称回馈制动。

(3)电源反接制动。电源反接制动是利用换接开关来改变定子电流的相序,使电气气隙旋转磁场方向改变,在转子中的感应电动势和电流相序也应相反,由转子电流产生的电磁转矩方向与转子旋转的方向相反,这时的电磁转矩方向与电机惯性转矩方向相反,成为制动转矩,使电动机转速迅速下降。若制动的目的是迅速改变电动机的转向,则转速下降降到惯性转矩为零以后,电机将继续向反转方向起动,在相反的方向作电动机运行;若制动仅是为了迅速停车,则当转速降到零以后,便立即切断电源。

电源反接制动时电流会很大,将影响同一供电母线上的其他用电负载。若电动机为绕线式,可在转子回路中串电阻加以限制。

(4)正接反转制动。正接反转制动是由外力使电动机转子的转向倒转,而电源的相序不变,这时产生的电磁转矩方向也不变,但与转子实际转向相反,故电磁转矩将使转子减速,这种制动方式主要用于以绕线式异步电动机为动力的起重机械拖动系统。当起重机械提升重物时,电机运行在电动机状态,电磁转矩为拖动转矩,重物开始提升;如需放下重物,可在转子电路串入较大的电阻,这时 T-S 曲线变化,负载转矩与电磁转矩的交点在转速为负的区域,异步电机工作在发电机状态。

7.4 单相异步电动机

单相异步电动机被广泛地应用于自动控制设备和日常生活中。目前,在飞机仪表设备中,虽然没有直接应用这种电动机,但是,当三相陀螺电动机的一根电源线断路时,或者当两相异步电动机的一相绕组中没有电流通过时,它们运行状态就和单相异步电动机一样了,因此,我们有必要了解单相异步电动机的工作原理和运行特点。

单相异步电动机具有不能自行起动和没有固定转向等特点。这些特点都与单相异步电动机的定子磁场有关,因此,本章首先研究单相异步电动机的定子磁场,然后分析单相异步电动机的转矩特性和工作原理,最后介绍单异步电动机的起动方法。

7.4.1 单相异步电动机的磁场

1.单相异步电动机的定子磁场

单相异步电动机的定子槽中放有一个单相绕组,当此绕组中有正弦交流电通过时,不能产生旋转磁场,而是在定子内部空间产生一个随时间作周期性变化的磁场(或磁势)如图 7.46 所示。它的特点是:磁场强弱不断变化,磁场方向只沿绕组轴线方向作忽上忽下的变化。这种交变磁场叫作脉动磁场或脉振磁场。

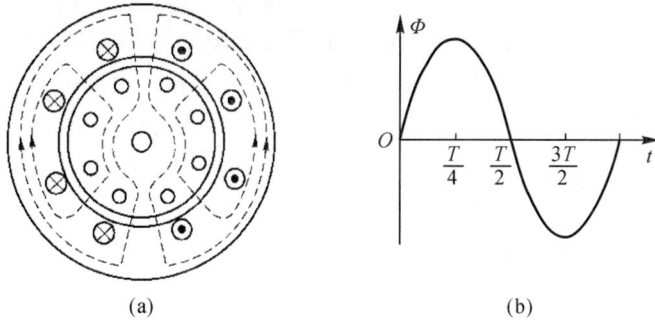

(a)   (b)

图 7.46 单相异步电动机的脉动磁场变化曲线
(a)脉动磁场;(b)变化曲线

2.脉动磁场的分解

一个脉动磁场的磁通可以分解为两个大小相等、转向相反的旋转磁通。其中,沿顺时针方向旋转的磁通,称为顺向旋转磁通,用 ϕ^+ 表示;而沿逆时针方向旋转的磁通,称为逆向旋转磁通,用 ϕ^- 表示。两旋转磁通的振幅均等于脉动磁通振幅 ϕ_m 的一半,即

$$\phi^+ = \phi^- = \frac{1}{2}\phi_m$$

脉动磁通是由脉动磁势产生的。图 7.47 表示脉动磁势和顺向、逆向旋转磁势的关系。图 7.47 中,正弦曲线表示脉动磁势随时间变化的情况,向量 F_m^+、F_m^- 分别表示顺向,逆向旋转磁势。在任一瞬间,两旋转磁势在空间的向量和就等于瞬时脉动磁势的瞬时值。

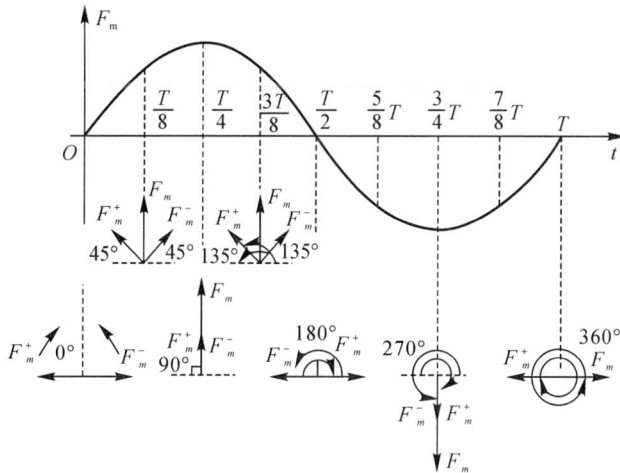

图 7.47 脉动磁势和顺向、逆向旋转磁势的关系

在 $t=0$ 的瞬间,顺向、逆向旋转磁势在空间的方向相反,大小相等,向量和为零,这时,脉动磁势的瞬时值也为零。在 $t=T/8$ 的瞬间,顺向旋转磁势 F_m^+ 沿顺时针旋转了 $45°$,同时,逆向旋转磁势 F_m^- 沿逆时针方向旋转了 $45°$,两者的向量和等于该瞬时脉动磁势瞬时值的 $\frac{F_m}{\sqrt{2}}$。

在 $t = T/4$ 的瞬间,两旋转磁势又各旋转了 $45°$,它们在空间的方向相同,两者的向量和就等于脉动磁势的最大值 F_m。依次类推,可以求得 $t = 3T/8$、$T/2\cdots$各瞬间顺向、逆向旋转磁势向量在空间的位置,它们的向量和总与同一瞬间脉动磁势的瞬时值相等。

从图 7.47 中可以看出,交流电流变化一周,脉动磁场的磁势也随着变化一周,顺向、逆向旋转磁势也各在空间旋转一周。因而一个脉动磁场可以看作是由两个大小相等、转速相同、转向相反的旋转磁场所组成的。从这个意义上讲,单相交流电流在电机中也会产生旋转磁场。

7.4.2 单相异步电动机的工作原理

既然可以把一个脉振磁场分解为振幅相等、转速相等、转向相反的两个旋转磁场,当然也就可以把单相异步电动机看成两个转向相反的三相异步电动机连接在同一个轴上,如图 7.48 所示。其中,顺向旋转磁场 Φ^+ 在转子中产生顺向转矩 M^+,逆向旋转磁场 Φ^- 在转子中产生逆向转矩 M^-。

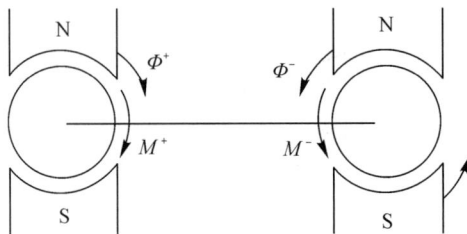

图 7.48 单相异步电动机看成两个转向相反的三相异步电动机

1.顺向转矩与转差率的关系

图 7.49 为单相异步电动机的转矩特性,在图 7.49(a)中,当转子顺时针方向转动时,对于顺向旋转磁场 Φ^+ 来说,二者转向相同,故转差率 $S^+ = \dfrac{n_1 - n_2}{n_1}$ 小于 1。转差 S^+ 从零变到所对应的转矩特性曲线,与三相异步电动机的转矩阵特性曲线完全相同,如图 7.49(a)中的左边部分所示。当转子逆时针方向旋转时,对顺向旋转磁场 Φ^+ 来说,二者转向相反,故转差率 $S^+ = \dfrac{n_1 + n_2}{n_1}$ 大于 1。S^+ 越大,转子电势频率 f_2(为 $f_1 S$)和感抗 x_2(为 $x_{20} S$)也越大,转子的电流有功分量 $I_2 \cos\varphi_2$ 就越小,因此,M^+ 就越小。S^+ 从 1 变到 2 时,其转矩特性曲线如图 7.49(a)中的右边部分所示。

需要指出的是,在图 7.49(a)中,S^+ 从零变到 1 时,M^+ 的方向和转子转动方向都是顺时针方向,就是说 M^+ 的作用是促使转子顺时针转动的,故称这部分转矩为电动转矩。而当 S^+ 从 1 变到 2 时,M^+ 的方向与转子的转动方向相反,也就是说,M^+ 的作用是反对转子转动的,故称这部分转矩为制动转矩。

2.逆向转矩与转差率的关系

逆向旋转磁场在转子中产生逆向转矩,其特性曲线见图 7.49(c)。其分析方法与上面相同,这里不再重述。图 7.49(c)中的右边部分为电动转矩,左边部分为制动转矩。

3.合成转矩与转差率的关系

M^+ 与 M^- 合成时,必须弄清以下概念:$S^+ = 1$ 时,$S^- = 1$;$S^+ = 0$ 时,$S^- = 2$;$S^+ = 2$ 时,$S^- = 0$。了解了 S^+ 与 S^- 这一一对应关系,其合成转矩 M 就不难理解了,如图 7.49(b)所示。

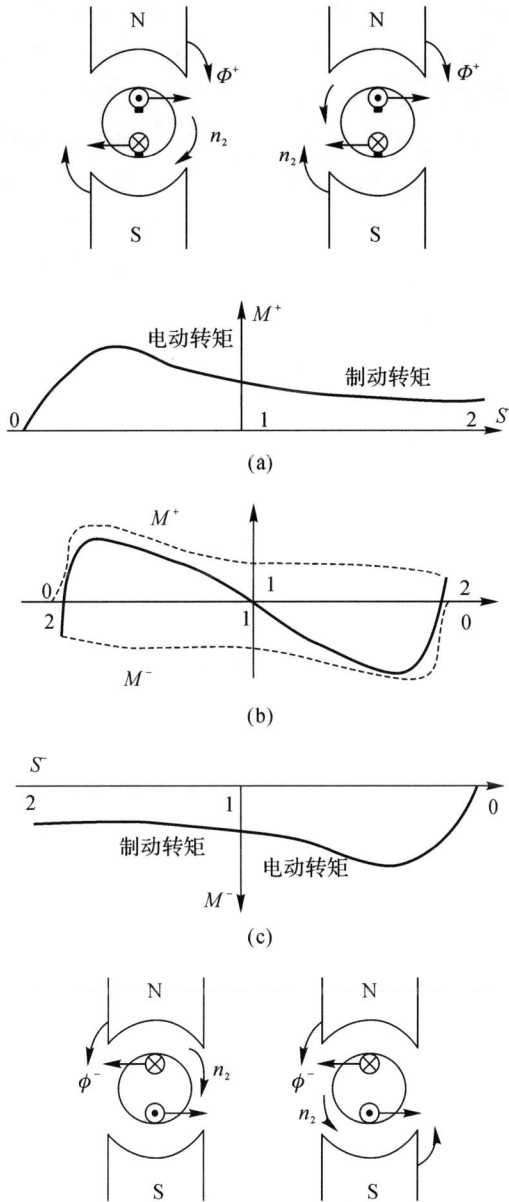

图 7.49　单相异步电动机的转矩特性

(a)顺向转矩;(b)合成转矩;(c)逆向转矩

研究单相异步电动机的转矩特性,其中目的在于深刻理解它的工作原理和工作特点以及三相陀螺电动机发生一相断线故障时的故障现象。

当电动机接上电源而转子静止时,转子导体将分别切割脉动磁场的顺向和逆向旋转磁通,从而使转子导体中产生感应电流,这些电流和产生它的磁通相互作用,就会在转子上产生大小相等而方向相反的电磁转矩,故合成转矩为零。所以单相异步电动机不能自行起动。三相陀螺电动机发生一相断线故障时也不能起动。

如果用外力使转子向某一方向转动一下,电动机就会沿这个方向旋转起来,因此单相异步电动机的转向是随它的原始转向的变化而变化的。这是因为当转子沿某一方向旋转起来以后,转子对于顺向旋转磁通的转差率 S^+,就与它对于逆向旋转磁通的转差率 S^- 有了差异。倘若转子旋转的方向也是顺向,那么转子对于顺向旋转磁通的转差率 S^+ 必小于 1,同时它对于逆向旋转磁通的转差率 S^- 必大于 1。从单相异步电动机的转矩与转差率的关系曲线可知[见图 7.49(b)],这时,顺向旋转磁通与转子相互作用产生的顺向电磁转矩,将大于逆向旋转磁通与转子相互作用所产生的逆向电磁转矩 M^-。因此,当转子被外力推动一下开始顺向旋转之后,转子上的合成电磁转矩 M 就不再为零,而是等于顺向电磁转矩与逆向电磁转矩之差,即 $M=M^+-M^-$。在这个电磁转矩的作用下,转子就会加速运转,一直到电磁转矩与负载转矩平衡时,转速才稳定下来。

反之,若转子在外力推动下,开始是逆向旋转的,则逆向电磁转矩就会大于顺向电磁转矩,总的电磁转矩仍等于二者之差,这时,转子将作逆向加速运转,直到电磁转矩与负载转矩平衡,转速才稳定下来。

飞机上的三相陀螺电动机,当发生一相断线故障时,其故障现象可以用上面的理论解释。由分析可知,单相异步电动机是没有固定转向的,同时也不能自行起动。

4.单相异步电动机的起动

单相异步电动机,因为没有起动转矩,所以不能自行起动。为了使单相异步电动机能自行起动,一般都采用辅助装置。下面介绍裂相式和罩极式起动。

(1)裂相式起动。当两个相位相差 90°的交流电流,通入两个在空间互相垂直的线圈中,就能产生旋转磁场(其实只要两个有相位差的交流电流,通入两个在空间互相垂直的线圈中,就能产生旋转磁场。关于这一问题在下一节中还要讲到)。因此,我们可以利用加辅助绕组的办法,在起动时把单相交流电变成两相交流电,通入电动机的两个绕组中,使电动机的定子绕组产生旋转磁场,以达到单相异步电动机能自行起动的目的。把单相交流电变为两相交流电的起动方法,称为裂相式起动(或剖相式起动)。

在裂相式起动的单相异步电动机中,在定子铁芯上绕有两组绕组,它们在空间相隔 90°。其中一个绕组的匝数较多,叫作运行绕组;另一个绕组匝数较少,称为起动绕组。

如图 7.50(a)所示,起动时,起动绕组与一个电阻串联后,再与运行绕组并联连接在单相交流电源上。由于起动绕组的感抗小,而且在起动绕组电路中有串联电阻,所以通过起动绕组的电流超前于运行绕组的电流。这时,电动机就相当于一个两相异步电动机,所以它能自行起动。等到转子转动以后,再将起动绕组与电源断开,电动机就在运行绕组的脉动磁场的作用下继续稳定运行。采用上述定子结构的电动机,称为裂相式电动机。

在实用中,为了使起动绕组中的电流比运行绕组中的电流所超前的相位差角更接近于 90°,常用适当的电容器来代替起动绕组电路中的电阻,如图 7.50(b)所示。

具有这种裂相结构的电动机,则称为电容电动机。它的起动转矩比裂相电动机大,且功率因数也较高,故应用范围也较广。电容电动机的起动绕组,一般只在起动时才和电源接通。

(2)罩极式电动机。有一种罩极式电动机,无需外加辅助装置,利用电动机内的罩极就可起动。这种电动机的定子是由硅钢片叠成的显极式磁极(即像直流电机那样的磁极),在磁极上有励磁绕组。磁极的一部分套有短路铜环,被铜环套上的磁极部分称为罩极,短路铜环称为罩环,如图 7.51 所示。

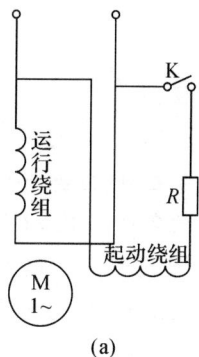

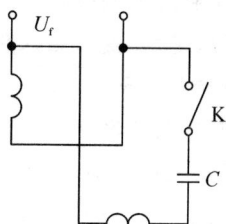

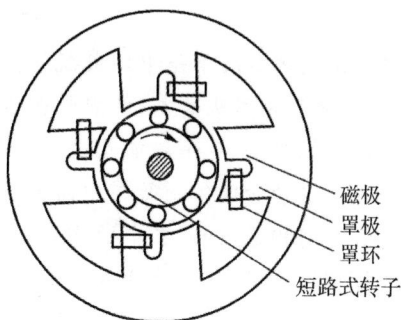

磁极
罩极
罩环
短路式转子

图 7.50 单相异步电动机的起动

(a)裂相电动机;(b)电容电动机

图 7.51 罩极式电动机的基本结构

当励磁绕组接通交流电源时,磁极中就有交变磁通产生。当电流自零值增加到某一数值 a 时,如图 7.52(a)所示,电流的变化很快,磁极内的磁通增加也很快,这时在罩环中产生很大的感应电流。根据楞次定律,感应电流产生的磁通要反对罩极内磁通的增加,因此罩极内的磁通少,而磁极内的磁通多,磁场的轴线偏在左边。当电流由瞬时值 a 变到瞬时值 b 时,见图 7.52(b),电流的变化很慢,罩环内的感应电流极小。磁通在磁极面下均匀分布,这时磁场轴线移到磁极中间。当电流继续由 b 变到 c 时,电流减小很快,罩环内的感应电流又变大,它产生的磁通要反对罩极磁通的减小,因而磁通大部分集中在罩极内,如图 7.52(c)所示。磁场轴线又由磁极中间移向右边。由此可知,定子绕组中电流变化半周,磁场轴线就从磁极移到罩极。磁场轴线的移动,相当于磁场在气隙中旋转,因而会在转子上产生感应电流。转子的感应电流与定子旋转磁场相互作用,在转子上就会产生电磁转矩,推动转子旋转,转子的转向与磁场轴线位移的方向一致。

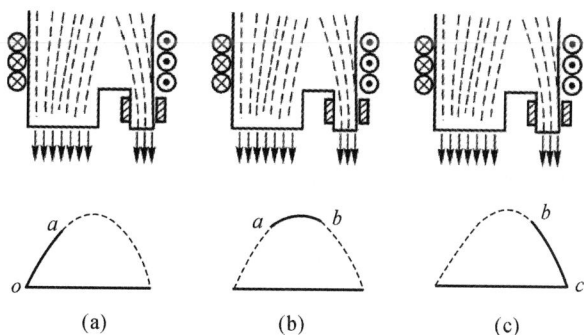

图 7.52 电流为正半周时磁极磁通的分布情形

(a)电流为 0~a 时;(b)电流为 a~b 时;(c)电流为 b~c 时

同理,当电流在负半周变化时,电流的方向改变了,磁极的极性也要改变,原来为 N 极的现在变为 S 极,但磁场轴线仍然作同样的转移,故转子的转向并不改变。

罩极式电动机构造简单,制造成本低,坚固可靠,运行时不产生电气噪声,但效率低,功率因数也低,起动转矩小。

【拓展阅读】

中国民航的体制改革

中国民航体制改革是中国民航脱离军队建制,走上企业化道路的过程。

一、民航脱离军队建制,实现管理体制重大改革。

中国民航在 1980 年以前几乎一直在空军领导之下,是以军队领导为主、政企合一的半军事性企业。这种管理体制是在中国民航事业规模较小、生产力水平不高的条件下形成的,是与计划经济体制相适应的,在中国民航由少到多、由小到大、由弱到强的发展过程当中起到了一定的积极作用,但随着改革开放全国工作重点转移到社会主义现代化建设上来,中国民航开始由国内飞行航线为主转向开拓国际航空运输业务,且业务量高速增长,原来高度集中的政企合一的管理体制中,集政府部门、民航局、航空公司、机场于一身,既是主管民用航空事业的政府部门,又是直接经营民用航空业务的全国性企业,导致民航局很难充分发挥作为政府主管部门的作用,企业的责权不能有机统一,缺乏经营活力与动力,严重束缚了民航事业的发展。因此,民航一定要走企业化道路。

1978 年 10 月 9 日,国家领导人邓小平指示,民行要用经济观点管理,要按经济的办法来办。1979 年 2 月 25 日,国务院副总理李先念在国务院召开会议宣布民航与空军分开,完全由国务院直接领导,并与空军方面接洽交接。1980 年 3 月 5 日,国务院、中央军委发出通知,决定民航不再由空军代管,5 月 17 日,发布了《关于民航管理体制若干问题的决定》,明确民航总局是由国家管理民航事业的行政机构,统一管理全国民航的机构、人员和业务,逐步实现企业化管理。

8 月 4 日,人民日报为此发表了题为《民航要走企业化的道路》的社论。

二、民航企业化改革的主要内容

中国民航企业化改革从一开始就是在政企分开、减少管理层次、简政放权的原则下逐步进行的,总的来看有以下几方面。

(1)组建一批民航企业,先后成立了中国航空器材公司、中国民航工业航空服务公司、中国厦门航空有限公司、中国新疆航空公司、中国民航开发服务公司、北京飞行维修基地、广州直升机公司、上海直升机公司等,批准成立中国联合航空公司、中国海洋直升飞机专业公司,中国上海航空公司、特别由北京民航管理局与香港中国航空食品有限公司合资经营的北京航空食品有限公司的正式开业,更是开创了中国民航历史先河。

(2)建立经济核算制。将部分权力下放到民航地区管理局,实行以地区管理局为独立的核算单位,推行分区管理和计算盈亏,合理分配航空业务收入和承担相关费用。

(3)改革用工制度,把从 1969 年起实行的全民航义务工役制改为全民航固定合同工制。

(4)进行公司制度改革,恢复各种奖励制度。

(5)改革投资体制,发挥各个方面的投资积极性,多渠道筹集资金,以加快民航投资步伐。

上述这些改革,对于避免企业吃国家的"大锅饭"及职工吃企业的"大锅饭"现象,加强民航企业单位经营管理、提高经济效益等都起到了非常积极的作用。

三、民航的全面恢复与发展

中国民航改革管理体制走上了企业化道路,使中国民航全行业面貌迅速发生了巨大变化。

(1)通过将贷款、国际租赁和自筹资金相结合等方式引进了世界最先进型号的干线和支线飞机,使中国民航所使用的运输飞机达到了国际民航的先进水平。

(2)随着民航在国民经济发展和对外交往中地位和作用的日益加强,国家对民航机场建设投资比重逐年增加。各省、市、自治区也认识到机场对外资引进的巨大作用,纷纷筹措资金进行机场建设,在全国范围内掀起了修建机场的热潮。

(3)在改革开放和现代化建设日益向前发展的形势下,中国民航的航线布局有了明显的变化,全国除了台湾省外,各省会、自治区首府和直辖市以及主要大城市与北京都有了航班连接,全国80多个城市都有了民航班机飞行,初步构成了一个比较完整的国内航线网络。另外,截至1987年,中国民航共开辟了通往亚洲、欧洲、非洲、美洲、大洋洲的24个国家的39条国际航线,从而推进了中国与世界的交流合作。中国民航的国际运输业务发展进入了一个新阶段。

(4)民航业是科学技术及密集、信息化程度高、相关部门综合性强的行业,推进民航的发展,人才、教育和科研水平至关重要。中国民航基本建立了一个初、中、高三级配套比较齐全的教育训练体系,包括中国民用航空学院、中国民用航空飞行专科学院、中国民航管理干部学院以及在各地方管理局所在地建立了十所中等专科学校、技工学校和卫生局。并且针对民航在职职工形成了多层次、多渠道、多形式的办学格局,使职工的文化水平、业务能力、专业知识和技能得到了大幅度提升。中国民用民航局恢复成立了科学技术委员会、航空科学技术科研所,各省、市、区管理局和院校、企业也相继恢复了科学技术委员会或成立了科研机构。

此外,经过体制改革,航空运输业务量增长迅速,民航国际交往与合作得到了进一步开拓。

习 题

1.同步发电机由哪几部分组成?

2.同步发电机的分类有哪些?

3.描述航空三级式同步发电机的组成和原理。

4.描述航空两级式同步发电机的组成和原理。

5.航空两级式同步发电机的缺点有哪些?

6.带不同性质负载时,同步发电机的外特性曲线有什么区别?

7.当负载变化时,为保证同步发电机输出电压值不变,如何调节励磁电流?

8.负载性质不同时,同步发电机的电枢反应有什么区别?

9.异步电动机按电枢绕组的不同可以分成哪两类?其区别有哪些?

10.描述异步电动机的工作原理。

11.航空异步电动机的定子绕组的联接方式是什么?

12.什么是转差率?

13.如何根据转差率来判断异步电机的运行状态?

14.根据异步电动机的机械特性,异步电动机可分成哪两个工作区域?

15.电源电压会对异步电动机的机械特性曲线产生什么样的影响?

16.转子电阻会对异步电动机的机械特性曲线产生什么样的影响?

17.异步电动机有哪些起动方式?

18.哪些参数会影响异步电动机的转速?

19.异步电动机的制度方法有哪些?

20.单相异步电动机的磁场是什么磁场?

21.单相异步电动机的起动方法有哪些?

参 考 文 献

［1］ 谢军.航空电机学[M].北京:国防工业出版社,2006.

［2］ 辜成林,陈乔夫,熊永前,等.电机学[M].武汉:华中科技大学出版社,2001.

［3］ 王会来.电工基础[M].北京:兵器工业出版社,2007.

［4］ 郭凤仪,王智勇.电器基础理论[M].北京:机械工业出版社,2019.

［5］ 贺湘琰,李靖.电器学[M].北京:机械工业出版社,2011.

［6］ 许良军.电接触理论、应用与技术[M].北京:机械工业出版社,2016.

［7］ SLADE P G. Electrical contacts[M]. New York:Marcel Dekker,2014.